计算机课程改革教材——任务实训系列

计算机组装与维护

张　巍　　总主编

王小平　林 波　林柏涛　龙天才　　副总主编

吴祖强　　主　编

王小平　　主　审

電子工業出版社

Publishing House of Electronics Industry

北京·BEIJING

内 容 简 介

本书将知识内容与行业实际应用相结合，通过不断的任务操作掌握计算机组装与维护的相关知识。全书共8个模块，主要讲解计算机的发展、组成和常用术语，以及通过拆卸计算机来认识其中的硬件，并针对不同的需求拟定装机配置方案等；选择计算机中的各种硬件；计算机组装的详细过程；BIOS 设置、硬盘分区和硬盘格式化；安装 Windows XP 和 Windows 7 操作系统、安装各种硬件的驱动程序、安装常用软件；使用软件测试计算机的性能、通过设置和软件优化操作系统以及使用软件备份和还原操作系统；计算机的日常维护、查杀各种病毒、查杀木马、修复系统漏洞和防止黑客攻击；计算机故障的分类、产生原因、排除原则、注意事项和诊断的常用方法，以及常见故障的诊断和处理的相关知识。

本书适用于中职学生及社会培训人员。本书配有电子教学参考资料包，内容包括电子教案，教学指南。

图书在版编目（CIP）数据

计算机组装与维护 / 吴祖强主编. —北京 ：电子工业出版社，2011.8
计算机课程改革教材. 任务实训系列
ISBN 978-7-121-13671-9

Ⅰ. ①计… Ⅱ. ①吴… Ⅲ. ①电子计算机－组装－中等专业学校－教材②电子计算机－维修－中等专业学校－教材 Ⅳ. ①TP30

中国版本图书馆 CIP 数据核字（2011）第 101247 号

策划编辑：肖博爱
责任编辑：肖博爱
印　　刷：涿州市京南印刷厂
装　　订：涿州市京南印刷厂
出版发行：电子工业出版社
　　　　　北京市海淀区万寿路 173 信箱　邮编　100036
开　　本：787×1092　1/16　印张：14.5　字数：372 千字
版　　次：2011 年 8 月第 1 版
印　　次：2020 年 8 月第 21 次印刷
定　　价：28.00 元

凡所购买电子工业出版社图书有缺损问题，请向购买书店调换。若书店售缺，请与本社发行部联系，联系及邮购电话：（010）88254888，88258888。

质量投诉请发邮件至 zlts@phei.com.cn，盗版侵权举报请发邮件至 dbqq@phei.com.cn。

本书咨询联系方式：（010）88254617，luomn@phei.com.cn。

前　言

☑ 丛书背景

中等职业教育是我国高中阶段教育的重要组成部分，而中等职业学校的教学目标是培养具有综合职业能力的高素质技能型人才，随着我国中等职业教育改革的不断深入与创新，以就业为导向、以学生为本并提倡学生全面发展的职业教育理念迅速应用到教学过程中，从而很好地完成了从重知识到重能力的转化过程。职业教育的课程特点主要体现在以下几个方面：

- 以就业为导向，满足职业发展需求；
- 以学生为本，激发学习兴趣；
- 以技能培养为主线，解决实际问题；
- 重视与实践紧密结合的项目任务和实训。

本套“中等职业学校·任务实训教程”就是顺应这种转化趋势应运而生，丛书编委会调查了多所中等职业学校，并总结了众多优秀老师的教学方式与教学思路，从而打造出以“任务驱动与上机实训相结合”的教学方式，让学生易学、易就业，让老师易教、易拓展。

☑ 本书内容

现代社会中计算机的应用越来越广泛，熟练地使用计算机已经成为各行各业最基本的要求。作为学习和使用计算机的基础，如何组装一台计算机与如何进行计算机的日常维护就显得非常重要。

本书将知识内容与行业实际应用相结合，通过不断的任务操作掌握计算机组装与维护的相关知识。全书共分为 8 个模块，各模块的主要内容如下。

- 模块一：主要讲解计算机的发展、组成和常用术语，以及通过拆卸计算机来认识其中的硬件，并针对不同的需求拟定装机配置方案等。
- 模块二：主要讲解选择计算机中各种硬件的相关知识，包括主板、CPU、内存、硬盘、光驱、刻录机、移动存储设备、显卡、显示器、音箱、网卡、机箱、电源、鼠标、键盘、打印机、扫描仪、手写板和摄像头等。
- 模块三：主要讲解计算机组装的详细过程。
- 模块四：主要讲解 BIOS 设置、硬盘分区和硬盘格式化的相关知识。
- 模块五：主要讲解安装 Windows XP 和 Windows 7 操作系统、安装各种硬件的驱动程序、安装常用软件的相关知识。
- 模块六：主要讲解使用软件测试计算机的性能、通过设置和软件优化操作系统以及使用软件备份和还原操作系统的相关知识。
- 模块七：主要讲解计算机的日常维护、查杀各种病毒、查杀木马、修复系统漏洞和防止黑客攻击的相关知识。

- 模块八：主要讲解计算机故障的分类、产生原因、排除原则、注意事项和诊断的常用方法，以及常见故障的诊断和处理的相关知识。

☑ 本书特色

本书具有以下一些特色。

（1）分模块化讲解，任务目标明确

每个模块都给出了“模块介绍”和“学习目标”，便于学生了解模块介绍的相关内容并明确学习目的，然后通过完成几个任务和上机实训来学习相关操作，同时每个任务还给出了任务目标、专业背景、操作思路和操作步骤，使学生明确需要掌握的知识点和操作方法。

（2）以学生为本，注重学以致用

在任务讲解过程中，通过各种“技巧”和“提示”为学生提供了更多解决问题的方法和掌握更为全面的知识，而每个任务制作完成后通过学习与探究板块总结了相关软件知识与操作技能，并引导学生尝试如何更好、更快地完成任务以及类似任务的制作方法等。

（3）实例丰富，与企业接轨

本书的所有实例都来源于实际工作中，具有较强的代表性和可操作性，并融入了大量的职业技能元素，注重实训教学，按照实际的工作流程和工作需求来设计实例，使学生能较快地适应企业工作环境，并能获得一些设计经验与方法。

（4）边学边实践，自我提高

每个模块最后提供有大量练习题，给出了各练习的最终效果和制作思路，在进一步巩固前面所学知识基础上重点培养学生的实际动手能力，并拓展学生的思维，有利于自我提高。

☑ 本书作者

本书由张巍担任总主编，王小平、林波、林柏涛、龙天才为副总主编，本书具体编写分工如下：吴祖强担任主编，王小平担任主审工作，李贤成、龙刚、肖明辉为副主编，参加编写的还有兰玉林、刘显辉、谭天元、杨国军、曾学军、刘国刚、吴先凤。

由于编者水平有限，书中疏漏和不足之处在所难免，恳请广大读者及专家不吝赐教。为了方便教学，本书配有电子教学参考资料包，内容包括教学指南、电子教案（电子版），请有此需要的教师登录华信教育资源网（http://www.hxedu.com.cn）下载或与电子工业出版社联系（E-mail:xiaoboai@phei.com.cn）。

编者

目　　录

模块一

计算机组装基础

现代社会中，计算机的应用领域可以大到宇宙空间探测，小到分子结构研究，从卫星发射到会计算账都会用到计算机，计算机可以说是当代社会、科学和经济发展的奠基石。对于普通用户来说，计算机已经成为一种生活和工作中必不可少的工具，因此，随着计算机技术的不断发展，计算机组装与维护已成为大多数用户必须掌握的技能之一。在学习该技能之前必须先了解和认识计算机。本模块将对计算机组装的相关基础知识进行详细讲解。

学习目标

- 了解和认识计算机
- 通过拆卸计算机认识各种硬件
- 了解各种装机配置方案

任务一　认识计算机

◆ 任务目标

本任务的目标是了解计算机的发展历史；认识计算机的组成，包括硬件系统和软件系统两个部分；了解一些在组装计算机时涉及到的专业术语等。具体目标要求如下：

（1）了解计算机的发展历史。

（2）认识计算机的组成。

（3）了解组装计算机涉及到的专业术语。

操作一　了解计算机发展史

自 1946 年第一台计算机问世以来，在摩尔定律的指导下，先后经历了电子管、晶体管、中小规模集成电路、大规模/超大规模集成电路和未来新元件 5 个发展时代。

> **提示**　摩尔定律是由 Intel 公司创始人之一的戈登•摩尔（Gordon Moore）于 1965 年在总结存储器芯片的增长规律时提出的，主要意思是：集成电路上可容纳的晶体管数目约每隔 18 个月便会增加一倍，性能也将提升一倍，而价格不变。

1．电子管时代（1946—1953 年）

第一台计算机被称为“ENIAC”，是 1946 年 2 月 15 日由美国宾夕法尼亚大学研制成功的，其使用了 17468 个真空电子管，耗电量高达 174 千瓦，占地 170 平方米，重达 30 吨，如图 1-1 所示。至此，第一代计算机都是以电子管作为基本电子元件，用磁鼓作为主存储器，因此被称为“电子管时代”。这一代的计算机体积大，耗电量多，价格昂贵，运行速度较慢，并且可靠性较差，只应用于科研、军事等少数几个领域。

图 1-1　世界上第一台计算机“ENIAC”

提示　美籍匈牙利数学家冯·诺依曼对 ENIAC 进行了改进，并命名为“冯·诺依曼”体系计算机，现在的计算机都是由“冯·诺依曼”体系计算机发展而来的，因此冯·诺依曼被西方科学家尊称为“电子计算机之父”。

2．晶体管时代（1954—1961 年）

1954 年美国贝尔实验室研制成功了世界上第一台晶体管计算机 TRADIC，如图 1-2 所示，晶体管代替电子管成为了计算机的基本电子元件，因此该时期便称为计算机的“晶体管时代”。晶体管计算机的功耗、体积和重量都大大地降低了，计算速度也提高到了每秒 300 万次。

3．中小规模集成电路时代（1962—1969 年）

1962 年，美国空军和德克萨斯公司共同研制出了第一台由中小规模集成电路组成的计算机，集成电路正式代替晶体管成为计算机的基本电子元件，这个时期就是 “集成电路时代”。这个时代的计算机由于采用了集成度较高、功能增强中的中小规模集成电路，体积和功耗都进一步降低，价格也更便宜，运算速度更是提高到了每秒 4000 万次。如图 1-3 所示为中小规模集成电路时代最具代表性的 IBM 360 计算机。

图 1-2　晶体管计算机

图 1-3　IBM 360 计算机

4．大规模/超大规模集成电路时代（1970—2002 年）

1970 年以后，随着科学技术的飞速发展，各种先进的生产技术广泛应用于计算机制造，这使得电子元器件的集成度进一步加大，并在计算机中出现了大规模和超大规模集成电路。以大规模和超大规模集成电路作为基本电子元件后，随着体积、功耗和价格的优化诞生了微型计算机，为计算机的普及以及网络化创造了条件。现在所使用的所有计算机都属于第四代计算机，如图 1-4 所示。

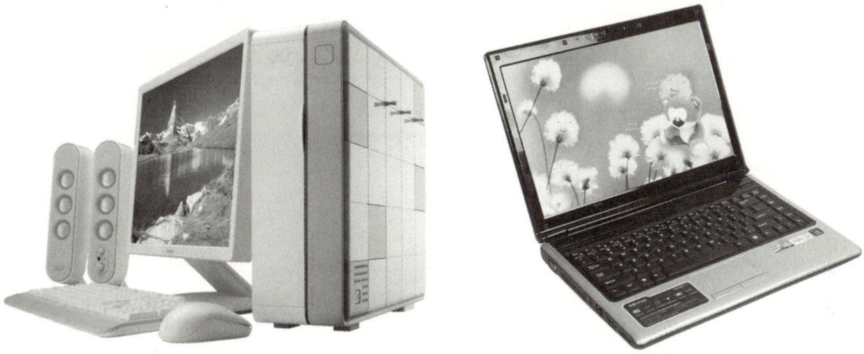

图 1-4　台式计算机和笔记本电脑

5．未来时代（2003 年—未来）

未来计算机的发展主要有以下 3 个方向：

- 智能计算机：具有类似人类的智能，可代替人类的部分工作。它们分别以认知心理学、神经生理学、人类社会学及生物进化论为模拟的基础，又分为符号处理与知识处理、人工神经网络、层次化的智力社会模型和基于生物进化的智能系统 4 种智能类型。
- 巨型计算机：主要应用在天文、天气预报、军事和生物仿真等领域，它们需进行大量的数据处理和运算，这便需要性能强劲的计算机才能完成，如图 1-5 所示。

图 1-5　巨型计算机

- 生物计算机：这种计算机其实是在其中包含了一种由生物分子构成的智能芯片，其主要用途是帮助人们研究生物的生命活动。

操作二　认识计算机的组成

广义上的计算机是由硬件系统和软件系统两部分组成的，硬件系统是软件系统工作的基础，而软件系统又控制着硬件系统的运行，两者相辅相成，缺一不可。

1. 硬件系统

计算机的硬件系统是以冯·诺依曼所设计的计算机体系结构为基础的，冯·诺依曼体系结构规定和约束着计算机的发展，如图 1-6 所示为硬件系统的几个主要组成部分。

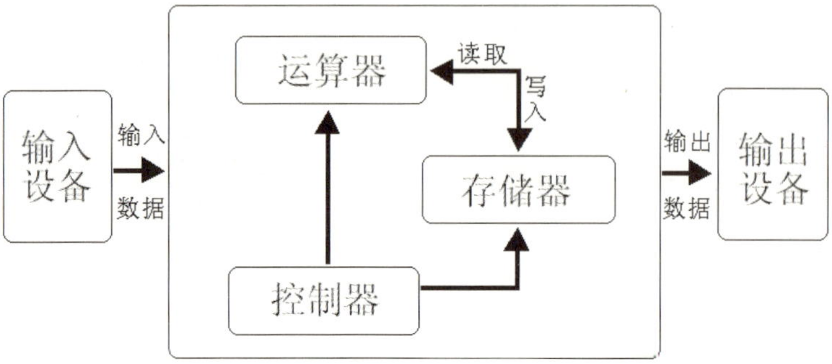

图 1-6　计算机的硬件系统

（1）运算器和控制器

完成数据的算术运算和逻辑运算等数据处理工作的装置被称为运算器；发出各种指令，以控制整个计算机的运行，指挥和协调计算机各部件工作的装置称为控制器。运算器和控制器合称为中央处理器，也就是计算机的中枢系统——CPU。

CPU 是整个计算机的信息处理中心，在其内部集成了几千万个晶体管，可以快速实现数据的分析、判断和处理功能，以完成指定的任务。目前市面上常见的 CPU 有 Intel CPU 和 AMD CPU 两类，分别如图 1-7 和图 1-8 所示。

图 1-7　Intel 酷睿 i7 980X（至尊版）CPU

图 1-8　AMD 羿龙 II X4 910E CPU

（2）存储器

存储器是计算机存放数据的装置，分为内存储器和外存储器两种。内存储器又叫内存或主存，其容量较小，速度快，用于存放临时数据；外存储器包括硬盘、光驱和移动存储设备，作为计算机的辅助存储器，其容量较大，速度较慢，用于存放计算机暂时不用的数据和程序。各存储器的介绍如下：

- 内存：它是 CPU 处理数据的中转站，内存的容量和存取速度直接影响 CPU 处理数据的速度，如图 1-9 所示。
- 硬盘：它由一个或多个铝制或者玻璃制的碟片组成，这些碟片外覆盖有铁磁性材料，用于存储数据。绝大多数硬盘都是固定硬盘，被永久性地密封固定在硬盘驱动器中，如图 1-10 所示。

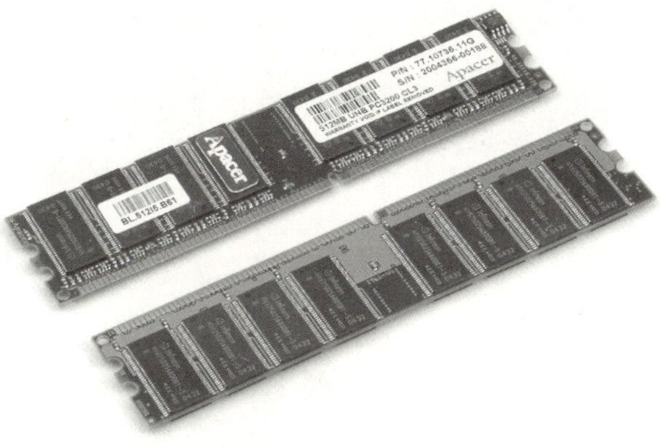

图 1-9　内存

图 1-10　硬盘

- 移动存储设备：移动存储设备包括移动 USB 盘（简称 U 盘）和移动硬盘，这类设备即插即用，容量也能满足人们的需求，现已成为计算机必不可少的附属配件，如图 1-11 和图 1-12 所示。

图 1-11　移动硬盘

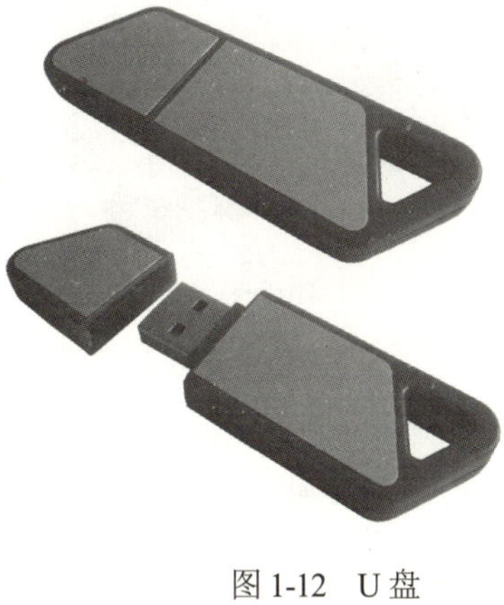
图 1-12　U 盘

（3）输入设备

输入设备是指将数据输入到计算机中的设备。最早的输入设备是一台读孔的机器，通过识别纸带上的孔洞来输入 0 和 1 两个数字。随着高级语言的出现，人们逐渐发明了键盘、鼠标、扫描仪、手写板和语音输入等人性化的输入设备，使计算机不再只有科学家能够操作，普通人也可以轻松使用。常见的输入设备有以下几种：

- 鼠标：它是计算机的主要输入设备之一，是随着图形操作界面而产生的，因为其外形与老鼠类似，所以被称为鼠标，如图 1-13 所示。
- 键盘：它是计算机的另一种主要输入设备，是按有序排列组成的并带有功能电路的一组键体开关，如图 1-14 所示。

图 1-13 鼠标

图 1-14 键盘

- 扫描仪：主要用于文字和图像的扫描输入，如图 1-15 所示。
- 手写板：作用和键盘类似，基本上只局限于输入文字或绘画，也带有一些鼠标的功能，如图 1-16 所示。

图 1-15 扫描仪

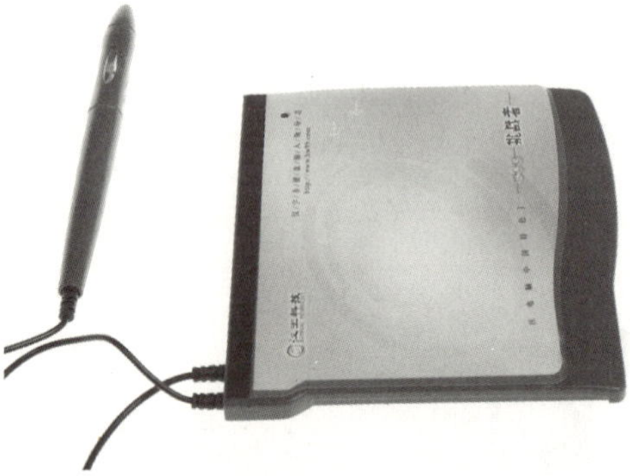

图 1-16 手写板

提示 数码摄像头也是一种常见的计算机输入设备，它的主要功能是为计算机提供实时的视频图像，以实现视频信息交流的目的。

（4）输出设备

输出设备是指将计算机处理数据的全过程以人们能够识别的字符或图像等形式表达出来的设备，主要有显卡、显示器、声卡、音箱、耳机和打印机等类，具体介绍如下：

- 显卡：又称为显示适配器或图形加速卡，其功能主要是将计算机中的数字信号转换成显示器能够识别的信号（模拟信号或数字信号），并将其处理和输出，可分担CPU 的图形处理工作，如图 1-17 所示。
- 显示器：它是计算机的主要输出设备，其作用是将显卡输出的信号（模拟信号或数字信号）以肉眼可见的形式表现出来，如图 1-18 所示。

图 1-17　显卡

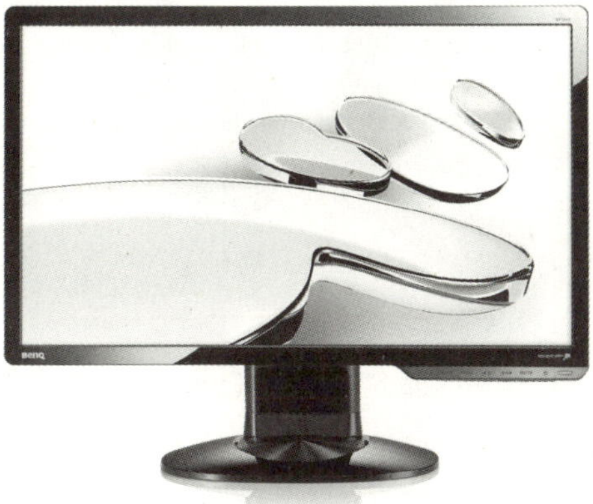

图 1-18　显示器

- 声卡：它的作用和显卡类似，用于声音的数字信号处理和输出到音箱或其他的声音输出设备，同时，声卡也具有声音输入功能，如图 1-19 所示。
- 音箱：它的作用类似于显示器，可直接连接到声卡的音频输出接口中，并将声卡传输的音频信号输出为人们可以听到的声音，如图 1-20 所示。

图 1-19　声卡

图 1-20　音箱

- 耳机：也可称为个人音箱，也是一种输出计算机中声音的输出设备，如图 1-21 所示。
- 打印机：用于将计算机的处理结果打印在相关介质上，如图 1-22 所示。

图 1-21　耳机

图 1-22　打印机

（5）其他硬件设备

除了前面介绍的硬件外，计算机中还有很多其他的硬件设备，如主板、电源、机箱和各种专用电源线等，没有这些硬件，计算机同样不能正常工作。

- 主板：又称为主机板（Mainboard）、系统板（Systemboard）或母板（Motherboard），它安装在机箱内，是计算机最基本的也是最重要的部件之一。主板一般为矩形电路板，上面安装了组成计算机的主要电路系统，一般包括 BIOS 芯片、I/O 控制芯片、键盘和面板控制开关接口、指示灯插接件、扩充插槽、主板及插卡的直流电源供电接插件等元件，它可以为计算机的所有部件提供插槽和接口，并通过其中的线路统一协调所有部件的工作，如图 1-23 所示。
- 电源：指为计算机提供电压的装置，能够把电能转换成计算机运行的各种能量，如图 1-24 所示。

图 1-23　主板

图 1-24　电源

- 机箱：它是安装和放置各种计算机部件的装置，可将主机部件整合在一起，并起到防止损坏的作用，如图 1-25 所示。
- 各种电源线：计算机必须通过专用的电源线连接电源，没有电源线，计算机将无法正常工作，如图 1-26 所示。

图 1-25　机箱

图 1-26　计算机电源线

2. 软件系统

软件系统是控制计算机所有硬件工作的程序集合，其主要功能是运行、管理和维护计算机系统，并充分发挥其性能。通常按功能的不同将其分为系统软件和应用软件两种。

（1）系统软件

从广义上讲，系统软件包括汇编程序、编译程序、操作系统管理软件和数据库管理软件等，而现在通常只把操作系统管理软件作为系统软件。常见的系统软件又分为 Windows 系列和其他操作系统软件两个类型。

- Windows 系列系统软件：Microsoft 公司的 Windows 系列系统软件是目前使用最广泛的系统软件，它采用图形化操作界面，在支持网络和多媒体、支持多用户和多任务，以及支持多种硬件设备的同时，还兼容多种应用程序，可满足用户在各方面的需求。如图 1-27 所示为最新版 Windows 系统软件的界面。

图 1-27　Windows 7 界面

- 其他系统软件：除了使用最广泛的 Windows 系列外，市场上还存在有 Unix、Linux、Mac OS 和 BeOS 等系统软件，它们也有各自不同的应用领域，如图 1-28 所示为 Mac OS 系统软件的界面。

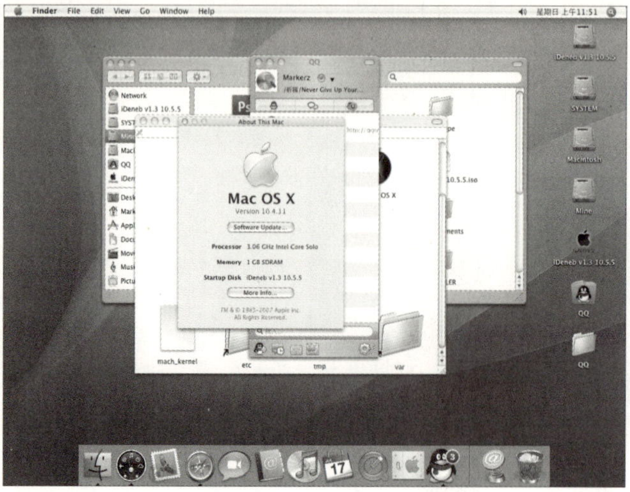

图 1-28　Mac OS 系统软件的界面

（2）应用软件

应用软件是指一些具有特定功能的软件，这些软件能够帮助用户完成特定的任务，通常把这些软件分为以下几种类型：

- 网络工具软件：网络工具软件包含浏览工具、浏览辅助、网络优化、邮件处理、网页制作、下载工具、搜索工具、检测监控、新闻阅读、服务器和 FTP/Telnet 等类型，如图 1-29 所示为本类常用的网络工具软件。

图 1-29　网络工具软件

- 系统工具软件：系统工具软件包含系统优化、备份工具、美化增强、开关定时、硬件工具、卸载清理和常用驱动等类型，如图 1-30 所示为本类常用的系统工具软件。

图 1-30　系统工具软件

- 应用工具软件：应用工具软件包含压缩解压、文件处理、时钟日历、键鼠工具、输入法、光盘工具、翻译、信息管理和办公应用等类型，如图 1-31 所示为本类常用的应用工具软件。

图 1-31　应用工具软件

- 网络聊天软件：网络聊天软件包含聊天工具和 QQ 软件等类型，如图 1-32 所示为本类常用的网络聊天软件。

图 1-32　网络聊天软件

- 图形图像软件：图形图像软件包含图形处理、图形捕捉、图像浏览、图标工具、图像管理和 3D 制作等类型，如图 1-33 所示为本类常用的图形图像软件。

图 1-33　图形图像软件

- 多媒体软件：多媒体软件包含视频播放、音频处理、视频处理、音频转换、视频转换、媒体管理、音频播放、媒体制作、在线试听、电子阅读和解码器等类型，如图 1-34 所示为本类常用的多媒体软件。

图 1-34　多媒体软件

- 行业软件：行业软件包含了目前绝大多数行业能够使用的软件，如图 1-35 所示为本类常用的行业软件。

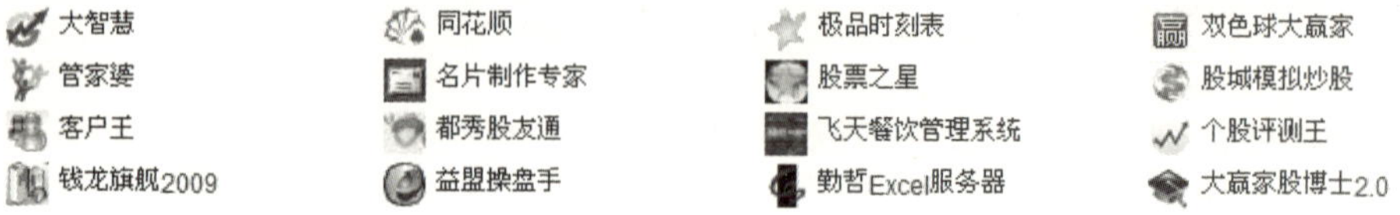

图 1-35　行业软件

- 游戏娱乐软件：游戏娱乐软件包含游戏工具、模拟器、棋牌、益智、动作射击、体育竞技和网络游戏等类型，如图 1-36 所示为本类常用的游戏娱乐软件。

图 1-36　游戏娱乐软件

- 编程开发软件：编程开发软件包含编程工具、安装制作、网络编程、数据库、调试工具、编译工具、开发控件和程序源码等类型，如图 1-37 所示为本类常用的编程开发软件。

图 1-37　编程开发软件

- 安全软件：安全软件包含密码工具、网络安全、系统监控、安全辅助和杀毒软件等类型，如图 1-38 所示为本类常用的安全软件。

图 1-38　安全软件

- 教育教学软件：教育教学软件包含教育管理、文科工具、理科工具、外语学习、学前教育、计算机学习、考试系统、天文地理和电子教室等类型，如图 1-39 所示为本类常用的教育教学软件。

> **提示**　通常情况下要使用某个软件，必须先得到它的安装程序，然后将其安装到计算机中后才能使用。获取软件的方法主要有两种，一是购买安装光盘，二是从网上下载。

图 1-39　教育教学软件

操作三　了解计算机组装与维护的常用术语

在组装和维护计算机的过程中，常会遇到很多相对专业的名词术语和专业缩略语，下面就介绍一些常用术语。

- Cache（高速缓冲存储器）

Cache 可在内存和 CPU 通用寄存器之间设置一个高速的容量相对比较小的存储器，把正在执行的指令地址附近的一部分指令或数据从内存调入这个存储器，以供 CPU 在一段时间内使用，这对提高程序的运行速度有很大的影响。

- DDR（双倍速率 SDRAM）

DDR（Dual Data Rate SDRSM）是最新的内存标准之一，在 133MHz 的总线频率下，带宽能达到约 2.1GB/s。如 DDR3 内存即为符合 DDR3 标准的内存产品。

- Driver（驱动程序）

Driver 是一个和特定的硬件设备（或特定的软件）打交道的程序，只有安装了驱动程序的硬件或软件才能实现其特定的功能。

- External Bus（外部总线）

通常所说的 Bus 就是 External Bus，它是 CPU 与内存和输入/输出设备接口之间进行通信的通路。外部总线的传输速度和数据流量带宽是计算机一些主要部件的重要性能指标之一。

- FAT32（32 位文件分配表）

FAT（File Allocation Table）文件分配表是位于硬盘中的一个特殊的文件，它包含了硬盘中的文件大小及文件存放位置等信息。FAT 32 是一种文件分配表样式，其支持的磁盘容量达到 2048GB，而 FAT 只能支持 2GB 的磁盘大小。

- NTFS（新技术文件系统）

NTFS 是 Windows NT 及之后的 Windows 2000、Windows XP、Windows Server 2003、Windows Server 2008、Windows Vista 和 Windows 7 的标准文件系统。NTFS 取代了文件分配表（FAT）文件系统，为 Microsoft 的 Windows 系列操作系统提供文件系统。NTFS 对 FAT 和 HPFS（高性能文件系统）做了若干改进，例如，支持元数据，并且使用了高级数据结构，以便于改善性能、可靠性和磁盘空间利用率，又提供了若干附加扩展功能，如访问控制列表（ACL）和文件系统日志。

- OEM（原装备生产厂商）

OEM（Original Equipment Manufacturer）指某个设备的制造者。在制造计算机及其相关部件的过程中，原部件生产商通常从其他部件生产商那里购买元件，将它们集合成为自己的产品，然后提供给经销商。

- USB（通用串行总线）

USB（Universal Serial Bus）是由 IBM、Intel 和 Microsoft 等多家公司共同开发的新型外部设备连接技术，不但解决了目前外部设备的连接复杂性，大大简化了计算机与外部设备的连接过程，还可连接多达 127 个设备。它安装简单并支持即插即用、热插拔和多设备并联，可提供较大的带宽，同时耗电量较低。

任务二　拆卸计算机看硬件

◆ 任务目标

本任务的目标是了解和认识组装计算机的常用工具，包括螺丝刀、尖嘴钳、万用表和其他一些常用工具等；然后通过拆卸一台已经组装好的计算机来查看计算机的硬件组成，从而达到熟悉计算机硬件和为组装计算机打下基础的目的。具体目标要求如下：

（1）了解组装计算机的常用工具。

（2）掌握拆卸计算机的方法和步骤。

（3）认识计算机中的各种硬件设备。

操作一　认识计算机组装和维护的常用工具

在组装和维护计算机时，必须备齐一些常用的工具，主要包括螺丝刀、尖嘴钳、万用表、清洁剂、吹气球和小毛刷等。

● 螺丝刀

螺丝刀是计算机组装与维护过程中使用最频繁的工具，其主要功能是用来安装或拆卸各计算机部件之间的固定螺丝。由于计算机中的固定螺丝都是十字接头的，因此常用的螺丝刀是十字螺丝刀，如图 1-40 所示。

> **提示**　由于计算机机箱内空间狭小，因此应尽量选用带磁性的螺丝刀，这样可降低安装的难度。但螺丝刀上的磁性不宜过大，否则会对部分硬件造成损坏。磁性的强度以能吸住螺丝且不脱离为宜。

● 尖嘴钳

尖嘴钳主要用来拆卸一些半固定的计算机部件，如机箱中的主板支撑架和挡板等，如图 1-41 所示。

> **提示**　在条件允许的情况下，计算机组装与维护的所有工具都应该是防静电的，因为静电对计算机部件很容易造成损坏。

● 镊子

由于计算机机箱内的空间较小，在安装各种硬件后，一旦需要对其进行调整，或有东西掉入其中，就需要使用镊子进行操作，如图 1-42 所示。

> **提示**　镊子一般在拔插主板、硬盘或一些狭小地方的跳线时使用，且当有螺丝或小件物品掉入机箱内部时也可以用镊子将其取出。

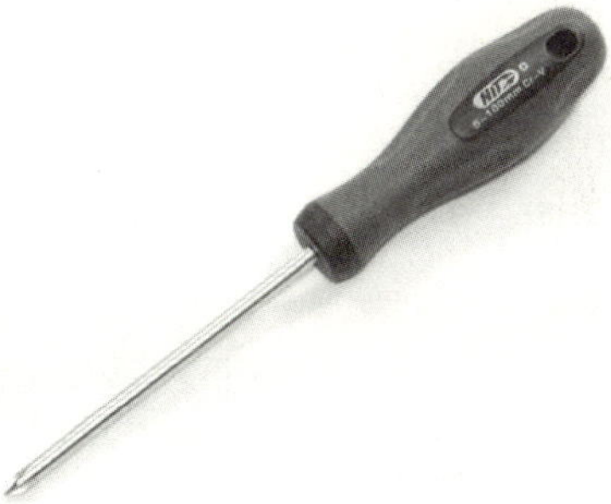

图 1-40 十字螺丝刀

图 1-41 尖嘴钳

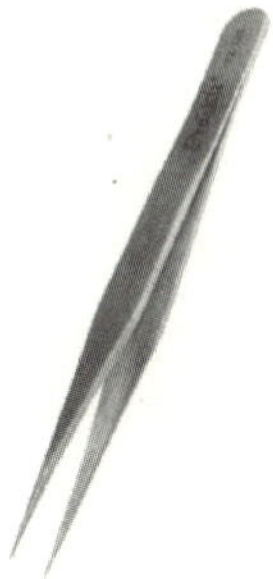

图 1-42 镊子

● 万用表

万用表用于检查计算机部件的电压是否正常和数据线的通断等电气线路问题，分为指针式和数字式两种。指针式万用表测量的精度高，但比较专业，普通用户使用起来比较复杂，如图 1-43 所示；数字式万用表对测试结果的显示全面直观，对各种数据的读取速度迅速，适合普通用户使用，如图 1-44 所示。

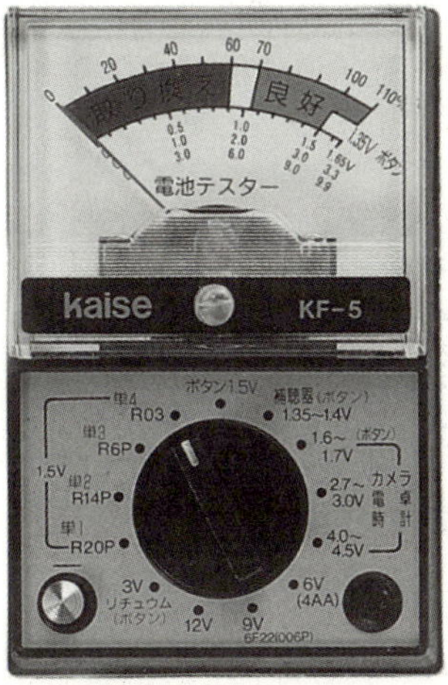

图 1-43 指针式万用表

图 1-44 数字式万用表

● 清洁剂

清洁剂的主要作用是清洁一些重要硬件上的顽固污垢，如显示器屏幕和光驱光头等，如图 1-45 所示。

● 小毛刷

小毛刷的主要作用是清洁硬件表面的灰尘，如图 1-46 所示。

● 吹气球

吹气球的主要作用是清洁机箱内部各硬件之间的较小空间或各硬件上不宜清除的灰尘，如图 1-47 所示。

图 1-45　清洁剂

图 1-46　小毛刷

图 1-47　吹气球

操作二　拆卸外部设备

◆ 实例目标

本例要求拆卸计算机的外部设备，包括鼠标、键盘、显示器、音箱和主机电源线等。通过本例的操作，认识计算机的各种外部设备，并为组装计算机打下基础。

◆ 操作步骤

（1）关闭电源开关，在计算机机箱上拔出电源线插头，如图 1-48 所示。

（2）将显示器的电源线和数据线拔出，如图 1-49 所示。

图 1-48　拔出电源线

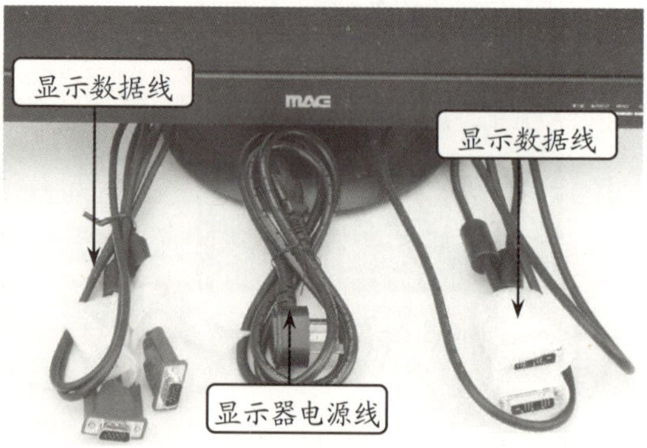

图 1-49　拔出显示器连线

> **提示**　图 1-49 中有两种显示数据线，通常一台计算机只需连接一种数据线，而且数据线都有两个接头，一头连接显示器，另一头连接显卡。

（3）在机箱后侧先将剩余显示数据线的插头两侧螺钉固定把手拧松，再向外拔出，如图 1-50 所示。

（4）将 PS/2 鼠标连接线插头从机箱后的绿色 PS/2 接口上拔出，如图 1-51 所示，然后使用同样的方法将 PS/2 键盘插头从机箱后的紫色 PS/2 接口上拔出。

图 1-50　拔出显示数据线

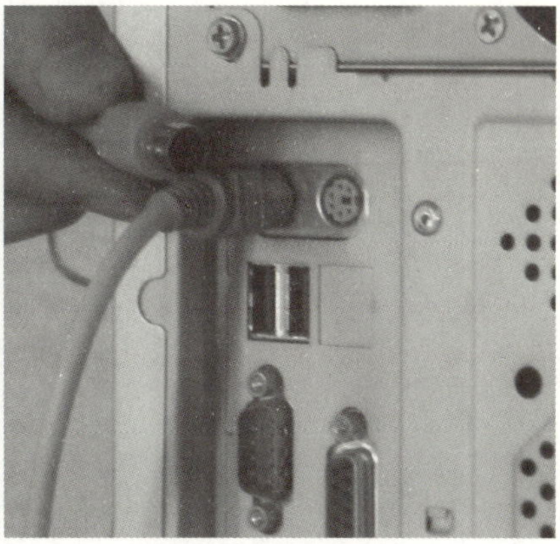

图 1-51　拔出鼠标插头

（5）如果计算机中还有一些使用 USB 接口的设备，如键盘、鼠标、打印机、摄像头和扫描仪等，还需拔出 USB 连接线，如图 1-52 所示。

（6）将音箱的音频线连接从机箱后的音频输出插孔上拔出，如图 1-53 所示。

图 1-52　拔出 USB 连接线

图 1-53　拔出音箱连接线

（7）这样就完成了计算机外部设备的拆卸工作，并可以清楚地看到所有的计算机外部设备，包括显示器、键盘、鼠标、音箱、各种连接线和其他一些外部设备。

> **提示**　现在的大多数计算机都连接到了网络，在拆卸外部设备时，也需要将网线连接头从机箱后的接口中拔出。

操作三　拆卸机箱内部

◆ 实例目标

本例要求拆卸计算机的机箱，将其中的各种硬件拆卸下来。通过本例的操作，认识计算机机箱内部的各种设备，并为组装计算机打下基础。

◆ 操作步骤

（1）打开机箱。机箱盖的固定螺钉大多在机箱后侧边缘上，用十字螺丝刀拧下，或者直接将螺丝拧下，如图 1-54 所示。

（2）按住机箱，用力将机箱侧面板向后拖出，如图 1-55 所示。

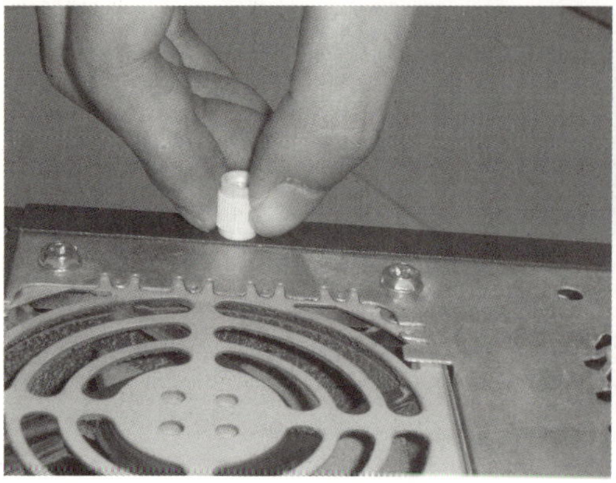

图 1-54　拆卸机箱螺丝

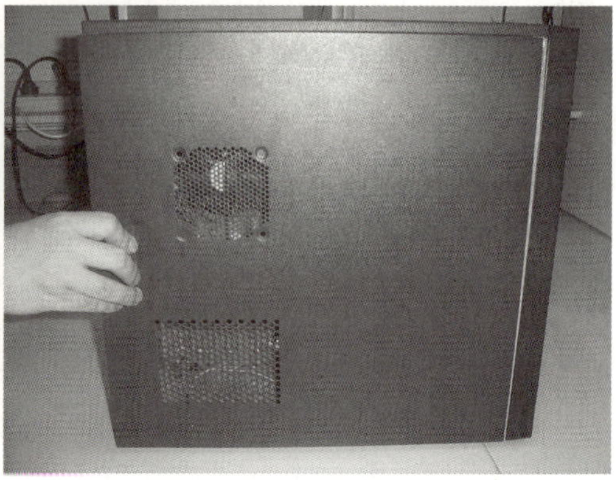

图 1-55　拆卸侧面板

（3）取下机箱盖，就可以看到机箱内部各种硬件及它们的连接情况了，如图 1-56 所示。

（4）打开机箱盖后就可以进行拆卸板卡了。通常显卡和独立声卡等板卡都插在主板的扩展插槽中，并用螺钉固定在机箱后侧的条形窗口上。拆卸板卡时，先用螺丝刀拧下条形窗口上固定插卡的螺钉，然后用双手捏紧接口卡的上边缘，向上平直地拔出板卡，如图 1-57 所示。

图 1-56　打开机箱盖

图 1-57　拆卸显卡

提示 通常主板显卡插槽上设计有显卡锁扣，如图 1-58 所示白色部分，作用是固定显卡，防止显卡脱落。拆卸时，需要先将该锁扣按下打开，才能拆卸显卡。

（5）接下来拆卸硬盘。首先是硬盘数据线，其一头插在硬盘后侧，另一头插在主板的接口插座上。在拆卸数据线时，只需捏紧数据线插头的两端，平稳地沿水平方向拔出即可，首先拔出主板上的一头，如图 1-59 所示。

图 1-58 显卡锁扣

图 1-59 拔出硬盘数据线（1）

（6）然后拔出硬盘上的一头，如图 1-60 所示。

（7）接下来就需要拔下硬盘的电源线。硬盘电源插头为大 4 针插头，在拔下电源插头时，沿水平方向向外拔出即可，如图 1-61 所示。

图 1-60 拔出硬盘数据线（2）

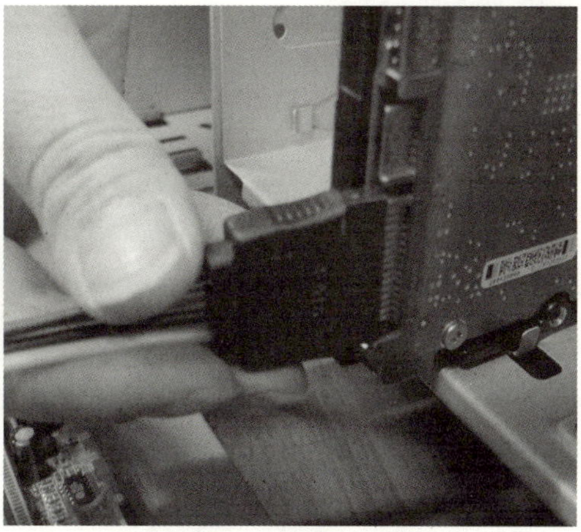

图 1-61 拔出硬盘电源线

（8）接着就需要拆下硬盘。由于硬盘固定在机箱面板内的驱动器支架上，在拆卸硬盘时应先拧下驱动器支架两侧固定驱动器的螺钉，如图 1-62 所示。

（9）然后握住硬盘向后抽出驱动器，如图 1-63 所示，在拆卸过程中需防止硬盘落下。

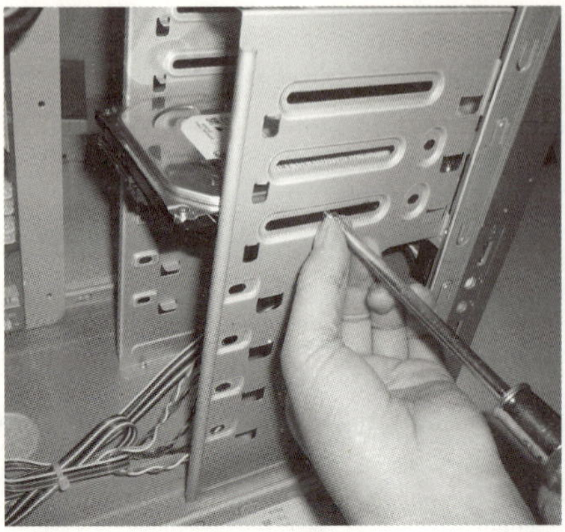

图 1-62　拧下螺丝

图 1-63　拆卸硬盘

（10）用同样的方法将光驱拆卸，和拆卸硬盘唯一的不同点是光盘驱动器应该从机箱的前面一侧抽出，如图 1-64 所示。

图 1-64　拆卸光驱

（11）接着需要取出内存。向外侧扳开内存插槽上的固定卡，捏住内存条的两端，向上均匀用力，将内存取下，如图 1-65 所示。

（12）将 4 个 CPU 风扇固定扣打开，取下 CPU 风扇电源线插头，如图 1-66 所示。

图 1-65　拆卸内存

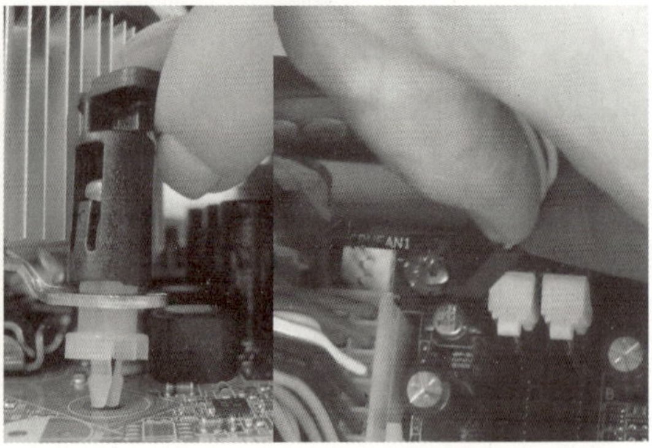

图 1-66　拆卸 CPU 风扇

提示 对于第一次拆卸计算机的新手来说，由于CPU容易被损坏，因此最好不要拆卸CPU。如果CPU风扇固定较好，也不要拆卸，防止出现损坏故障。

（13）接着将插在主板电源插座上的电源插头拔下。现在的ATX电源插头一般是双排20针插头，插头上有一个小塑料卡，捏住塑料卡，然后拔下ATX电源插头即可，如图1-67所示。

（14）然后将各种内部控制线和机箱前置面板的连接线拔出，如图1-68所示。

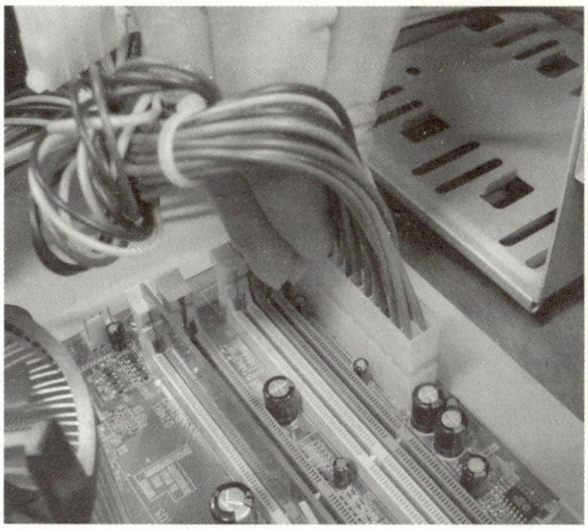

图1-67 拔出电源插头

图1-68 拔出各种控制线

（15）接着需要取出主板。将主板的各个部分与机箱分离后，就可以拧下固定主板的螺丝，将主板从主机箱中取出来，如图1-69所示。

（16）然后就可以拆下主机电源了。先拧下固定的螺钉，然后握住电源向后抽出机箱，如图1-70所示。

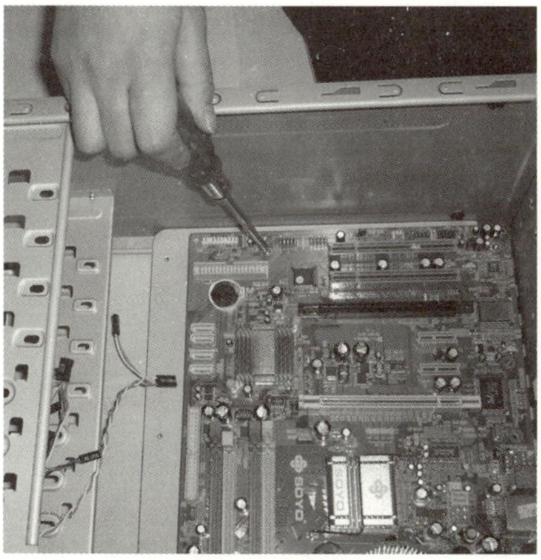

图1-69 拆卸主板

图1-70 拆卸电源

至此就完成了计算机硬件的拆卸工作，并能看到组成计算机的几乎所有硬件，包括主板、CPU、CPU风扇、内存、显卡、硬盘、光驱、电源和各种电源数据线等。

任务三　拟定装机配置方案

◆ 任务目标

本任务的目标是根据前面所学习的硬件知识，并参考网络中的各种硬件报价，根据不同的需要，拟定 4 套不同的装机配置方案，根据方案进行预算，生成报价单。具体目标要求如下：

（1）了解目前主流的装机配置方案。

（2）了解各种硬件的配置数据和价格。

（3）了解市场主流的各种硬件。

操作一　家庭普及型

对于大部分家庭用户而言，良好的稳定性和实惠的价格是其装机的基本要求，为此，这里准备了一套 2800 元左右的 AMD 890GX 配置供大家参考（如表 1-1 所示）。此套配置主打高清播放和防尘优势，主板集成了 HD 4290 显示核心，基本满足家庭用户网络和普通 3D 游戏的需要。机箱、电源方面选择了动力火车绝尘产品，可有效防止因尘土导致的蓝屏和死机等问题。

表 1-1　家庭普及型装机配置方案

部件名称	品牌和型号	参考价格（元）
CPU	AMD 速龙 II X2 245（盒）	375
风扇	盒装自带	
主板	铭瑄 A890GX	499
显卡	主板集成	
内存	金士顿 2GB DDR3 1333	205
硬盘	希捷 500GB 7200.12 16M（串口/散）	270
显示器	明基 G900WAD	880
声卡	主板集成	
网卡	主板集成	
光驱	飞利浦 SPD2204BD/97	120
音箱	多彩 X501	99
机箱	动力火车 绝尘盾 i3	160
电源	动力火车 奇绝尘 I3DP（防尘网吧电源）	179
键盘	新贵 倾城之恋 100KM-101（套装）	48
鼠标		
总计		2835

操作二　办公应用型

商用办公用什么计算机？很多企业会选用品牌计算机，品牌计算机在兼容性、服务方面都有保证，但价格、性能以及个人维护方面不如组装的计算机，因此不少企业仍会选择组装计算机作为商用办公机使用。随着 Office 和 PhotoShop 等软件的更新，对计算机配置，尤其是 CPU 和内存提出了更高的要求，高性能计算机能减少不必要的等待时间，提高工作效率。因此，这里推荐一台 3000 元左右的办公应用型计算机，以供参考（如表 1-2 所示）。

表 1-2　办公应用型装机配置方案

部件名称	品牌和型号	参考价格（元）
CPU	Intel Core i3 530	730
风扇	盒装自带	
主板	微星 H55M-P31	599
显卡	主板集成	
内存	宇瞻 DDR3 1333 2G	200
硬盘	希捷 500G (7200.12/ST3500410AS)	280
显示器	AOC E941S	799
声卡	主板集成	
网卡	主板集成	
光驱	先锋 DVD-231D	130
音箱	无	
机箱	华硕 TA851	120
电源	航嘉 冷静王节能版	130
键盘	新贵 倾城之恋 100KM-101（套装）	48
鼠标		
总计		3036

提示　这个配置主要面向一般的商用办公领域，选用 Intel 的 Core i3 530+H55 平台，性能很强，是提高工作效率的关键；2G 内存、500G 硬盘和 19 英寸显示器，对于使用 Office、Photoshop 等软件完全足够了，且配件全部是大厂产品，稳定性和售后服务均有保证。整机价格仅 3000 元左右，对于高性能的办公计算机来说，性价比较好。

操作三　图形设计型

图形设计者是一个很专业的用户群体，在配件的选择上肯定会有一些特别的要求。第一个就是 CPU 的选择，市场上公认 Intel 产品对图形设计软件的助推作用是很明显的，在超线程技术的帮助下，在大大小小的各种测试中，Intel CPU 的表现都能比 AMD CPU 略胜一筹。第二个就是显卡的选择，图形设计者必须选购一些专业性能很强的产品，NVIDIA 的显卡是很多图形设计者的最爱，Quadro 系列在平面设计上也是比较出名的。内存和硬盘上的要求，对于图形设计者来说也是很重要的，2G 以上的内存也不过分，500G 以上的硬盘对于一张动不动就几百 M 的设计图来说，也是小巫见大巫，因此这两个配件都以“大”为标准。最后一个就是显示器的选择，专业级的 CRT 肯定是最合适的选择，如果不想花费太多，一款高带宽的液晶显示器也是折中的方案。因此，这里推荐一台 7500 元左右的图形设计型计算机，以供参考（如表 1-3 所示）。

表 1-3　图形设计型装机配置方案

部件名称	品牌和型号	参考价格（元）
CPU	Intel 酷睿 i5 760（盒）	1380
风扇	盒装自带	
主板	华硕 P7H55	899
显卡	丽台 QuadroFX 580	1300
内存	威刚 4GB DDR3 1600G（游戏威龙双通道）	524
硬盘	希捷 2TB 32MB Barracuda LP 系列	660
显示器	戴尔 UltraSharp U2311H	1599
声卡	主板集成	
网卡	主板集成	
光驱	飞利浦 SPD2204BD/97	120
音箱	漫步者 R101V	170
机箱	航嘉 暗夜 H507	179
电源	ANTEC 模尊 450	499
键盘	罗技 G1 游戏键鼠套装	165
鼠标		
总计		7495

提示　这个配置主要面向专业图形设计，同时也能兼顾一般的 3D 图形设计。唯一比较遗憾的配置就是光驱，如果要对图形文件进行备份，可以考虑更好的蓝光刻录。整机价格仅 7500 元左右，对于这样高性能的图形设计计算机来说，性价比较好。

操作四　游戏娱乐型

对于游戏，按照中国玩家的情况来看，肯定不能像外国的玩家那样，把自己的游戏电脑装配成顶极的水平，大家只求能玩现在主流的游戏就可以了。游戏配置的显卡是重点，中低端性能的显卡已经可以应付现在的主流游戏了。内存方面，容量上的要求较高，4G 能保证流畅运行大型的游戏。对于游戏计算机，肯定会注重画面的质量，综合考虑成本、画面质量等因素，可以选择性价比更高的 CRT 显示器，色彩表现和反应速度上都有优势，而且花费不大。还有就是游戏型玩家都可能是长时间游戏，因此一个足功率的好电源是必不可少的，这样才能有一个稳定的游戏环境。这里推荐一台接近 7000 元的游戏娱乐型计算机，以供参考（如表 1-4 所示）。

表 1-4　游戏娱乐型装机配置方案

部件名称	品牌和型号	参考价格（元）
CPU	AMD 羿龙 II X4 955(黑盒)	945
风扇	盒装自带	
主板	七彩虹 战旗 C.A890GX X3 V14	699
显卡	蓝宝石 HD5830 1G GDDR5 白金版	1499
内存	金士顿 2GB DDR3 1333×2	460
硬盘	WD 1TB 7200 转 32MB（串口）	399
显示器	长城 L2280	1180
声卡	主板集成	
网卡	主板集成	
光驱	先锋 BDC-S03BXL	598
音箱	漫步者 e1100	390
机箱	先马 冰麒麟 X9	168
电源	ANTEC VP450P	339
键盘	Razer 地狱狂蛇游戏标配键鼠套装	299
鼠标		
总计		6976

提示　考虑到娱乐需要，本套配置选配了蓝光康宝光驱和中高端音箱，使本套配置在高清播放上也能获得很好的效果。另外，以上所有参考价格的时间为 2010 年 11 月。

实训一　拆卸一台计算机认识硬件

◆ 实训目标

本实训要求拆卸一台计算机，认识其中的各种硬件。通过本实训的操作可以进一步认识计算机的各种硬件，为组装计算机打下基础。具体操作要求如下：

- 断开计算机的外部电源，拔掉主机后面的所有连接线。
- 用螺丝刀拧下机箱后面的螺丝钉，并用手扣住机箱侧面板的凹处往外拉，打开机箱的侧面板。
- 此时即可看到机箱内部硬件的布局情况。

◆ 实训分析

本实训的操作思路如图 1-71 所示。在操作过程中需要注意的是，观察前最好切断计算机和相关外设的所有电源（电源插头应该从插座中拔出），还有就是在观察时不要用手触摸主机内部的计算机硬件。

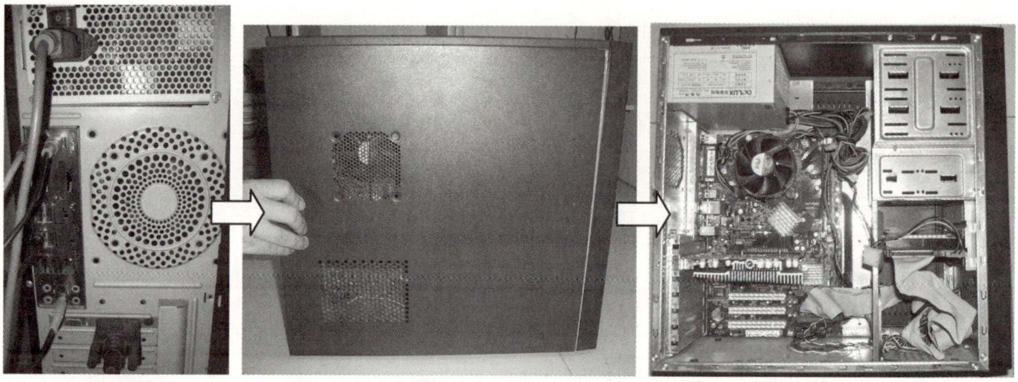

① 拔出连线　　② 打开侧面板　　③ 主机内部结构

图 1-71　拆卸计算机的操作思路

实训二　设计一台符合自己需求的计算机配置方案

◆ 实训目标

本实训要求根据前面介绍的相关知识，设计一台符合自己需求的计算机配置方案，通过本实训的操作以加强对组装计算机的了解。具体操作要求如下：

- 灵活运用网络信息，实时查询各配件的报价。如中关村报价中心（http://detail.zol.com.cn/）、泡泡网报价中心（http://product.pcpop.com/default.aspx）和电脑之家报价中心（http://product.pchome.net/）等。
- 设计时，不能一味追求低价格，价格过低的计算机很容易出现问题。因此在选购时最好能选购知名厂商的品牌部件，价格也可适当地贵一点。但是最好在高性能的品牌部件和较低的价格之间找到一个平衡点，这就是性价比。
- 注意销售商提供的售后服务是否周到，还有就是尽可能地选购质保期长的部件，这样可减少出现问题的可能性。

◆ 实训分析

本实训的操作思路如图 1-72 所示。利用本实训的操作思路，有利于设计一台符合自己需求的计算机配置方案。

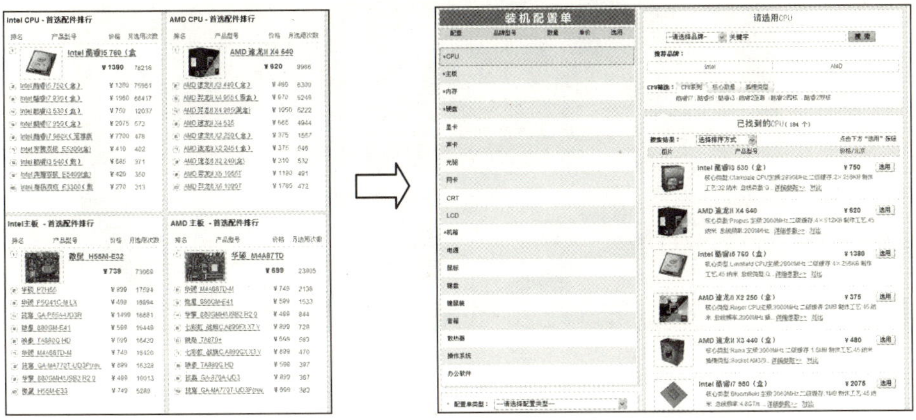

① 了解各种硬件　　② 设置配置单

图 1-72　设计计算机配置方案的操作思路

实践与提高

根据本模块所学内容，动手完成以下操作：

（1）启动电脑，通过“开始”菜单了解电脑中所安装的应用软件有哪些。

（2）按照前面学习的相关知识，指出图中计算机硬件的相关名称，如图 1-73 所示。

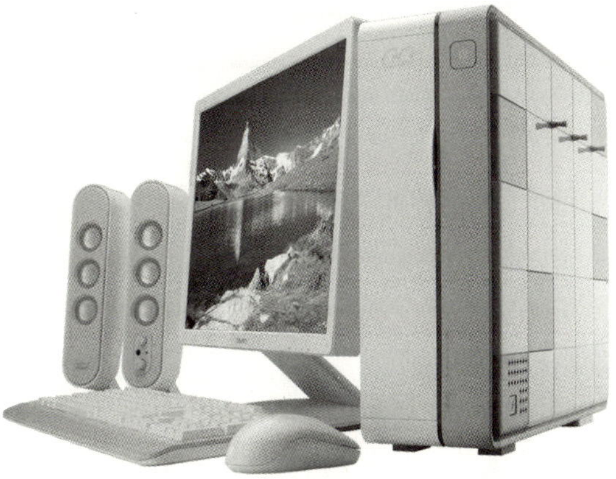

图 1-73　计算机硬件（1）

（3）在图 1-74 中指出各个计算机硬件的相关名称。

图 1-74　计算机硬件（2）

（4）在下面的表单中拟定一台主要用于学习的计算机配置方案。

部件名称	品牌和型号	参考价格（元）
CPU		
风扇		
主板		
显卡		
内存		
硬盘		
显示器		
声卡		
网卡		
光驱		
音箱		
机箱		
电源		
键盘		
鼠标		
总计		

模块二

计算机硬件选购

在了解了计算机的各种基础知识过后，就需要进行市场分析调查，根据组装目的选购计算机的各个部件。选购计算机硬件时，需要学习和了解的内容较多，包括硬件的功能和分类、机构和性能指标、各种硬件的选购方法，以及各种主流品牌等。另外，由于计算机是由各种硬件组合在一起的，所以这些硬件之间的搭配问题（也就是兼容性问题）也是非常重要的。本模块将详细讲解如何选购组装计算机所需硬件的相关知识。

学习目标

- 了解和认识各种硬件的功能和分类
- 熟悉各种硬件的结构
- 熟悉各种硬件的主要性能指标
- 熟悉各种硬件的选购方法
- 熟悉各种硬件的主流品牌

任务一　选购主板

◆ 任务目标

本任务的目标是学习如何选购主板，包括主板的功能、分类、结构、性能指标、芯片组、选购方法和主流品牌等。具体目标要求如下：

（1）了解主板的功能与分类。

（2）熟悉主板的结构和性能指标。

（3）熟悉主板的芯片组。

（4）了解主板的主流品牌。

操作一　主板的功能与分类

主板是机箱中最重要的一块电路板，其主要功能和分类如下。

1．主板的功能

由于在主板上安装了组成计算机的主要电路系统，包括 BIOS 芯片、I/O 控制芯片、键盘与面板控制开关接口、主板及外接插入卡的直流电源供电接插件，以及主要控制和扩充插槽等元件，因此，主板的主要功能是为计算机中的其他部件提供插槽和接口。计算机中的所有硬件通过主板直接或间接地连接组成了一个工作的平台，通过这个平台，用户才能进行计算机的相关操作。

2. 主板的分类

主板的分类方法有以下几种。

（1）按使用的 CPU 分类

不同类型 CPU 使用的主板不同，主板 CPU 的插槽也不同，比如 LGA 775 主板、LGA 1366 主板、LGA 1156 主板、Socket AM2/AM2+主板和 Socket AM3 主板等。而且，即使是同一级的 CPU 往往也还有进一步的划分，如 LGA 775 主板就有是否支持 Core 2（酷睿 2）、Core 2 Duo、Core 2 Quad 和 Core 2 Extreme 等区别。而且，CPU 的类型是不断更新和发展的，按照这种分类的方法也在不断变化，在实际应用中，这种分类方法使用较少。

（2）按 I/O 总线的类型分类

这种分类方法主要是基于主板的发展历程进行的，主要有以下几类：

- ISA（Industry Standard Architecture）工业标准体系结构总线。
- EISA（Extension Industry Standard Architecture）扩展标准体系结构总线。
- MCA（Micro Channel）微通道总线。
- VESA（Video Electronic Standards Association）视频电子标准协会局部总线，简称 VL 总线，过去的 486CPU 的主板多采用这种总线。
- PCI(Peripheral Component Interconnect)外围部件互连局部总线，简称 PCI 总线，586CPU 的主板多采用 PCI 总线。
- USB（Universal Serial Bus）通用串行总线。
- IEEE1394（美国电气及电子工程师协会 1394 标准），俗称“火线（Fire Ware）”。

> **提示** 现在常见的主板主要采用的是 PCI、USB 和 IEEE1394 这三种总线类型，且一种主板上可能同时存在两种以上的总线，因此这种分类方法也不常用。

（3）按功能分类

按功能分类主要有以下 3 种：

- PnP 功能：带有 PnP BIOS 的主板配合 PnP 操作系统（如 Windows 系统）可帮助用户自动配置主机外设。
- 节能（绿色）功能：一般在开机时有能源之星（Energy Star）标志，能在用户不使用主机时自动进入等待和休眠状态，在此期间降低 CPU 及各部件的功耗。
- 无跳线主板：这是一种新型的主板，是对 PnP 主板的进一步改进。在这种主板上，可自动识别 CPU 的类型、工作电压等，只需用软件略作调整即可。但这种类型在组装计算机主板上还很少见，趋于将来的发展方向。

（4）按结构分类

按照主板的尺寸和各种电器元件的布局与排列方式分类是最常见的分类方法。

- AT/Baby AT 主板：最早应用在 IBM PC 机上，有的 486 和 586 主板也采用 AT 结构布局，后来发展变为 Baby AT 结构，现在市场上，AT/Baby AT 主板已经被淘汰。

- ATX 主板：是目前主流的主板类型，它对主板上元件布局做了优化，有更好的散热性和集成度，只需要配合专门的 ATX 机箱使用，如图 2-1 所示。
- Micro ATX 主板：它是 ATX 主板的简化，如图 2-2 所示，相应地减少了扩展槽的数量，使计算机升级较困难。但由于其尺寸更小、电源电压更低，从而降低了主板的制造成本及节约能源，在提倡节能减排的今天，使用也非常广泛。

图 2-1　ATX 主板

图 2-2　Micro ATX 主板

- BTX 主板：它是 ATX 主板的改进版，对系统结构进行了重新设计，从而使计算机平台能够更加安静地运行。同时它还能够自如处理高性能系统应用，并采用独特的可扩展系统外形，以满足数字家庭和办公等市场的低价位需求，如图 2-3 所示。
- Mini-ITX：它是一种结构紧凑的主板，主要用于小空间的、相对低成本的计算机，如用在汽车、置顶盒和网络设备的计算机中，类似并向下兼容先前的主板 Micro-ATX 和 Flex-ATX，如图 2-4 所示。

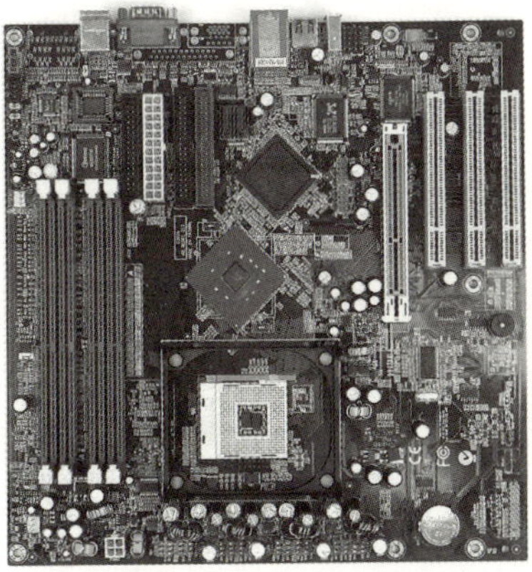

图 2-3　BTX 主板

图 2-4　Mini-ITX 主板

（5）其他分类方法

还有以下其他几种主板的分类方法：

- 按主板的结构特点分类还可分为基于 CPU 的主板、基于适配电路的主板和一体化主板等类型，基于CPU的一体化主板是目前较佳的选择。

- 按印制电路板的工艺分类可分为双层结构板、四层结构板和六层结构板等，目前以四层结构板的产品为主。
- 按元件安装及焊接工艺分类可分为表面安装焊接工艺板和DIP传统工艺板。

操作二　主板的结构

主板是一块矩形的印刷电路板，在其中分布着众多的电容、电阻和电感等元件，主要由芯片、扩展槽和对外接口3部分组成，如图2-5所示。

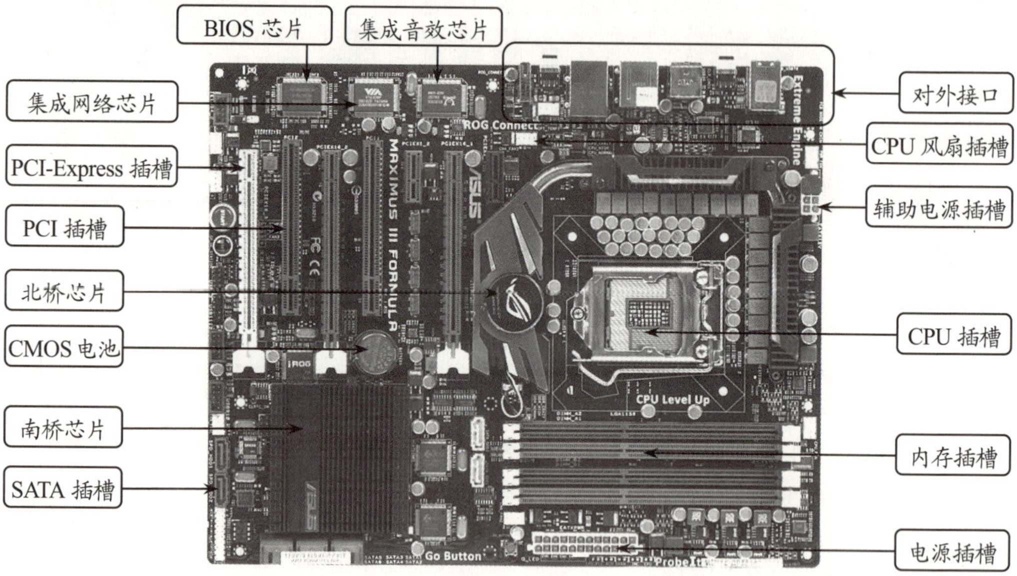

图2-5　主板

1. 芯片

主板上主要的芯片包括BIOS芯片和南北桥芯片：

- BIOS芯片：是一块矩形的存储器，里面存有与该主板搭配的基本输入输出系统程序，能够让主板识别各种硬件，还可以设置引导系统的设备和调整CPU外频等。BIOS芯片是可以写入的，可方便用户更新BIOS的版本，以获取更好的性能及对计算机最新硬件的支持。
- 南北桥芯片：是主板的灵魂，是评判主板性能的重要标志。通常是由南桥（South Bridge）芯片和北桥（North Bridge）芯片组成的，南北桥芯片以北桥芯片为核心，很多时候，主板的命名也是以北桥的核心名称命名的（如P55的主板就是用的P55的北桥芯片）。北桥芯片主要负责处理CPU、内存和显卡三者间的数据交流，由于发热量较大，因而需要散热器散热。南桥芯片则负责硬盘等存储设备和PCI总线之间的数据流通。现在在一些高端主板上将南北桥芯片封装到一起形成一个芯片，这样便提高了芯片的功能。如图2-6所示为除去散热器后的南北桥芯片外观。

图 2-6　南北桥芯片

> **提示**　另外，主板上还有集成显示、音效和网络等芯片，其作用等同于显卡、声卡和网卡的处理芯片。

2. 扩展槽

扩展槽主要是指主板上能够进行拔插的配件，这部分的配件可以用“插”来安装，用“拔”来反安装，主要包括以下一些配件：

- CPU 插槽：它是用于安装和固定 CPU 的专用扩展槽，根据主板支持的 CPU 不同而不同，其主要表现在 CPU 背面各电子元件的不同布局。在安装 CPU 前需将固定罩或固定拉杆打开，将 CPU 放置在 CPU 插座上后，再合上固定罩，并用固定拉杆固定 CPU，然后再安装 CPU 的散热片或散热风扇，如图 2-7 所示为两种不同的 CPU 插槽。

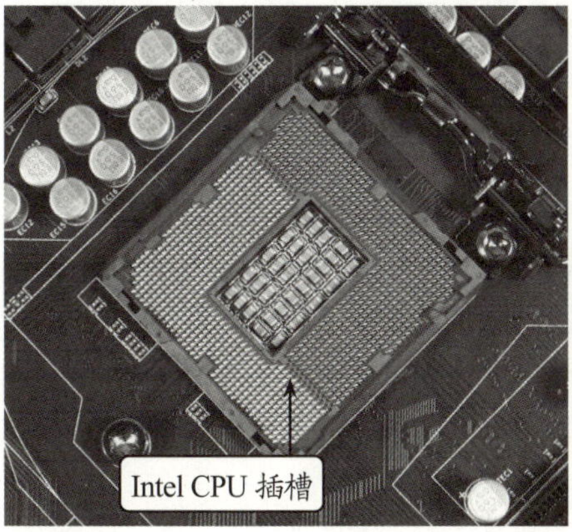

图 2-7　CPU 插槽

- 内存插槽：它是主板上用来安装内存的地方。由于主板芯片组不同，其支持的内存类型也不同，不同的内存插槽在引脚数量、额定电压和性能方面有很大的区别。
- PCI-Express 插槽：PCI-Express 是新一代的图形显卡接口技术规范，PCI-Express 插槽即显卡插槽，根据其传输速度的不同可分为 1X、4X、8X 和 16X，其中 1X 模式可为高级网卡、声卡提供 255 MB/s 的传输速度，16X 模式可为支持 PCI-Express 插槽的显卡提供5GB/s的传输速度。

- PCI插槽：多为乳白色，是主板的必备插槽，主要是连接扩展部件的接口，通常工作频率为33MHz，目前最快的PCI 2.0工作频率是66MHz，它定义了32位数据总线，并可扩展为64位。可以插上软Modem、声卡、股票接受卡、网卡和多功能卡等设备。
- SATA插槽：又称为串行插槽，由于SATA以连续串行的方式传送数据，减少了接口的针脚数目，从而提高了传输效率，达到了600MB/s。主要用于连接硬盘和光驱等设备，能够在计算机使用过程中进行拔插。
- 各种电源插槽：电源插槽的主要功能是提供主板电能供应，通过将电源的供电插座连接到主板上，即可为主板上的设备提供正常运行所需要的电流。目前主板上的电源插槽主要有电源插槽、辅助供电插槽和CPU风扇供电插槽3种。

提示 另外，一些主板上还保留着IDE插槽，其主要功能是连接使用IDE接口的硬盘或者光驱，其数据传输速度没有SATA插槽快，而且不能在计算机使用过程中进行热拔插。

3．对外接口

主板的侧面会使用不同的颜色表示不同的接口，如图2-8所示。

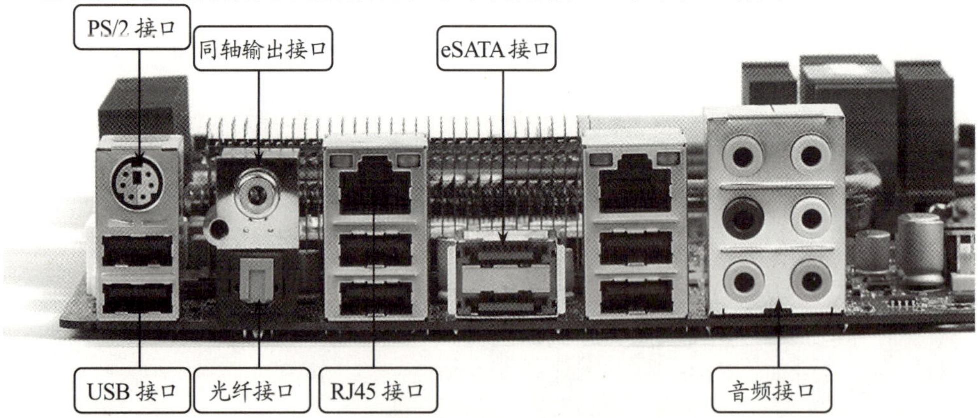

图2-8 主板外部接口

- PS/2接口：主要用于连接键盘和鼠标，通常蓝色为键盘接口，绿色为鼠标接口。现在已经逐渐被淘汰，有些主板只保留了一个通用的PS/2接口，如图2-8所示。
- USB接口：是连接外部装置的一个串口标准，在计算机中通过USB接口几乎可以连接所有的计算机外部设备，现在常用的有USB2.0和USB3.0两种。
- 同轴输出接口：它是一种音频接口，同时拥有输入输出功能。与以往的音频接口不同的是，它把麦克风（输入接口）的接口和耳机或音响（输出接口）的接口整合在一起，能同时输入和输出音频。
- 光纤接口：它是用来连接光纤线缆的物理接口。光缆的接头部分有两种类型，一种SC接口为1GB，还有一种LC接口为2GB。
- eSATA接口：它是一种全新的外置存储设备（如移动硬盘）的接口，比现在常用的USB2.0或IEEE1394都快，比起USB2.0甚至快6倍。
- RJ45接口：也就是网络接口，俗称的水晶头接口，主要用来连接网线。

- 音频接口：主板中的音频接口通常只有两个最常用，一个是绿色的音频输出接口，另一个是红色的耳机连接接口。

> **提示**　另外，一些主板上还有 1394 接口，它是一个串行接口，但它能像并联 SCSI 接口一样提供同样的服务，其成本低廉。其特点是传输速度快，现在确定为 400MB/s。

操作三　主板的性能指标

主板的性能指标是选购主板的主要因素之一，主要有以下几个方面。

1．主板芯片

主板芯片是衡量主板性能的主要指标之一，包含以下几个内容：

- 芯片厂商：主要有 Intel、AMD 和 NVIDIA 三家。
- 芯片组型号：不同的芯片组，性能不同，价格也不同。
- 芯片组结构：通常都是由北桥和南桥芯片组成，也有南北桥合一的芯片组。
- 集成芯片：主板可以集成显示、音频和网络 3 种芯片。

2．CPU 规格

CPU 越好，计算机的性能就越好，但也需要主板的支持。主板如果不能完全发挥 CPU 的性能，就会严重影响计算机的性能，因此 CPU 的规格也是主板的主要性能指标之一，包含以下几个内容：

- CPU 平台：主要有 Intel 和 AMD 两种。
- CPU 类型：CPU 的类型很多，即便是同一种类型，其运行速度也有差别。
- CPU 插槽：不同类型的 CPU 对应主板的插槽也不同。
- CPU 数量：普通主板支持一颗 CPU，也有支持两颗 CPU 的主板，其性能将有所提高。
- 主板总线：也叫前端总线（Front Side Bus），通常用 FSB 表示，是将 CPU 连接到北桥芯片的总线。前端总线是 CPU 和外界交换数据的最主要通道，因此前端总线的数据传输能力对计算机整体性能作用很大。主板总线的数据传输最大带宽取决于所有同时传输的数据的宽度和传输频率，目前主流主板上常见的前端总线频率有 800MHz、1066MHz、1333MHz、1600MHz 、1666MHz 和 1800MHz 等。

3．内存规格

内存规格也是影响主板性能的主要指标之一，包含以下几个内容：

- 内存类型：现在的内存类型主要有 DDR2 和 DDR3 两种，DDR3 的数据传输能力要比 DDR2 强大。
- 内存插槽：插槽越多，单位内存的安装就越多。
- 最大内存容量：最大内存容量越大，处理的数据就越多。
- 内存通道：通道技术其实是一种内存控制和管理技术，在理论上能够使两条同等规格内存所提供的带宽增长一倍，主板如果支持双通道、三通道，甚至是四通道，将大大提高主板的性能。

4. 扩展插槽

扩展插槽的数量也能影响主板的性能，包含以下几个内容：

- PCI-Express 插槽：插槽越多，其支持的模式也就可能不同，能够充分发挥显卡的性能。
- PCI 插槽：插槽越多，能够安装的 PCI 设备也就越多。
- SATA 插槽：插槽越多，能够安装的 SATA 设备也就越多。

5. 其他性能指标

除了以上一些主要性能指标外，还有以下一些主板性能指标也是选购时需要注意的：

- 外部接口：外部接口越多，能够连接的外部设备也就越多。
- 主板板型：板型能够决定安装的设备多少和机箱的大小，以及计算机升级的可能。
- BIOS 性能：现在大多数主板采用了 Flash ROM，其是否能方便升级及是否具有较好的防病毒功能是主板的重要性能指标之一。
- 电源管理：主板对电源的管理目的是节约电能，保证计算机的正常工作，具有电源管理功能的主板性能比普通主板更好。
- 多显卡技术：主板中并不是显卡越多，显示性能就越好，还需要主板支持多显卡技术。现在的多显卡技术包括 NVIDIA 的多路 SLI 技术和 ATI 的 CrossFire 技术。
- 供电模式：主板多相供电模式能够提供更大的电流，可以降低供电电路的温度，而且利用多相供电获得的核心电压信号也比少相供电来得稳定。

操作四　主板芯片组

由于生产主板芯片的厂商主要有三家，所以主板芯片组便主要分为 3 种。

1. Intel 芯片组

Intel 芯片组所在的主板主要是支持 Intel 生产的 CPU，目前主要有以下几种：

- P43：该芯片组由北桥 P43+南桥 ICH10 组成，支持 CPU 类型为 Celeron 400、Pentium 4、Pentium 4 EE、Pentium D、Pentium EE、Celeron Dual-Core、Pentium Dual-Core、Core 2 Duo、Core 2 Quad 和 Core 2 Extreme；CPU 插槽为 LGA 775；前端总线频率为 800/1066/1333MHz；内存最高传输标准为 DDR2 800/DDR3 1066；最大内存容量为 16GB（DDR2）/8GB（DDR3）；支持双通道内存；并集成声卡。
- P45：该芯片组由北桥 P45+南桥 ICH10 组成，属于 P43 芯片组的升级版，各项参数相差不大，并能支持 CrossFire。
- P55：该芯片组采用 PCH 单芯片，支持 CPU 类型为 Core i；CPU 插槽为 LGA 1156；内存最高传输标准为 DDR3 2200/1333/1066MHz；最大内存容量为 16GB；支持双通道内存；支持 SLI 和 CrossFire；并集成声卡。
- H55：该芯片组采用 H55 单芯片，支持 CPU 类型为 Core i 和 Pentium；CPU 插槽为 LGA 1156；内存最高传输标准为 DDR3 2133/2000/1800/1600/1333/1066MHz；最大内存容量为 16GB；支持双通道内存；并集成显示芯片（需要 CPU 支持）和声卡。

- H57：该芯片组采用H57单芯片，支持CPU类型为Core i；CPU插槽为LGA 1156；内存最高传输标准为DDR3 1333/1066MHz；最大内存容量为16GB；支持双通道内存；支持SLI和CrossFire；并集成声卡。
- X58：该芯片组由北桥X58+南桥ICH10组成，支持CPU类型为Core i7、Core i7 Extreme；CPU插槽为LGA 1366；前端总线频率为2400/3200MHz；支持三通道内存；支持SLI和CrossFire；并集成声卡。
- P67：该芯片组采用P67单芯片，支持CPU类型为Core i；CPU插槽为LGA 1155；内存最高传输标准为DDR3 2600/1866/1600/1333/1066MHz；最大内存容量为16GB；支持双通道内存；支持SLI和CrossFire；并集成声卡。
- H67：该芯片组采用H67单芯片，支持CPU类型为Core i；CPU插槽为LGA 1155；内存最高传输标准为DDR3 1600/1333/1066/800MHz；最大内存容量为16GB；支持双通道内存；并集成声卡。
- G31：该芯片组由北桥G31+南桥ICH7组成，支持CPU类型为Celeron、Pentium 4、Pentium D、Core 2 Duo和Core 2 Quad；CPU插槽为LGA 775；前端总线频率为800/1066MHz；内存最高传输标准为DDR2 1066/800/667MHz；最大内存容量为8GB；支持双通道内存；并集成GMA X3100显示核心和声卡。
- P31：该芯片组由北桥P31+南桥ICH7组成，支持CPU类型为Celeron、Pentium 4、Pentium D、Core 2 Duo、Core 2 Quad和Core 2 Extreme；CPU插槽为LGA 775；前端总线频率为1066MHz；内存最高传输标准为DDR2 800/667MHz；最大内存容量为4GB；支持双通道内存；并集成声卡。
- G41：该芯片组由北桥G41+南桥ICH7组成，支持CPU类型为Celeron、Pentium 4、Pentium D、Core 2 Duo、Core 2 Quad和Core 2 Extreme；CPU插槽为LGA 775；前端总线频率为1333MHz；内存最高传输标准为DDR2 800MHz/ DDR3 1333/1066/800MHz；最大内存容量为8GB；支持双通道内存；并集成GMA X4500显示核心和声卡。
- G43：该芯片组由北桥G43+南桥ICH10组成，支持CPU类型为Pentium D、Core 2 Duo和Core 2 Quad；CPU插槽为LGA 775；前端总线频率为1333MHz；内存最高传输标准为DDR2 800MHz/ DDR3 1333/1066/800MHz；最大内存容量为8GB；支持双通道内存；并集成GMA X4500显示核心和声卡。
- G45：该芯片组由北桥G45+南桥ICH10组成，支持CPU类型为Celeron、Pentium 4、Pentium D、Core 2 Duo、Core 2 Quad和Core 2 Extreme；CPU插槽为LGA 775；前端总线频率为1333MHz；内存最高传输标准为DDR2 800/667MHz；最大内存容量为8GB；支持双通道内存；并集成GMA X4500显示核心和声卡。
- NM10：该芯片组采用NM10单芯片+ Atom 450以上的CPU组成，前端总线频率为1333MHz；内存最高传输标准为DDR2 800/667MHz；最大内存容量为8GB；支持双通道内存；并集成GMA 3150显示核心和声卡。

2．AMD 芯片组

AMD 芯片组所在的主板主要是支持 AMD 生产的 CPU，目前主要有以下几种：

- 760G：该芯片组由北桥 760G+南桥 SB710 组成，支持 CPU 类型为 Sempron、Athlon64、Athlon 64 FX、Athlon X2、Phenom 和 Phenom X2；CPU 插槽为 Socket AM2/AM2+/AM3；主板总线为 HT3.0；内存最高传输标准为 DDR2 1066/800/667 /533MHz、DDR3 1800/1600/1333/1066MHz；最大内存容量为 DDR2 16GB/DDR3 8GB；支持双通道内存；并集成 ATI Radeon HD3000 显示核心和声卡。
- 780G：该芯片组由北桥 780G+南桥 SB700 组成，支持 CPU 类型为 Sempron、Athlon64、Athlon 64 FX、Athlon 64 X2、Phenom X2、Phenom X4 和 Phenom FX；CPU 插槽为 Socket AM2/AM2+；主板总线为 HT3.0；内存最高传输标准为 DDR2 1066/800/667MHz 和 DDR3 1666/1333/1066MHz；最大内存容量为 DDR2 8GB/DDR3 4GB；支持双通道内存；支持 Hybrid Crossfire；并集成 ATI Radeon HD 3200 显示核心和声卡。
- 785G：该芯片组由北桥 785G+南桥 SB710 组成，支持 CPU 类型为 Sempron、Athlon、Athlon X2、Phenom X3 和 Phenom X4；CPU 插槽为 Socket AM2/AM2+/AM3；主板总线为 HT3.0，最大支持 5.2GT/s；内存最高传输标准为 DDR2 1200/1066/800/667MHz 和 DDR3 1800/1666/1333/1066MHz；最大内存容量为 16GB；支持双通道内存；支持 CrossFire；并集成 ATI Radeon HD4200 显示核心和声卡。
- 790GX：该芯片组由北桥 790GX+南桥 SB750 组成，支持 CPU 类型为除 Phenom X6 外的 AMD 全系列；CPU 插槽为 Socket AM2/AM2+/AM3；主板总线为 HT3.0；内存最高传输标准为 DDR2 1066/800MHz 和 DDR3 1333/1066MHz；最大内存容量为 DDR2 16GB/DDR3 8GB；支持双通道内存；支持 Hybrid Crossfire；并集成 ATI Radeon HD3300 显示核心和声卡。
- 790FX：该芯片组由北桥 790FX+南桥 SB750 组成，支持 CPU 类型为除 Sempron 外的 AMD 全系列；CPU 插槽为 Socket AM2/AM2+/AM3；主板总线为 HT3.0；内存最高传输标准为 DDR2 1066/800/667MHz 和 DDR3 1866/1333/1066MHz；最大内存容量为 DDR2 8GB/DDR3 16GB；支持双通道内存；支持 Crossfire；并集成声卡。
- 770：该芯片组由北桥 770+南桥 SB710 组成，支持 CPU 类型为 Sempron、Athlon X2、Phenom X2 和 Phenom X4；CPU 插槽为 Socket AM2/AM2+/AM3；主板总线为 HT3.0；内存最高传输标准为 DDR3 1800/1666/1600/1333/1066MHz；最大内存容量为 16GB；支持双通道内存；并集成声卡。
- 870：该芯片组由北桥 870+南桥 SB850/710 组成，支持 CPU 类型为 Sempron、Athlon X2、Phenom X2 和 Phenom X4；CPU 插槽为 Socket AM3；主板总线为 HT3.0；内存最高传输标准为 DDR3 1800/1666/1600/1333/1066MHz；最大内存容量为 16GB；支持双通道内存；并集成声卡。
- 880G：该芯片组由北桥 880G+南桥 SB710 组成，支持 CPU 类型为 Athlon X2、Athlon X3、Athlon X4、Phenom X2、Phenom X3、Phenom X4 和 Phenom X6；CPU 插槽为 Socket AM3；主板总线为 HT3.0；内存最高传输标准为 DDR3 1866/1800/1600/1333/1066/800

MHz；最大内存容量为 16GB；支持双通道内存；支持 Hybrid Crossfire；并集成 ATI Radeon HD4250 显示核心和声卡。

- 890GX：该芯片组由北桥 890GX+南桥 SB850 组成，支持 CPU 类型为 AMD 全系列；CPU 插槽为 Socket AM3；主板总线为 HT3.0；内存最高传输标准为 DDR3
- 1866/1600/1333MHz；最大内存容量为 16GB；支持双通道内存；支持 Hybrid
- Crossfire；并集成 ATI Radeon HD4290 显示核心和声卡。
- 890FX：该芯片组由北桥 890FX+南桥 SB850 组成，支持 CPU 类型为除 Phenom X6 外的 AMD 全系列；CPU 插槽为 Socket AM3；主板总线为 HT3.0；内存最高传输标准为 DDR3 1866/1333/1066MHz；最大内存容量为 16GB；支持双通道内存；支持 Crossfire；并集成声卡。

3. NVIDIA 芯片组

NVIDIA 芯片组所在的主板分别支持 Intel 和 AMD 两种 CPU，目前主要有以下几种：

- MCP7A：该芯片组采用 MCP7A 单芯片，支持 CPU 类型为 Atom、Core 2 Duo 和 Core 2 Quad；CPU 插槽为 LGA 775；内存最高传输标准为 DDR2800/667/533MHz；最大内存容量为 8GB；支持双通道内存；并集成 NVIDIA GeForce 9300/9400 显示核心和声卡。
- MCP78：该芯片组采用 MCP78 单芯片，支持 CPU 类型为 Sempron、Athlon 64、Athlon 64 FX、Athlon X2、Phenom X2、Phenom X4 和 Phenom FX；CPU 插槽为 Socket AM2/AM2+/AM3；主板总线为 HT3.0；内存最高传输标准为 DDR2 1066/800/667MHz 和 DDR3 1800/1600/1333/1066MHz；最大内存容量为 DDR2 8GB/DDR3 16GB；支持双通道内存；并集成 NVIDIA GeForce 8 系列/7 系列显示核心和声卡。
- MCP68：该芯片组采用 MCP78 单芯片，支持 CPU 类型为 Sempron、Athlon 64、Athlon 64 FX、Athlon X2、Phenom X2、Phenom X4 和 Phenom FX；CPU 插槽为 Socket AM2/AM2+/AM3；主板总线为 HT3.0；内存最高传输标准为 DDR2 1066/800/667MHz 和 DDR3 1800/1600/1333/1066MHz；最大内存容量为 DDR2 8GB/DDR3 16GB；支持双通道内存；并集成 NVIDIA GeForce 8 系列/7 系列显示核心和声卡。
- nForce520：该芯片组采用 nForce520 单芯片，支持 CPU 类型为 Athlon 64、Athlon 64 FX、Athlon X2、Phenom X2、Phenom X4 和 Phenom FX；CPU 插槽为 Socket AM2/AM2+/AM3；主板总线为 HT3.0；内存最高传输标准为 DDR2 1066/800MHz 和 DDR3 1666/1333/1066MHz；最大内存容量为 DDR2 16GB/DDR3 16GB；支持双通道内存；并集成声卡。

提示　主板的芯片组通常会随着新一代 CPU 的出现而不断发展，通常一旦某一系列的 CPU 产品停产后，支持该系列的主板也会逐渐退出市场。

操作五　主板的选购方法

主板的稳定性也关系着整台计算机能否稳定地工作，因此主板的作用相当重要，对主板的选购绝不能马虎。选购时，可按照以下的方法进行。

1. 考虑主板用途

选购主板的第一步应该是根据用户的用途进行选购，但要注意主板的扩充性和稳定性。如游戏发烧友或图形图像设计人员，可以根据需要选择价格较高的高性能主板；如果平常使用计算机主要进行文档编辑、编程设计、上网、打字和看电影等，则可选购性价比较高的主流主板。

2. 注意主板扩展性

由于不需要主板的升级，所以应把扩展性作为首要考虑的问题。扩展性也就是通常所说的给计算机增加部件，如增加内存、电视卡和更换速度更快的 CPU 等，这就需要主板上有足够多的各种扩展插槽。

3. 对比主板的性能指标

主板的性能指标非常容易获得，选购时，可以在同样的价位下对比不同主板的性能指标，或者在同样的性能指标下对比不同价位的主板，这样就能获得性价比较好的产品。

4. 对比主板的做工材料

判断主板做工的好坏可以观察各种电阻、电容的焊接是否精致、光滑，元件的排列是否整齐、有规律等。还可以看 CPU 底座、内存条插槽和各种扩展插槽是否松动，能否使各配件固定牢靠。主板的用料主要凭借主板上使用最多的电阻和电容元件的等级来判断，最好选购使用固态电容的主板。

5. 注意主板的真伪

现在的假冒电子产品很多，下面介绍一些鉴别假冒主板的方法：

- 南北桥芯片：正品主板芯片上的标识清晰、整齐、印刷规范，而假冒的主板一般由旧货打磨而成，字体模糊，甚至有歪斜现象。
- 产品标识：主板上的产品标识一般粘贴在 PCI 插槽上，正品主板标识印刷清晰，会有厂商名称的缩写和序列号等，而假冒主板的产品标识印刷非常模糊。
- 输入/输出接口：输入/输出（I/O）接口是每个主板都有的，正品主板接口上一般可看到提供接口的厂商名称，而假冒的主板则没有。
- 电容：正品主板为了保证产品质量，一般采用名牌的大容量电容，而假冒主板采用的是杂牌的小容量电容。
- 焊接工艺：正品主板焊接到位，不会有虚焊或焊锡过于饱满的情况，贴片电容是机械化自动焊接的，比较整齐。而假冒的主板则会出现焊接不到位、贴片电容排列不整齐等情况。
- 布线：正品主板上的布线都经过专门设计，一般比较均匀、美观，不会出现一个地方密集而另一个地方稀疏的情况，而假冒的主板则布线凌乱。

操作六　主板主流品牌介绍

主板市场上的品牌很多，如图 2-9 所示，但通常分为三种级别，其分类的标准只代表市场上的认可度。

图 2-9　主板主流品牌

- 一线品牌：主要包括华硕（ASUS）、微星（MSI）和技嘉（GIGABYTE）。其特点是研发能力强，推出新品速度快，产品线齐全，高端产品非常过硬，市场认可度比较高。
- 二线品牌：主要包括富士康（FOXCONN）、精英（ECS）、英特尔（Intel）、青云（ALBATRON）、映泰（BIOSTAR）、承启（CHAINTECH）、建基（AOPEN）和佰钰（ACROP）等。其特点是在某些方面略逊于一线品牌，但都具备相当的实力，也有各自的特色。
- 三线品牌：主要包括华擎（ASROCK）、硕泰克（SOLTEK）、捷波（JETWAY）、翔升（ASZ）、隽星（MBI）、倍嘉（AXPER）、科迪亚（QDI）和顶星（TOPSTAR）等。其中华擎就是华硕主板低端市场的子品牌，隽星则是微星主板低端市场的子品牌，倍嘉则是技嘉主板低端市场的子品牌。其特点是有制造能力，在保证稳定运行的前提下尽量压低价格。

任务二　选购 CPU

◆ 任务目标

本任务的目标是学习如何选购 CPU，包括 CPU 的发展历史、性能指标、选购方法和主流品牌等。具体目标要求如下：

（1）了解 CPU 的发展史。

（2）熟悉 CPU 性能指标。

（3）熟悉 CPU 的选购方法。

（4）了解 CPU 的主流品牌。

操作一　CPU 的发展史

CPU 是英文 Central Processing Unit（中文意思是中央处理器）的简称，其主要功能是负责执行系统指令、数据存储、逻辑运算、传输和控制、输入/输出操作指令。由控制器和运算器构成，其中运算器负责对数据进行算术运算和逻辑运算操作；控制器主要负责对程序所执行的指令进行分析，并协调计算机各部件进行工作。

CPU 的发展史是和计算机的发展史紧密结合在一起的，其主要经历了诞生、16 位 CPU、32 位 CPU 和 64 位 CPU 四个阶段。

1．诞生（1971~1977）

4004 是 Intel 公司于 1971 年推出的第一款 CPU，也是世界上第一款 CPU，它能同时处理 4 位数据，晶体管数量为 2300，速度为 108 KHz，如图 2-10 所示。

8008 则是 Intel 公司于 1974 年推出的另一款 CPU，其性能是 4004 的两倍，它能同时处理 8 位数据，晶体管数量为 3500，速度为 200 KHz，如图 2-11 所示。

图 2-10　4004

图 2-11　8008

2．16 位时代（1978~1984）

8086 是 Intel 公司于 1978 年推出的具有 16 位数据处理能力的 CPU，然后，又在 1979 年推出了 8088 CPU，如图 2-12 所示。1981 年 IBM 公司在其研制的个人计算机中使用了 8088，标志着计算机时代的到来。

1982 年，Intel 公司在 8086 的基础上，研制出了 80286 CPU，其最大主频为 20MHz，内部和外部数据传输均为 16 位，其形状已与现在使用的 CPU 类似，如图 2-13 所示。

图 2-12　8088

图 2-13　80286

3．32 位时代（1985~2002）

1985 年 10 月 17 日，Intel 推出了 80386DX CPU，如图 2-14 所示，其内部包含 27.5 万个晶体管，时钟频率为 12.5MHz，其内部和外部数据总线达到了 32 位，标志着 CPU 进入了 32 位时代。

1989 年，Intel 和 AMD 分别推出了性能更强的 80486 和 AMD 486DX CPU。1993 年，Intel 推出了新一代产品，命名为 Pentium（奔腾），如图 2-15 所示，Pentium CPU 能支持计算机更轻松地集成“现实世界”的数据，如语音、声音、手写体和图片等。另外，CPU 产品的另外一大生产商 AMD 也推出了第一代 CPU 产品 K5，如图 2-16 所示。

图 2-14　80386

图 2-15　Pentium

图 2-16　K5

此后 Intel 相继推出了性能更强的 Pentium Ⅱ/Ⅲ/4，以及低端 CPU Celeron Ⅱ/Ⅲ/4，AMD 也推出了 K 6/7 系列的 CPU 与 Intel 抗衡。1999 年初发布了采用 Socket 370 架构的第三代 CPU Pentium Ⅲ，如图 2-17 所示，CPU 的主频超过 1GHz，从此进入了 GHz 时代。

2000 年 Intel 公司生产出了 Pentium 4 CPU，如图 2-18 所示。2003 年 Intel 公司采用 LGA775 接口的 Pentium 4 CPU，CPU 进入了没有针脚的触点时代。值得一提的是，在 32 位时代，AMD 推出了一款 Athlon XP CPU，如图 2-19 所示，它第一次在性能上超过了同类型的 Intel CPU 产品。

图 2-17　Pentium Ⅲ

图 2-18　Pentium 4

图 2-19　Athlon XP

4．64 位时代（2003~未来）

2003 年，AMD 公司领先一步推出了具有 64 位处理能力的 Athlon 64 CPU，如图 2-20 所示，它不仅支持 64 位代码，还提供了对 32 位代码和 16 位代码的兼容，有超过 4GB 的内存寻址能力，内置了内存控制器，可以极大地降低数据的收发延迟，缩短读写请求的反应时间，CPU 的性能也因此获得提升。2005 年，Intel 公司也随之推出了 64 位 CPU。

为了增强 CPU 的功能，Intel 和 AMD 又研发出了双核心和多核心的 CPU，如图 2-21 所示，至此，CPU 进入了多核心时代。

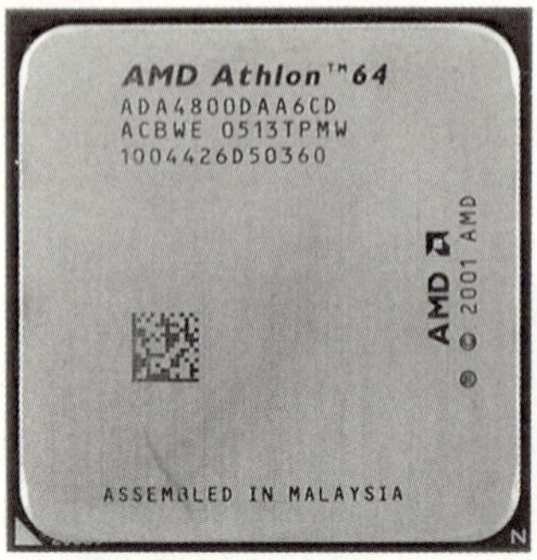

图 2-20　Athlon 64

图 2-21　多核心 CPU

操作二　CPU 的性能指标

由于 CPU 在整个计算机系统中占据着极其重要的地位，其性能能够反映整个计算机系统的性能，下面将介绍 CPU 的一些主要性能指标。

1. 基本参数

CPU 的基本参数主要包括以下两个方面的内容。

（1）生产厂商

CPU 的生产厂商主要有 Intel、AMD、VIA（威盛）和龙芯（Loongson），市场上主要销售的是 Intel 和 AMD 的产品。

（2）产品系列

Intel 和 AMD 的产品分为很多的系列，在同一系列下还有不同主频的产品。

- Intel 产品系列：目前主要有 Celeron（赛扬）、Celeron Dual-Core、Pentium Dual-Core、Core 2 Duo、Core 2 Quad、Core 2 Extreme、Core i3、Core i5 和 Core i7。
- AMD 产品系列：目前主要有 Sempron（闪龙）X2、Athlon Ⅱ X2、Athlon Ⅱ X3、Athlon Ⅱ X4、Phenom Ⅱ X2、Phenom Ⅱ X3、Phenom Ⅱ X4 和 Phenom Ⅱ X6 等。

2. CPU 频率

CPU 频率是指 CPU 的时钟频率，简单说是 CPU 运算时的工作频率（1 秒内发生的同步脉冲数）的简称。CPU 的频率代表了 CPU 的实际运算速度，单位有 Hz 、KHz、MHz 和 GHz。理论上，CPU 的频率越高，在一个时钟周期内处理的指令数也就越多，CPU 的运算速度也就越快，CPU 的性能也就越高。CPU 实际运行的频率与 CPU 的外频和倍频有关，其计算公式为：实际频率＝外频×倍频。

- 外频：是 CPU 与主板之间同步运行的速度，即 CPU 的基准频率。外频速度高，CPU 就可以同时接收更多的来自外围设备的数据，从而使整个系统的运行速度进一步提高。
- 倍频：是 CPU 运行频率与系统外频之间的差距参数，也称为倍频系数。在相同的外频条件下，倍频越高，CPU 的频率就越高。

3. CPU 接口

CPU 接口主要是指 CPU 与主板之间的连接方式，不同核心的 CPU 接口类型也不相同，主要有引脚式、卡式、触点式和针脚式等。不同接口类型的 CPU，其插孔数、体积和形状也都有所不同，对应的主板 CPU 插槽也就不同。

4. CPU 内核

CPU 内核即 CPU 的核心，是由单晶硅以一定的生产工艺制造出来的，CPU 所有的计算、接受/存储命令和处理数据都由内核完成。决定 CPU 内核的性能指标有如下几种：

- 核心数量：过去的 CPU 只有一个核心，而现在的则有 2 个、3 个、4 个或 6 个核心，这主要是由于 CPU 多核心技术的发展。多核心是指基于单个半导体的一个 CPU 上拥有多个一样功能的处理器核心，即是将多个物理处理器核心整合入一个内核中。
- 制作工艺：CPU 的制作工艺直接关系到 CPU 的电气性能，因为密度愈高意味着在同样大小面积的电路板中，可以拥有密度更高、功能更复杂的电路设计。现在 CPU 主流产品的制造工艺有 180nm（纳米）、130nm、90nm、65nm、45nm 和 32nm。
- 核心类型：核心类型也就是 CPU 的产品代号，即使是同一系列的 CPU，其核心类型也可能不同。比如 Intel 的 Core i7 系列，就有 Bloomfield、Nehalem Bloomfield、Lynnfield 和 Gulftown 等核心类型；AMD 的 Phenom II 系列则有 Callisto、Deneb 和 Thuban 等核心类型。
- CPU 构架：它是指 CPU 内部的结构，包括晶体管电路设计、制造工艺、指令集、计算管道和总线运作方式等，构架越新，技术性能就越好。
- 热设计功耗（TDP）：TDP 的英文全称是 Thermal Design Power，是指 CPU 的最终版本在满负荷（CPU 利用率为 100%的理论上）时可能会达到的最高散热热量。散热器必须保证在 TDP 最大的时候，CPU 的温度仍然在设计范围之内。随着现在多核心技术的发展，同样核心数量下，TDP 越小性能越好。

> **提示**　由于 CPU 的核心电压与核心电流时刻都处于变化之中，这样 CPU 的实际功耗（其值：功率 P＝电流 A×电压 V）也会不断变化，因此 TDP 值并不等同于 CPU 的实际功耗，更没有算术关系。由于厂商提供的 TDP 数值肯定留有一定的余地，对于具体的 CPU 而言，TDP 应该大于 CPU 的峰值功耗。

- 内核电压：是指 CPU 的工作电压（Supply Voltage），即 CPU 正常工作所需的电压。目前 CPU 的工作电压有一个非常明显的下降趋势，电压越小，技术性能就越好。
- 线程数：线程是指 CPU 运行中的程序的调度单位，通常所说的多线程是指可通过复制 CPU 上的结构状态，让同一个 CPU 上的多个线程同步执行并共享 CPU 的执行资源，可最大限度地提高 CPU 运算部件的利用率。线程数越多，CPU 的性能也就越高。但需要注意的是，线程这个性能指标通常只用在 Intel 的 CPU 产品中。

5. CPU缓存

缓存是指可进行高速数据交换的存储器，它先于内存与CPU进行交换数据，速度极快，所以又被称为高速缓存。与CPU相关的缓存一般分为L1、L2和L3。例如Core 2 i5 760 CPU就拥有128KB的L1缓存、1MB的L2缓存和8MB的L3缓存。当CPU要读取一个数据时，首先从L1缓存中查找，没有找到再从L2缓存中查找，若还是没有则从L3缓存或内存中查找。一般来说，每级缓存的命中率都在80%左右，也就是说全部数据量的80%都可以在一级缓存中找到，由此可见L1缓存是整个CPU缓存架构中最为重要的部分。

- L1缓存：L1缓存（Level 1 Cache）也叫一级缓存，位于CPU内核的旁边，是与CPU结合最为紧密的CPU缓存，也是历史上最早出现的CPU缓存。由于一级缓存的技术难度和制造成本最高，提高容量所带来的技术难度增加和成本增加非常大，所带来的性能提升却不明显，性价比很低，而且现有的一级缓存命中率已经很高，因此一级缓存是所有缓存中容量最小的。
- L2缓存：L2缓存（Level 2 Cache）也叫二级缓存，主要用来存放计算机运行时操作系统的指令、程序数据和地址指针等数据。容量越大，系统的速度越快。因此Intel与AMD公司都尽最大可能加大L2 高速缓存的容量，并使其与CPU在相同频率下工作。
- L3缓存：L3缓存（Level 3 Cache）也叫三级缓存，分为早期的外置和现在的内置。实际作用是可以进一步降低内存延迟，同时提升大数据量计算时处理器的性能。降低内存延迟和提升大数据量计算能力对游戏都很有帮助。

6. 各种技术参数

除了以上介绍的性能指标外，还有一些技术参数对于CPU的性能也有重要的影响。

（1）指令集

CPU依靠指令来计算和控制系统，每款CPU在设计时就规定了一系列与其硬件电路相匹配的指令系统。指令的强弱也是CPU的重要指标，指令集是提高CPU效率的最有效工具之一。常见的指令集主要有以下几种：

- MMX（Multi-Media Extensions，多媒体扩展）指令集：它是第六代CPU的重要特点。MMX技术是在CPU中加入了特地为视频信号（Video Signal）、音频信号（Audio Signal）和图像处理（Graphical Manipulation）而设计的57条指令，因此，MMX CPU极大地提高了计算机的多媒体（如立体声、视频和三维动画等）处理功能。现在最新的MMX指令集为MMX（+）。
- 3DNow! 指令集：它是由AMD公司开发的一套SIMD多媒体指令集，支持单精度浮点数的矢量运算，用于增强x86架构的计算机在三维图像处理上的性能。现在最新的3DNow! 指令集为3DNow!（+）
- SSE（Streaming SIMD Extensions，单指令多数据流扩展）指令集：它是Intel公司在Pentium III处理器中率先推出的。包含SSE1/2/3/4几种指令集，其中最新的SSE4指令是Intel自从SSE2之后对ISA扩展指令集最大的一次升级扩展。新指令集增强了从多媒体应用到高性能计算应用领域的性能，同时还利用一些专用电路实现了对于特定应用的加速。

- 其他指令集：包括AMD的x86-64和AMD-V，以及Intel的EM64T、VT-x和AES等。总的来说，CPU中拥有的指令集越多，对CPU的控制也就越有效。

（2）内存控制器

内存控制器是计算机系统内部控制内存并通过内存控制器使内存与 CPU 之间进行数据交换的重要组成部分。内存控制器决定了计算机系统所能使用的最大内存容量、内存BANK数、内存类型和速度、内存颗粒数据深度和数据宽度等重要参数，也就是决定了计算机系统的内存性能，同时也对计算机系统的整体性能产生较大影响。

（3）超线程

超线程（Hyper-Threading，简写为HT）是Intel公司自Pentium 4 CPU后开始新增的一项模拟两个物理芯片同步多线程数据处理的技术。单线程芯片在同一时刻只能对一条指令进行处理，而应用了超线程技术的CPU可同时进行多任务的处理。当计算机系统应用超线程技术后，理论上可使性能提高25%以上。

（4）位

在计算机中，数据的处理是以二进制方式进行的，所有数据都是由“0”和“1”两种代码组成的。每个0或1就是一个位，位是数据存储的最小单位，用bit来表示。通常把8位称为一个字节（Byte），即 1Byte＝8bit。在同一时间内一次性处理二进制数的位数叫字长。通常称处理字长为8位数据的CPU为8位CPU，32位CPU就是在同一时间内处理字长为32位的二进制数据。同理，64位的CPU就能在单位时间内一次性处理字长为64位的二进制数据。

操作三 CPU的选购方法

在选购CPU时，除了需要考虑该CPU的性能指标外，还需要从用途、质保等方面来综合进行考虑，最后就是识别CPU的真伪。

1. 用途

选购CPU时，需要根据购买CPU的性价比及用途等因素来进行选择。由于CPU市场主要是以Intel和AMD两大厂家为主，而且它们各自生产的产品其性能和价格也不完全相同，因此在选购CPU时，可以考虑以下几点原则：

- 对于计算机性能要求不高的用户可以选择一些较低端的CPU产品，如Intel的Celeron Dual和Pentium Dual系列，AMD的Sempron和Athlon 64双核系列。
- 对计算机性能有一定要求的用户可以选择一些中低端的CPU产品，如Intel的Core 2 Duo和Core i3系列，AMD的Athlon II X2和 Athlon II X3系列等。
- 对于游戏玩家、图形图像设计等对计算机有较高要求的用户应该选择高端的CPU产品，如Intel公司生产的Core 2 Quad和Core i5系列，AMD公司生产的Athlon II X4、Phenom II X2、Phenom II X3和Phenom II X4系列等。
- 对于发烧游戏玩家则应该选择最先进的CPU产品，如Intel公司生产的Core 2 Extreme和Core i7系列，AMD公司生产的Phenom II X6系列等。

2. 质量保证

盒装正品的 CPU 不但提供了原装散热风扇，一般还会提供 1~3 年的质保。但对于一些散装 CPU 或假冒盒装 CPU，只能由经销商提供最多 1 年的质保。

3. 识别真伪

识别 CPU 的真伪主要有以下 3 个步骤：看包装、识别 CPU 表面的信息和使用软件进行测试。

（1）看包装

盒装正品 CPU 其包装盒上有原厂防伪标志和密封标签；包装盒内有原厂质量保证书；包装盒表面还有可通过电话或上网查询产品真伪的防伪序列号。而散装的 CPU 表面贴的只是经销商的质保标签，其质量保证由经销商提供。如图 2-22 所示为正品 AMD PhenomⅡ X4 955（黑盒）和 Core i7 860 CPU 包装图片。

图 2-22　包装

（2）识别 CPU 表面的信息

原装正品的 CPU 表面都有一些基本的制造信息。Intel 公司的 CPU 编号，一般情况下首先是生产厂商和品牌，接着是 CPU 的产地，然后是 CPU 的频率和缓存，最后是 CPU 的生产日期。AMD 公司的 CPU 编号会根据不同系列的编号规律而不相同。如图 2-23 所示为

AMD Phenom Ⅱ X4 910e CPU 的正面标记，如图 2-24 所示为 Intel Core i5 655k CPU 的正面标记。

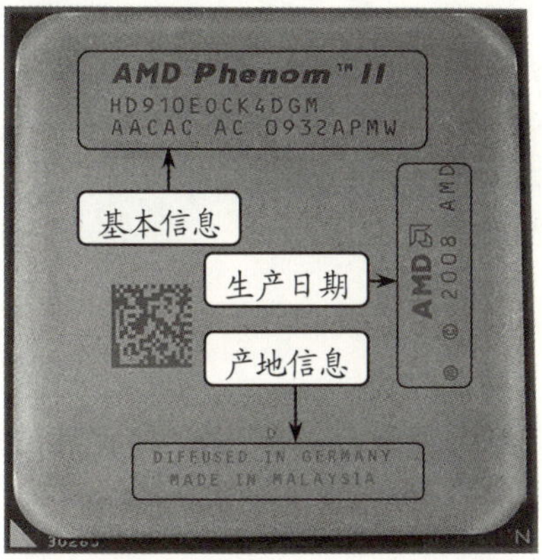

图 2-23　Phenom Ⅱ X4 910e CPU

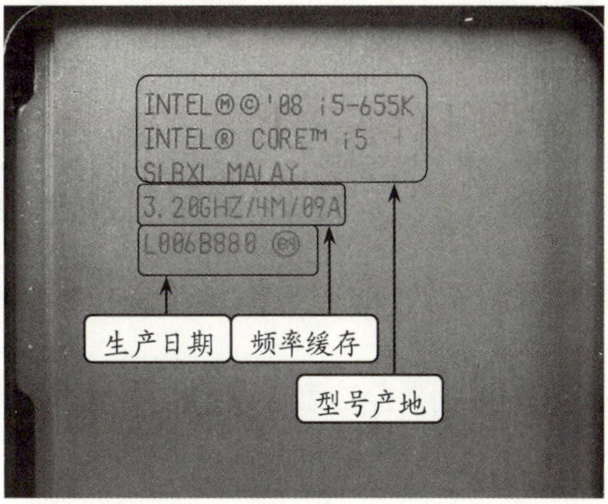

图 2-24　Core i5 655k CPU

（3）软件测试

使用 CPU 频率测试软件对 CPU 进行测试是最保险的识别真伪方法，频率测试软件的工作原理是通过读取 CPU 内部寄存器数据以识别并显示该 CPU 的频率及其他特性。如图 2-25 所示为使用 Intel 公司开发的 CPU 测试软件 Intel（R） Processor Frequency ID Utility 对一块 Intel CPU 的测试结果。如图 2-26 所示为使用 AMD 公司开发的 CPU 测试软件 CPU Info 对一块 AMD CPU 的测试结果。

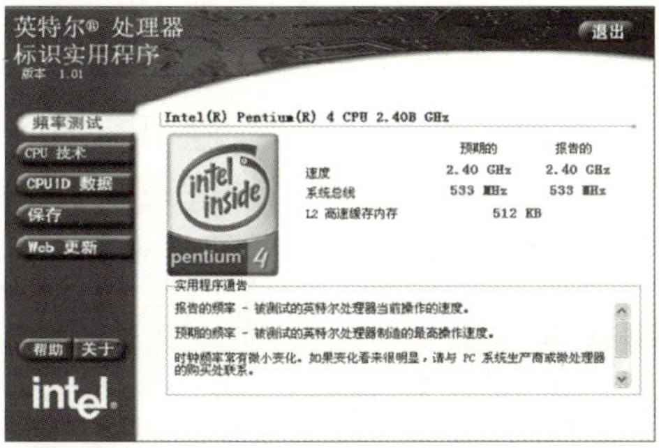

图 2-25　Intel（R）Processor Frequency ID Utility

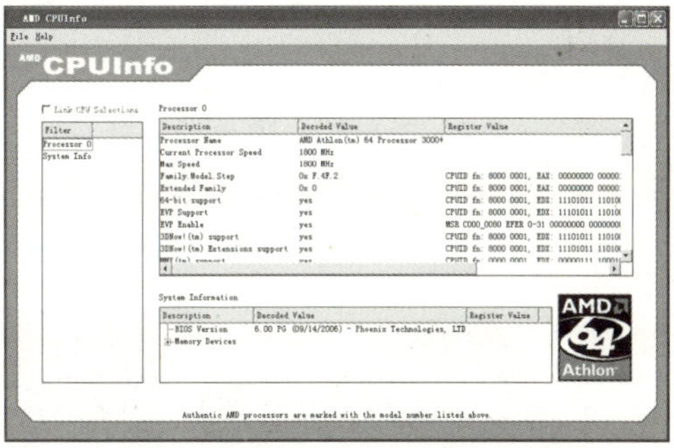

图 2-26　AMD CPU Info

操作四　CPU 主流品牌介绍

CPU 品牌主要包括 Intel、AMD、VIA 和国产龙芯等，除了在各种科学的专用领域外，市场上占主流的是 Intel 和 AMD 公司。

1. Intel

Intel（英特尔）是全球最大的 CPU 芯片生产厂商，成立于 1968 年，代表产品有 Celeron、Pentium、Core 和 Core i 系列等，如图 2-27 所示。

图 2-27　Intel CPU

2．AMD

AMD（超微）是全球第二大 CPU 芯片供应商，成立于 1969 年，其代表产品有 Sempron、Athlon 和 Phenom 系列等，如图 2-28 所示。

图 2-28　AMD CPU

3．龙芯

龙芯（Loongson）是中国科学院计算所自主开发的通用 CPU，采用的类似于 MIPS 简单指令集，最早在 2002 年开始使用。其代表产品有龙芯 1 号、龙芯 2 号和龙芯 3 号，如图 2-29 所示。

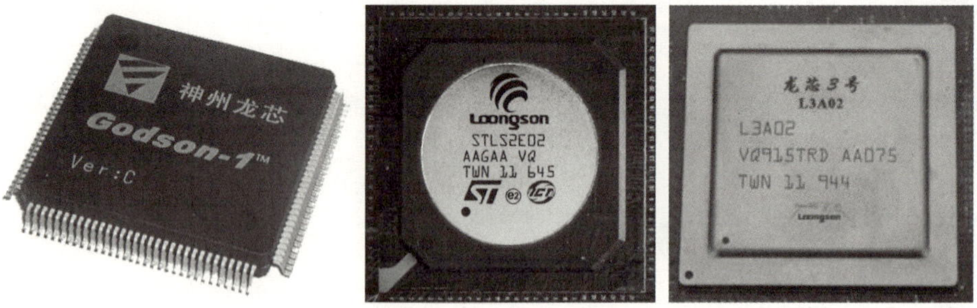

图 2-29　龙芯　CPU

4．VIA

VIA（威盛）是台湾一家主板芯片组厂商，在收购了 Cyrix 和 IDT 公司的 CPU 部门后，推出了 CPU 产品。该类 CPU 主要针对特定的、基于低功耗及性能标准的计算机，满足台式机及笔记本计算机的更高性能要求，实现无风扇运转，并达到移动设备的电池节能水平的目的。其代表产品有 Cyrix、C3、C7 和 Nano 系列等，如图 2-30 所示。

图 2-30　VIA CPU

任务三　选购内存

◆ 任务目标

本任务的目标是学习如何选购内存，包括内存的功能与分类、性能指标、选购方法和主流品牌等。具体目标要求如下：

（1）了解内存的功能与分类。

（2）熟悉内存性能指标。

（3）熟悉内存的选购方法。

（4）了解内存的主流品牌。

操作一　内存的功能与分类

内存（Memory）又被称为主存或内存储器，其功能和分类如下。

1. 内存的功能

计算机在工作过程中，CPU 会把需要运算的数据调到内存中进行运算，然后再将结果传递到各个部件进行执行。所以，内存的功能是暂时存放 CPU 的运算数据及与硬盘等外部存储器交换的数据。内存的外观如图 2-31 所示，包括内存芯片、电路板和金手指等部分。

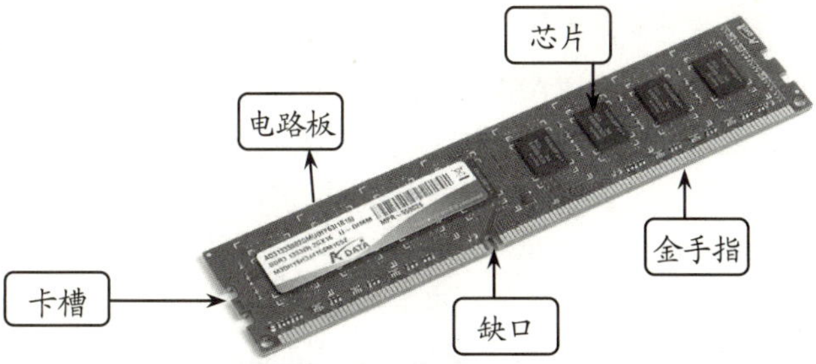

图 2-31　内存外观

内存各部分的作用如下：

- 电路板：用来安装与焊接内存芯片的 PCB 板。
- 缺口：与内存插槽中的防凸起设计配对，防止内存插反。
- 卡槽：与主板上内存插槽上的塑料夹角配合，将内存固定在内存插槽中。
- 芯片：用来临时存储数据，是内存上最重要的部件。
- 金手指：内存与主板进行连接的“桥梁”。

2. 内存的分类

内存的分类方式可分为按工作原理分类、按工作性能分类和按封装方式分类 3 种。

（1）按工作原理分类

从工作原理上说，内存一般采用半导体存储单元，包括随机存储器（RAM）、只读存储器（ROM）和高速缓存（CACHE）。

- 随机存储器（Random Access Memory，简称 RAM）：它既可以从中读取数据，也可以写入数据，当计算机电源关闭时，存于其中的数据会丢失。而内存就是将 RAM 集成块集中在一起的一小块电路板，它插在计算机中的内存插槽上，以减少 RAM 集成块的占用空间。
- 只读存储器（Read Only Memory，简称 ROM）：在使用 ROM 的时候，信息（数据或程序）就被存入并永久保存。这些信息只能读出，一般不能写入，即使停电，这些数据也不会丢失。ROM 一般用于存放计算机的基本程序和数据，如 BIOS ROM，其物理外形一般是双列直插式（DIP）的集成块。
- 高速缓存（CACHE）：就是前面介绍过的 CPU 缓存。

提示 需要注意的是，我们通常所说的内存是指随机存储器（RAM），本书中除了这一节外，所有的内存也都是指随机存储器（RAM）。

（2）按工作性能分类

内存按照工作性能可分为 FPM RAM、EDO RAM、SDRAM、DDR SDRAM、DDR2、DDR3 和 RDRAM，目前市面上主要使用的是 DDR2 和 DDR3。

- FPM RAM（Fast Page Mode，快页模式）内存：该内存平均每 3 个时钟周期才传送一次数据，速度非常慢，是最早的内存类型。
- EDO RAM（Extended Data Out，扩展数据输出）内存：该内存平均每 2 个时钟周期传送一次数据，可以说是第二代内存。
- SDRAM（Synchronous Dynamic RAM，同步动态随机存储器）：该内存采用一种双存储体结构，工作频率达到了当时 CPU 的外频。其规格有 PC 100 和 PC 133 两种，也被应用于显卡的存储芯片，当时主要应用在 Pentium Ⅱ/Ⅲ计算机中。
- DDR SDRAM（Double Data Rate SDRAM，双倍速率同步动态随机存储器）：该内存在每个时钟周期的上升沿和下降沿各传送一次数据，采用并行数据总线传输方式，其位宽为 64，工作时的电压为 2.5V，当时主要应用在 Pentium 4 计算机中，现在一些二手市场还有相关产品销售。

- DDR2：该内存能够在100MHz 的发信频率基础上提供每插脚最少 400MB/s 的带宽，而且其接口将运行于 1.8V 电压上，从而进一步降低发热量，以便提高频率。目前在很多计算机中还在使用，如图 2-32 所示为 DDR2 内存。
- DDR3：相比 DDR2 有更低的工作电压，且性能更好，更为省电；从 DDR 2 的 4bit 预读升级为 8bit 预读，DDR 3 目前最高能够达到 2000MHz 的速度，最差的 DDR 3 内存速度也能达到 1066MHz，如图 2-33 所示为 DDR3 内存。
- RDRAM 内存（Rambus DRAM，存储器总线式动态随机存储器）：是由 Rambus 公司开发的一种具有独特的系统带宽、芯片和芯片接口的新型 RAM。它可在很高的频率下同时在时钟周期的上升沿和下降沿传输数据。RDRAM 带宽最高可达到 6.4GB/s，不过由于 RDRAM 价格较高，并没有成为市场的主流类型。

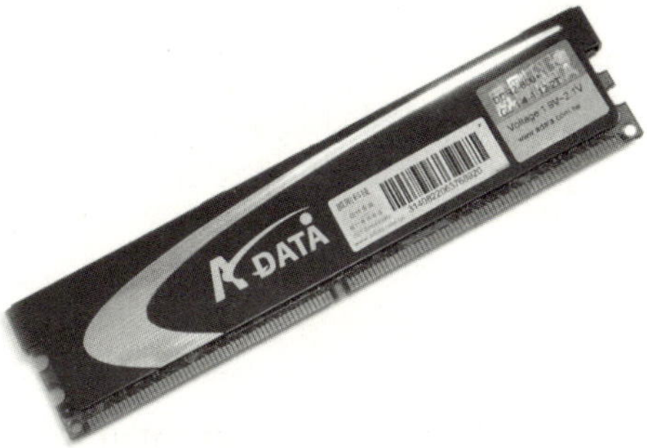

图 2-32　DDR2 内存

图 2-33　DDR3 内存

（3）**按封装方式分类**

封装是指安装半导体集成电路芯片所用的外壳，它具有放置、固定、密封、保护芯片和增强导热性能的作用。同时，还可通过芯片上的接点和封装外壳及印制电路板上的导线与其他部件建立连接。内存封装是指通过特殊技术将集成电路与 PCB 板组合在一起，成为一根完整的内存条。内存封装方式分为以下几种：

- TSOP 封装：TSOP（Thin Small Out-Line Package，薄形小尺寸封装）封装方式是在内存芯片的周围做出引脚，直接焊接在 PCB 板的表面。由于焊点和 PCB 板的接触面积小，使得芯片热量的传递相对困难。
- BGA 封装：BGA（Ball Grid Array，球栅阵列封装）封装方式是通过一个个锡球将芯片焊接在 PCB 上，二者之间的连接依赖芯片中心位置的细导线，如图 2-34 所示。由于焊点和 PCB 的接触面积较大，因此芯片的热量可以很容易地传递到 PCB 板上并散发出去。
- CSP 封装：在 CSP（Chip Scale Package，芯片型封装）封装方式中，芯片面积与封装面积之比超过了 1:0.14，使得内存可以装入更多的芯片，即增大单位容量，也提升了芯片长时间运作后的可靠性，如图 2-35 所示。另外，CSP 封装芯片的中心导线形式有效地缩短了信号的传导距离，从而提高了内存芯片的存取时间。

提示　封装技术已历经几代的变革，性能日益先进，芯片面积与封装面积之比越来越接近，适用频率越来越高，耐温性能也越来越好。

图 2-34　BGA 封装

图 2-35　CSP 封装

操作二　内存的性能指标

选购内存时，不仅要选择主流类型的内存，还要更深入地了解内存的各种性能指标，因为内存的性能指标是反映其性能的重要参数。下面将介绍内存的一些主要性能指标。

1. 基本参数

内存的基本参数主要包括以下几个方面的内容。

（1）类型

内存的类型主要是指按照工作性能进行分类，目前最好的内存是 DDR3。

（2）容量

容量是选购内存时优先考虑的性能指标，因为它代表了内存存储数据的多少，通常以 MB 和 GB 为单位。单根内存容量越大越好。目前市面上主流的内存容量多为 512MB、1GB、2GB、4GB、2×1GB 套装、2×2GB 套装、3×2GB 套装、3×1GB 套装、2×4GB 套装和 3×4GB 套装。

（3）工作频率

工作频率代表了内存所能稳定运行的最大频率，目前主流的内存工作频率有 667MHz、800MHz、1066MHz、1200MHz、1333MHz、1600MHz、1800MHz 和 2000MHz 等。通常情况下，内存的工作频率越高，运行的速度也就越快。

2. 技术参数

内存的技术参数主要包括以下几个方面。

（1）电压

内存电压是指内存正常工作所需要的电压值，不同类型的内存电压不同。SDRAM 内存一般工作电压都在 3.3V 左右，上下浮动额度不超过 0.3V；DDR 内存一般工作电压都在 2.5V 左右，上下浮动额度不超过 0.2V；而 DDR2 内存的工作电压一般在 1.8V 左右；DDR3 内存的工作电压一般在 1.55V~1.75V。

> **提示**　略微提高内存电压，有利于内存超频，但是同时发热量大大增加，有损坏硬件的风险。

（2）CL 设置

CL（CAS Latency，列地址控制器延迟）是指从读命令有效（在时钟上升沿发出）开始，到输出端可提供数据为止的这一段时间，同时也是在一定频率下衡量支持不同规范内存的重要标志之一。在同等工作频率下，CL 设置低的更具有速度优势。

（3）双通道

双通道其实是一种内存控制和管理技术，它依赖于芯片组的内存控制器发生作用。通常是在北桥芯片里设计两个内存控制器，这两个内存控制器可相互独立工作，每个控制器控制一个内存通道，在理论上能够使两条同等规格内存所提供的带宽增长一倍。

（4）三通道

三通道内存技术，可以看做是双通道内存技术的后续技术发展。Core i7CPU 的三通道内存技术，最高可以支持 DDR3 1600 内存，可以提供高达 38.4GB/s 的高带宽，和目前主流双通道内存 20GB/s 的带宽相比，性能提升几乎可以达到翻倍的效果。

提示　前面在内存容量中提到的套装产品，其实就是双通道和三通道的专用内存。

操作三　内存的选购方法

在选购内存时，除了需要考虑该内存的性能指标外，还需要从其他硬件的支持和辨别真伪等方面来综合进行考虑。

1. 其他硬件的支持

内存的类型很多，不同类型的主板支持不同类型的内存，因此在选购内存时需要考虑主板支持哪种类型的内存。另外，CPU 的支持对内存也很重要，如在组建双通道内存时，一定要选购支持双通道技术的主板和 CPU。

2. 识别真伪

用户在选购内存时，需要结合各种方法进行真伪辨别，避免购买到“水货”或者“返修货”，以保障用户的权益。

- 外观判断：一根好的内存做工很精细，还应该有防静电和防震等功能的外包装保护措施，如图 2-36 所示为正品金士顿（Kingston）1GB DDR3 1333 内存的外观。

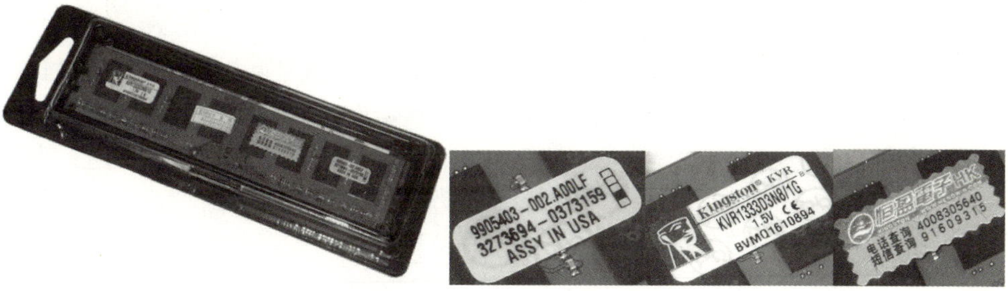

图 2-36　正品内存包装

- 网上验证：有的内存可以到其官方网站验证真伪，如金士顿（Kingston）只需按提示输入内存序列号和ID等信息后，即可得知内存真伪。
- 售后服务：许多名牌内存都为用户提供一年包换三年保修的售后服务，有的甚至会提供终生包换的承诺。
- 价格：在购买内存时，价格也是非常重要的，一定要货比三家，并选择价格较便宜的。但价格过于低廉时，就应注意其是否是打磨过的产品。

操作四　内存主流品牌介绍

常见的内存品牌有金士顿、宇瞻、现代、三星、金邦、金泰克、海盗船、威刚等。

- 金士顿（Kingston）：金士顿是世界第一大内存生产商，其产品的特点是做工精细和兼容性好，并且提供了终身质保，用户可通过网络到金士顿的网站查询或拨打免费的查询电话查询其内存的真伪。
- 威刚（ADATA）：威刚内存凭借其优质的产品，以及完善的售后服务，在近几年迅速崛起，成为许多装机爱好者的首选内存品牌，其市场份额在逐年扩大的同时，也已经在消费者心中树立起良好的形象，如图2-37所示为威刚内存。
- 宇瞻（Apacer）：宇瞻科技成立于1997年，初期公司以DRAM模组的专业供货商为定位，于1999年成为全球第四大内存模组厂商，如图2-38所示为宇瞻内存。

图2-37　威刚内存

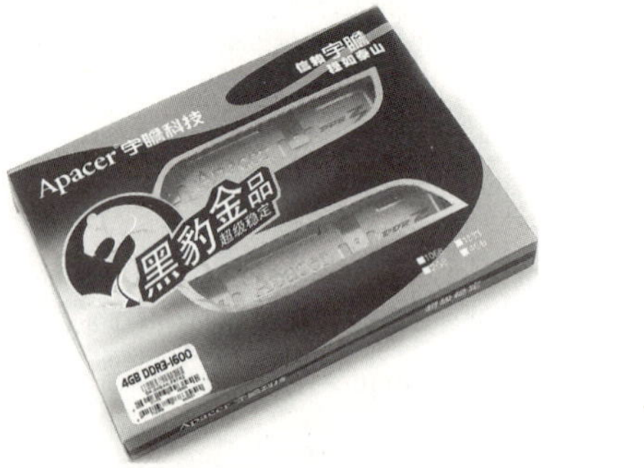

图2-38　宇瞻内存

- 现代（HYUNDAI）：现代是韩国的内存颗粒制造商，其生产的内存颗粒除了供应自己的品牌内存外，还供给其他内存厂家。现代的内存兼容性非常好，一直以来都以高性价比占有很大的市场份额。
- 三星（SAMSUNG）：由于三星能够自主生产内存的芯片，因此其内存都是采用自己生产的最好的芯片，这也保证了内存的质量和稳定性。三星内存的做工和超频性都相当不错，几乎生产所有型号的内存，如图2-39所示为三星内存。
- 金邦（GEIL）：金邦电子公司（Winbond）是台湾最大的内存供应商，各种金邦内存条的SPD均是确定的，对应不同的主板。金邦内存以其出色的超频性能，在计算机高手和硬件发烧友中享有很高的声誉，如图2-40所示为金邦内存。

图 2-39 三星内存

图 2-40 金邦内存

- 金泰克（KINGTIGER）：2005 年 8 月创立的金泰克内存品牌，旗下有磐虎、速虎和战虎三大产品系列，全线内存芯片均选用国际 DRAM 大厂原装 A 级颗粒制造。因其可靠的品质保证成为 OEM 用户及 DIY 市场的最佳选择，如图 2-41 所示为金泰克内存。
- 海盗船（CORSIAR）：海盗船是一家国外公司，其内存产品主要是针对高端市场和发烧友级别的内存条，做工极为精细，内存颗粒所用的材质可以说是目前最好的，如图 2-42 所示为海盗船内存。

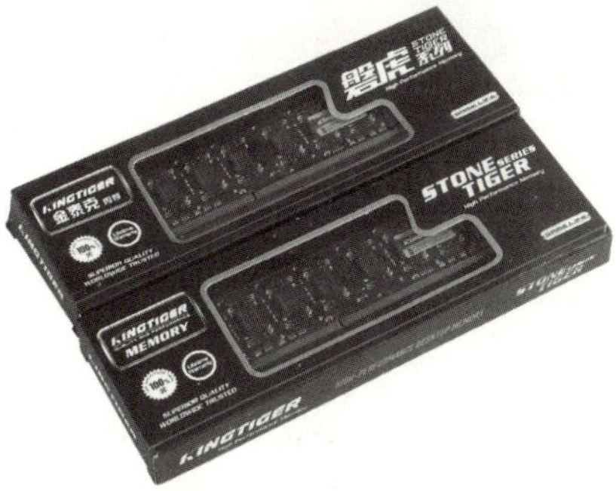

图 2-41 金泰克内存

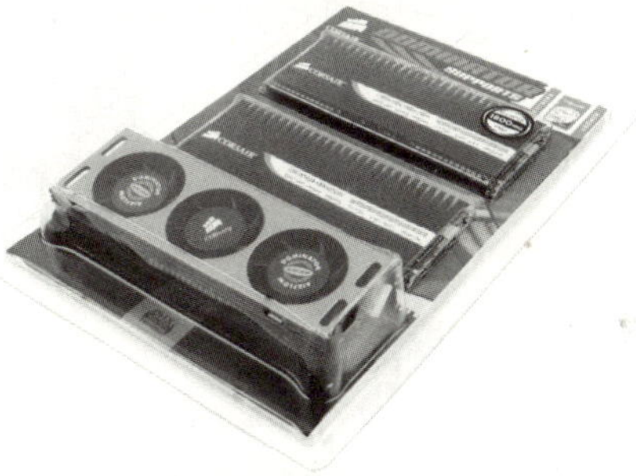
图 2-42 海盗船内存

任务四 选购存储设备

◆ 任务目标

本任务的目标是学习如何选购存储设备，包括硬盘、光驱、刻录机和移动存储设备等。具体目标要求如下：

（1）熟悉硬盘的结构、性能指标、选购方法和主流品牌。

（2）熟悉光驱的性能指标、选购方法和主流品牌。

（3）熟悉刻录机的性能指标、选购方法和主流品牌。

（4）了解移动存储设备的选购。

操作一　硬盘的结构和性能指标

硬盘是计算机中用来存储大容量和永久性数据的部件，因此它是最重要的外部存储器。

1．硬盘的结构

在了解硬盘的性能指标前，需要先了解硬盘的内部机构和外部结构。

（1）内部结构

硬盘（Hard Disk）是计算机中容量最大的外部存储器，其内部结构比较复杂，主要由主轴电机、盘片、磁头和传动臂等部件组成，如图 2-43 所示。通常是将磁性物质附着在盘片上，并将盘片安装在主轴电机上，当硬盘开始工作时，主轴电机将带动盘片一起转动，在盘片表面的磁头将在电路和传动臂的控制下进行移动，并将指定位置的数据读取出来，或将数据存储到指定的位置。

图 2-43　硬盘内部结构

（2）外部结构

硬盘的外部结构较简单，其正面一般是一张记录了硬盘的相关信息铭牌，背面则是促使硬盘工作的主控芯片和集成电路，后侧则是硬盘的电源线和数据线接口，如图 2-44 所示。

图 2-44　硬盘外部结构

2．性能指标

了解了硬盘的各种相关性能指标，才能从根本上对硬盘有较深刻的认识，从而选购到满意的硬盘。

（1）**硬盘容量**

硬盘容量是选购硬盘的主要性能指标之一，主要包含总容量、单碟容量和盘片数 3 个参数。

- 总容量：用于表示硬盘能够存储多少数据的一项重要指标，通常以 GB（1GB=1024MB）为单位。目前主流的硬盘容量有 80 GB、120 GB、160 GB、250 GB、320 GB、500 GB、640 GB、750 GB、1TB、1.5TB 和 2TB 等，其中，1TB=1024GB。
- 单碟容量：是指每张硬盘盘片的容量。硬盘的盘片数是有限的，只有提高每张盘片的容量才能从根本上解决总容量的问题。单碟容量可以提升硬盘的数据传输速度，其记录密度同数据传输率成正比，因此单碟容量才是硬盘容量最重要的性能参数，目前最大的单碟容量为 500GB。
- 盘片数：硬盘的盘片数一般有 1、2、3 和 4 几种，在相同总容量的条件下，盘片数越少，硬盘的性能越好。

（2）**硬盘接口**

通常对硬盘的分类也是按照其接口的类型进行的，主要有 ATA 和 SATA 两种。

- ATA：ATA 其实是一个关于 IDE（Integrated Device Electronics）的技术规范族，包含了 ATA1~ATA7 多个标准。ATA 接口通常也被称为 IDE 接口，是过去硬盘的主要接口类型，它具有兼容性高、速度快和价格低廉的优点，其接口速率有 66MB/s、100MB/s 和 133MB/s 3 种。如图 2-45 所示为 ATA 的所有接口，包括数据线接口、电源线接口和跳线。

图 2-45　ATA 硬盘接口

提示　ATA 硬盘接口旁通常有跳线，包括 8 个针脚，以上下两排的方式排列，其上插有跳线帽。在同一条数据线上连接两个硬盘时才会通过跳线设置主从盘，因为在一根 ATA 数据线上只能有一个主硬盘，若都设为主盘，则会引起系统冲突。不同品牌的硬盘其跳线设置的方式也不相同，因此，在设置时应仔细查看硬盘正面铭牌上的设置说明。

- SATA：SATA 是 Serial ATA 的缩写，即串行 ATA，这是一种完全不同于并行 ATA 的新型硬盘接口类型，因采用串行方式传输数据而得名。SATA 总线使用嵌入式时钟信号，具备了更强的纠错能力，与以往相比其最大的区别在于能对传输指令（不仅仅是数据）进行检查，如果发现错误会自动进行矫正，这在很大程度上提高了数据传输的可靠性。

串行接口还具有结构简单、支持热插拔的优点。SATA 包含 1.0、2.0 和 3.0 几种标准接口，其中 SATA 1.0 标准接口的接口速率可达到 150MB/s，SATA 2.0 标准接口的接口速率可达到 300MB/s ，SATA 3.0 标准接口的接口速率可达到 600MB/s，如图 2-44 所示的外部结构就是 SATA 接口的硬盘。

- eSATA：eSATA 接口在前面介绍主板外部接口中出现过，它其实是 SATA 接口的一种，通过它可以使用户在计算机外部连接 SATA 硬盘，而不像过去只能局限于计算机内部，作用类似于 USB 接口，其接口速率最高可达到 384MB/s，远远高于 USB 接口。

提示 市面上还存在着 SCSI 和 SATA 两种接口的硬盘，但主要应用在工作站及服务器上，价格比较昂贵，在个人计算机用户很少使用。

（3）**传输速率**

传输速率也是衡量硬盘性能的重要指标之一，包括缓存和转速两个参数：

- 缓存：它其实是硬盘控制器上的一块内存芯片，具有极快的存取速度，也是硬盘内部存储和外界接口之间的缓冲器。缓存的大小与速度是直接关系到硬盘的传输速度的重要因素，当硬盘存取零碎数据时需要不断地在硬盘与内存之间进行数据交换，如果缓存较大，则可以将那些零碎数据暂存在缓存中，减小外系统的负荷，提高数据的传输速度。目前主流硬盘的缓存有 8MB、16MB 和 32MB 3 种。
- 转速：它是硬盘内电机主轴的旋转速度，也就是硬盘盘片在一分钟内所能完成的最大转数。转速的快慢是衡量硬盘档次的重要参数之一，也是决定硬盘内部传输率的关键因素之一，在很大程度上直接影响到硬盘的速度。硬盘的转速越快，硬盘寻找文件的速度也就越快，相对的硬盘的传输速度也就得到了提高。硬盘转速以每分钟多少转来表示，单位为 rpm（转/每分钟），值越大，内部传输率就越快，访问时间就越短，硬盘的整体性能也就越好。目前主流硬盘转速有 5400rpm、7200rpm、10000rpm 和 15000rpm 4 种。

（4）**其他参数**

还有一些参数也是选购硬盘时需要注意的，包括以下两个方面：

- 连续无故障时间：它是指硬盘从开始运行到出现故障的最长时间，单位为小时（h），一般硬盘的连续无故障时间至少在 3 万或 4 万小时。这项指标在一般的产品广告或常见的技术特性表中并不提供，需要时可专门上网到具体生产该款硬盘的公司网址中进行查询。
- 平均寻道时间：它是指硬盘在接收到系统指令后，磁头从开始移动到移动至数据所在的磁道所花费时间的平均值，在一定程度上体现了硬盘读取数据的能力，是影响硬盘内部数据传输率的重要参数，单位为毫秒（ms）。不同品牌不同型号的产品其平均寻道时间也不一样，但平均寻道时间越低，则产品越好，现今主流的硬盘产品平均寻道时间都在 9ms 左右。

> **提示**
>
> 平均寻道时间实际上是由转速、单碟容量等多个因素综合决定的一个参数。一般来说，硬盘的转速越高，其平均寻道时间就越低；单碟容量越大，其平均寻道时间就越低。当单碟容量增大时，磁头的寻道动作和移动距离减少，从而使平均寻道时间减少，加快硬盘速度。

操作二　硬盘选购方法与主流品牌

下面介绍硬盘的选购方法与主流品牌。

1. 选购方法

选购硬盘时，除了硬盘的各项性能指标外，还需要了解硬盘是否符合用户的需求，如硬盘的性价比及硬盘的售后服务等。

- 性价比：硬盘的性价比可以通过计算每款产品的“每 GB 的价格”得出具体的衡量值，计算方法为：用产品市场价格除以产品容量得出“每 GB 的价格”，其值越低，性价比就越高。
- 售后服务：硬盘中保存的都是相当重要的数据，因此硬盘的售后服务也就显得特别重要。目前硬盘的质保期多在 2 年到 3 年，有些甚至长达 5 年，因此购买硬盘一定要通过正规的渠道购买，这样在出现问题的时候才能有所保障。

2. 主流品牌

常见的硬盘主流品牌有希捷、西部数据、日立和三星等。

- 希捷（Seagate）：它是市场占有率最大的硬盘品牌，其性能在消费者心目中有很好的口碑。希捷硬盘可以用物美价廉来形容，而且这几年希捷不断在硬盘领域频繁突破，取得了相当不错的成绩，如图 2-46 所示为希捷硬盘。
- 西部数据（Western Digital）：它是硬盘市场上希捷的主要竞争对手，在数据保护和安全方面技高一筹，如图 2-47 所示为西部数据硬盘。

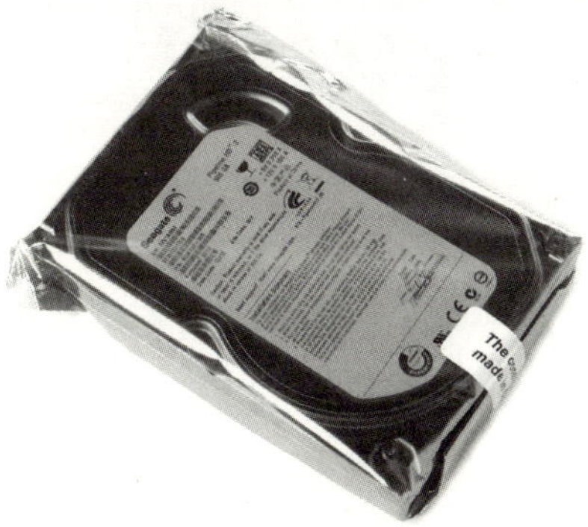

图 2-46　希捷硬盘

图 2-47　西部数据硬盘

- 日立（Hitachi）：由于日立公司收购了 IBM 公司的硬盘部门，现在的日立硬盘其实就是过去的 IBM 硬盘的换代产品，其性能上处于中上水平，加之低廉的价格，日立硬盘在市场上也有很大的竞争力，如图 2-48 所示为日立硬盘。

- 三星：该硬盘是近几年才进入硬盘领域的，采用了独特的 SSB 震动外壳缓冲和碰撞警戒技术，能有效地缓冲震动和加强硬盘磁头的抗震能力，在市场上具有一定的竞争力，如图 2-49 所示为三星硬盘。

图 2-48　日立硬盘

图 2-49　三星硬盘

操作三　光驱的外观和性能指标

光驱是光盘驱动器的简称，而平常所说的光驱是指安装在计算机中的 DVD-ROM。

1．光驱的外观

光驱的外观如图 2-50 所示，主要由以下几个部分组成：

图 2-50　光驱外观

- 面板：主要作用是保护光驱内部的部件。
- 指示灯：指示光驱的工作状态。
- 弹出/停止按钮：按该按钮可停止播放的音乐或弹出光驱拖盘。
- 数据线接口：通过数据线与主板进行数据交换。
- 电源线接口：通过电源线为光驱提供电源。

2．性能指标

了解了光驱的各种相关性能指标，才能从根本上对光驱有较深刻的认识，从而选购到满意的光驱。

（1）基本参数

光驱的基本参数主要包含光驱种类、安装方式和接口类型 3 个参数：

- 光驱种类：目前光驱的种类主要分为两种，一种是 DVD 光驱，另一种是蓝光（Blu－ray）光驱。
- 安装方式：光驱的安装方式主要有内置和外置两种，内置是指安装在机箱内部，外置则是通过数据线与计算机进行连接。
- 接口类型：内置光驱的接口类型有 ATA 和 SATA 两种，各种参数和硬盘相同。外置光驱接口类型则分为 USB、1394 和 eSATA 等类型。

（2）功能参数

光驱的功能参数中最主要的指标是可支持的盘片标准，包括以下几种：

- DVD 光驱：其支持的盘片标准包括 DVD-5、DVD-9、DVD-10、DVD-18、DVD-R、DVD-RW、DVD-R DL、DVD+R、DVD+RW、DVD+R DL、DVD-ROM、CD-ROM、CD-R、CD-RW、CD-DA、CD-I 和 CD Plus 等盘片。
- 蓝光光驱：它除了能够支持 DVD 光驱的所有盘片标准外，还支持 BD-ROM（SL、DL）、BD-R、BD-R DL、BD-RE 和 BD-RE DL 盘片。

提示　需要注意的是，每一款光驱所支持的盘片标准并不一样，选购时一定要仔细检查。光驱所支持的盘片越多则性能越好。

（3）技术参数

光驱的技术参数中最主要的指标是缓存容量，缓存容量的大小直接影响到光驱连续读取数据的性能，它们之间的关系成正比，即缓存越大，光驱连续读取数据的性能越高。目前一般的 DVD 光驱的缓存为 256KB 或 512KB，而蓝光光驱的缓存一般为 4MB 或 8MB。

（4）各种规格

光驱的规格包括 CD、DVD 和 BD（蓝光光盘）3 种，其主要参数是读取各种盘片时的最大速度（也就是通常所说的倍速）。

- CD 规格：早期制定的 CD-ROM 标准把 150KB/s 的传输率定为 1X（1 倍速），目前 CD 的最大读取速度是 56X（56 倍速）。
- DVD 规格：DVD 光驱的 1X 约等于普通光驱的 8X，其最大读取速度为 18X，主流产品则是 16X。
- BD 规格：蓝光光驱的 1X 约等于普通 DVD 光驱的 8X，目前的最大读取速度为 12X，主流产品则是 8X。

（5）其他参数

还有一些参数也是选购光驱时需要注意的，包括以下三个方面：

- 纠错能力：纠错能力是指光驱读取质量不好的光盘数据的能力。纠错能力差的光驱在读取有坏数据的光盘时会非常困难，甚至导致死机。
- 平均寻道时间：平均寻道时间是指光头移动到数据所在扇区，并把该处的数据读入高速缓存所用的时间，其原理与硬盘的平均寻道时间类似。它是衡量光驱性能的另一个重要标准，目前主流光驱的平均寻道时间一般在 80ms~90ms 之间。

- CPU 占用时间：CPU 占用时间是指光驱工作时占用 CPU 资源的时间，该时间值越小表示光驱处理数据的能力越强。

操作四　光驱选购方法与主流品牌

下面介绍光驱的选购方法与主流品牌。

1．选购方法

选购光驱除了各项性能指标外，还需要注意光驱的真伪、区码设置和售后服务等问题。

（1）分辨光驱真伪

光驱的真伪可以通过以下三个方面进行检查：

- 查看光驱的包装：正品光驱的包装盒（有的上面还有激光防伪标志和防伪电话号码）里有质量良好的光驱保护泡沫、驱动程序光盘、未拆封的说明书、音频线、产品合格证和保修卡，如图 2-51 为正品光驱的外包装。

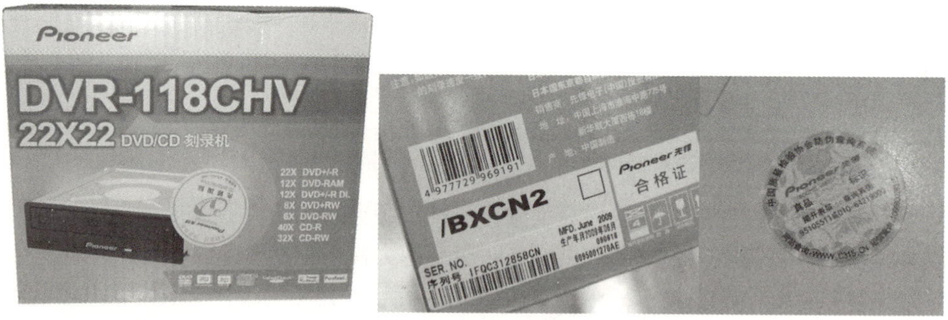

图 2-51　正品光驱包装

- 查看光驱的外壳：正品光盘驱动器的表面无毛刺感，金属外壳有光泽，轻摇时内部无响声，光驱背面清晰地印着详细的技术参数和产品信息。
- 用手掂量：光驱的机芯分为塑料和全钢两种，塑料机芯很容易老化，需要选择能保证读取速度稳定和快捷的全钢机芯光驱，因此全钢机芯光驱比塑料机芯的光驱重。

（2）区码设置

为了防止盗版，在 DVD 光驱中加入了区位码识别机构，DVD 光盘也包含有区位码。只有 DVD 光驱和光盘的区位码相同时，DVD 光驱才可读取 DVD 光盘中的数据。中国大陆的区位为 6 区。

（3）售后服务

各品牌光驱的保质期从 1~3 年不等，在选购时可以根据各自的使用频率、损耗选择相应的保质期限。如果需要经常使用光驱的用户，可以选择保质期在 3 年左右的产品。

2．主流品牌

市场上品牌厂商都掌握了光盘驱动器的核心技术，其产品的性价比、用料、做工和售后服务较其他厂商都要更胜一筹，并生产各种类型的光驱。主流光驱品牌有先锋和华硕等。

- 先锋（Pioneer）：长期以来，先锋的光驱始终在市场上拥有较高的地位，由于其技术先进、价格合理、性能优良，其产品的口碑和市场地位已经不可动摇，如图 2-52 所示为先锋光驱。
- 华硕：在光驱市场，华硕光驱的最大特点在于支持 ATA-100 的极速传输速率及第二代双层悬吊动态防震技术，达到了高速与静音的完美结合，如图 2-53 所示为华硕光驱。

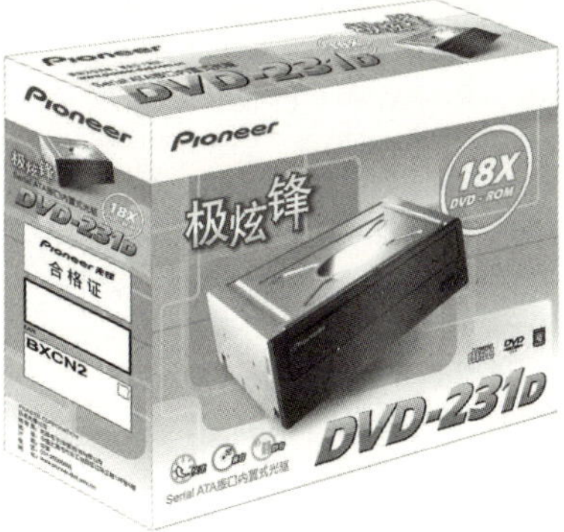

图 2-52　先锋光驱

图 2-53　华硕光驱

操作五　刻录机的性能指标

广义上的刻录机是指专业刻录 CD 或 DVD 的设备，本文中的刻录机主要是指在计算机中使用并能刻录和读取 CD、DVD 和 BD 的光盘驱动器，也叫刻录光驱，因此，刻录机也可以看成光驱的一种类型。和同一种规格的光驱相比，刻录机多了一种刻录光盘的功能。

> **提示**　刻录也叫烧录，是指把想要的数据通过刻录机等工具刻录到光盘、烧录卡（GBA）等介质中。

既然刻录机属于光驱的一种，那么，光驱的所有性能指标都适用于刻录机。除此以外，刻录机还有以下一些独有的性能指标。

1．刻录机的分类

目前市场上的刻录机主要有 DVD 刻录机、蓝光康宝（BD Combo）和蓝光刻录机 3 种：

- DVD 刻录机：它的主要功能是刻录各种 DVD 刻录光盘和 CD 刻录光盘，并能作为 DVD 光驱使用。
- 蓝光康宝：它具备 DVD 刻录机和蓝光光驱的所有功能。
- 蓝光刻录机：它的主要功能是能刻录各种 BD 刻录光盘、DVD 刻录光盘和 CD 刻录光盘，并能作为蓝光光驱使用。

2．刻录规范

在刻录机表面和包装盒上，都有各种刻录规范的标识，认识这些标识对于了解刻录机的相关功能有很大的作用。

- ：CD-RW 刻录规范，支持 CD-R/RW 刻录。
- ：DVD-RAM 刻录规范，支持 DVD-RAM 刻录。
- ：DVD-R/RW 刻录规范，支持 DVD-R/RW 和 CD-R/RW 刻录。
- ：DVD+R/RW 刻录规范，支持 DVD+R/RW 和 CD-R/RW 刻录。
- ：DVD-Multi 刻录规范以 DVD-RAM 为主要架构，支持 DVD-RAM、DVD-R/RW，CD-R/RW 的刻录。
- ：DVD-Dual 刻录规范，又称 DVD-Dual RW 标准，它同时兼容 DVD-R/RW 和 DVD+R/RW 刻录。
- ：super multi 刻录规范，它同时兼容 DVD-RAM、DVD-R/RW 和 DVD+R/RW 这 3 种刻录，就目前来说，它是支持 DVD 格式最多的规范之一。
- ：蓝光刻录规范，它同时支持 BD-R/RE 刻录。

3．刻录速度

刻录机的速度从最初的 1X、2X，达到了目前的 52X 甚至更快。CD 刻录机的最快速度达到 52X，DVD 刻录机的最快速度达到 16X，蓝光刻录机的最快速度达到 8X。

提示

现在刻录机的指标中一般会有多个速度表示，分别将刻录不同光盘的速度都进行了标注，如图 2-54 所示。通常情况下所称的多少倍速的刻录机是指其刻录光盘的速度，这与擦写和读取速度不同，选购时应该注意。

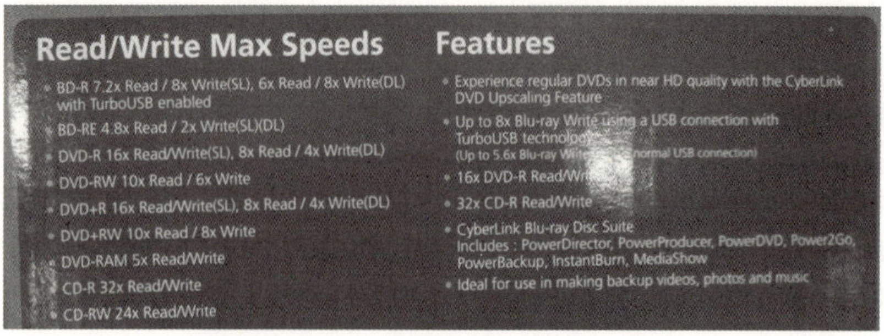

图 2-54　刻录机包装盒上标示的刻录速度

4. 刻录技术

刻录机所具有的刻录技术分为以下两种：

- 一次性刻录技术：一次性刻录数据是将数据通过刻录机写入 CD-R、DVD-R 或 BD-R 光盘的过程。刻录机的激光头根据刻写数据的不同，控制发射激光束的功率，使在喷涂了一层染料层的刻录光盘上的部分染料受热分解，即可在空白的光盘上刻录出可供读取的反光点。但由于这种光盘染料层分解后不能复原，因此刻录光盘只能刻录一次数据。
- 可反复刻录技术：使用可反复刻录技术的刻录机刻录的 CD-RW、DVD-RW 或 BD-RE 光盘，由于反复的擦写会导致光盘的反光信号降低，因此，必须在刻录光盘时需要选用支持该刻录技术的刻录机。

操作六　刻录机选购方法与主流品牌

下面就介绍刻录机的选购方法与主流品牌。

1. 选购方法

选购刻录机除了各项性能指标外，还需要注意以下几个方面的内容。

（1）减震设计

刻录机无论是进行读盘还是刻录操作，都需要马达带动光盘高速地旋转，因此很容易产生噪音。然而，在选购刻录机时，减震设计却是很多消费者容易忽略的因素。如今，市场上的各种刻录机的减震设计原理各异，效果差别也比较明显。目前先进技术当属 VAS（Vibration Absorber System，集振器减振系统）减震技术，它利用传导共振的原理，将刻录机马达的震动导引到内部独立的集振器中，使震动不被传导出去，并配以适当的减震器，无论在高低速下皆有极佳的减震效果。

（2）散热设计

刻录机在进行刻录时，一直都处于高速运转中，因此会产生极大的热量，如果散热效果不好，一方面会降低刻录机激光头的寿命；另一方面，刻录光盘由于受热容易变形，造成光盘碎裂，导致刻录失败。

（3）售后服务

如果在刻录机的性能和价格相差不大的情况下，就应该考虑其售后服务了。现在刻录机一般都提供 3 个月包换、一年保修的服务承诺，甚至更长。刻录机比其他计算机硬件产品的返修率稍高，且不同品牌的刻录机大多有各厂商的独特技术，需要送到特定代理商那里维护和修理。因此在选购时如果不考虑技术支持与技术咨询等售后服务，则会造成消费者在使用产品遇到困难后不能寻求有效帮助。因此最好选择在刻录机专卖店或代理商的直销点处购买。

2. 主流品牌

由于刻录机也属于光驱的一种，因此各大主流光驱品牌都会有刻录机产品，这里不再赘述。

操作七　移动存储设备的选购

通常所说的移动存储设备是指U盘和移动硬盘，但随着数码设备的普及，其内部的闪存卡也具备了移动存储设备的特点和功能，这里也把它们归入移动存储设备中进行讲解。

1. 移动存储设备介绍

移动存储设备包含以下几种。

（1）U盘

U盘由硬件部分（其中核心硬件有flash存储芯片和控制芯片；其他元器件有USB接口、PCB板、外壳、电容、电阻和LED等）和软件部分（包括嵌入式软件与应用软件）组成，具有读写速度快、容量大和可重复读写等特点。它采用USB接口，属于即插即用设备。目前常见的U盘按其容量可分为1GB、2GB、4GB、8GB、16GB、32GB、64GB和128GB，某些U盘生产商生产的U盘还提供了引导启动、加密、杀毒和分区等功能。

（2）移动硬盘

移动硬盘是一种大容量的移动数据存储设备，其数据存储介质是半导体电介质。在音频、图像和视频等多媒体数据备份存储领域，移动硬盘具有更高的性价比。目前常见的移动硬盘按其容量可分为40 GB、60 GB、 80 GB、120 GB、160 GB、250 GB、320 GB、500 GB、640 GB、750 GB、1TB、1.5TB、2TB、3TB和4TB。

（3）闪存卡

闪存卡是一种主要应用于数码相机/摄像机、MP3/MP4、掌上计算机和手机等设备中的存储设备，它能够通过读卡器和计算机进行数据的存储和读取操作，因此也被称为移动存储设备。市场上常见的闪存卡包括以下几种：

- CF卡：全称为Compact Flash卡，如图2-55所示。目前最大存取速度为90MB/s，容量为2GB、4GB、8GB、16GB、32GB和64GB。
- Micro SD（T-FLASH）卡：是一种超小型卡，约为SD卡的1/4，如图2-56所示。目前最大存取速度为6.5MB/s，容量为2GB、4GB、8GB、16GB和32GB 。
- MS记忆棒：索尼产品专用的闪存卡，如图2-57所示。目前最大存取速度为28MB/s，容量为2GB、4GB、8GB和16GB。

图2-55　CF卡

图2-56　Micro SD（T-FLASH）卡

图2-57　MS记忆棒

- SD卡：它是Secure Digital Card卡的简称，如图2-58所示。目前最大存取速度为10MB/s，容量为4GB、8GB、16GB和32GB。

- SDHC卡：它是一种高容量SD存储卡，如图2-59所示。目前最大存取速度为30MB/s，容量为4GB、8GB、16GB和32GB 。
- SDXC卡：它是一种容量更大的SD存储卡，理论容量为2TB，如图2-60所示。目前最大存取速度为60MB/s，容量为48GB和64GB。

图2-58　SD卡

图2-59　SDHC卡

图2-60　SDXC卡

2. 选购移动存储设备

这些移动存储设备几乎都有相同的性能指标，除了容量与速度外，以下两点也是用户选购时考虑最多的因素：

- 安全性：特别是对于U盘来说，理论上可正常擦写100万次。由于Flash芯片的材质影响了其品质，因此若材质不好，在使用了一段时间后可能会产生容量变小的情况，这种变化会造成用户数据的丢失，给用户带来极大的损失。
- 实用性：在购买移动存储设备时，应根据需要进行购买。如果经常外出，而且每次复制的文件都不是很大，则可以考虑购买U盘或使用闪存卡；如果是公司、单位经常复制办公软件或一些大型的文件，则最好选购移动硬盘。

3. 主流品牌

对于移动存储设备，也有以下一些主流的品牌，可作为选购时的参考：

- U盘：主流的品牌有金士顿、PNY、宇瞻、威刚、台电、惠普、闪迪、联想、芯潮、忆捷、爱国者、清华紫光、朗科和纽曼等。
- 移动硬盘：主流的品牌有希捷、西部数据、纽曼、三星、忆捷、日立、东芝、联想、爱国者、巴比禄、方正、铭记、迈拓和微星等。
- 闪存卡：主流的品牌有金士顿、闪迪、宇瞻、威刚、胜创、索尼、雷克沙、PNY、松下、创见、东芝、三星、联想、爱国者、惠普和金泰克等。

任务五　选购显示设备

◆ 任务目标

本任务的目标是学习如何选购显示设备，包括显卡和显示器。具体目标要求如下：

（1）熟悉显卡的结构和性能指标。

（2）熟悉显卡的选购方法和主流品牌。

（3）熟悉显示器的性能指标。

（4）熟悉显示器的选购方法和主流品牌。

操作一　显卡的结构与性能指标

显卡是显示器与计算机主机进行信号转换的控制电路和接口，属于计算机的显示设备。

1．显卡的结构

从外观上看，显卡主要由显示芯片（GPU）、显存、显示输出接口和金手指等几部分组成，如图 2-61 所示。

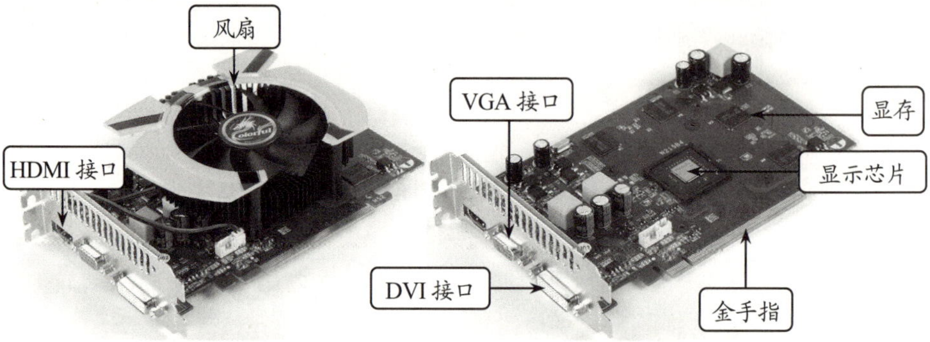

图 2-61　显卡

- 显示芯片：它是显卡上最重要的部分，其主要作用是处理软件指令，让显卡能完成某些特定的绘图功能，它直接决定了显卡的好坏。由于显示芯片发热量巨大，因此往往在其上面都会覆盖散热片并通过散热风扇进行散热。
- 显存：它是显卡中用来临时存储显示数据的部件，其容量与存取速度对显卡的整体性能有着举足轻重的影响，而且还将直接影响显示的分辨率和色彩位数。其容量越大，所能显示的分辨率及色彩位数就越高。
- 金手指：它的功能是连接显卡和主板的通道，不同结构的金手指代表不同的主板接口，目前主流的显卡金手指是 PCI-Express 接口类型。
- VGA 接口：其外形为迷你 15 针 D 型结构，一般与 CRT 显示器直接相连，也可与带有 VGA 接口的 LCD（液晶）显示器相连，主要用于向显示器输出模拟信号。
- DVI（Digital Visual Interface）接口：即数字视频接口，它可将显卡中的数字信号直接传输到 LCD 显示器，从而使显示出来的图像更加真实自然。
- HDMI（High Definition Multimedia）接口：称为高清晰度多媒体接口，它可以提供高达 5Gbps 的数据传输带宽，可以传送无压缩的音频信号及高分辨率视频信号。同时无须在信号传送前进行数/模或者模/数转换，可以保证最高质量的影音信号传输，是未来显卡的主要接口。

2．显卡的性能指标

显卡的性能主要由显存和显示芯片的性能决定，主要包括以下一些性能指标。

（1）**显卡核心**

显卡核心主要包括芯片厂商、芯片类型、制造工艺和核心频率 4 种参数。

- 芯片厂商：显示芯片主要有 NVIDIA 和 ATI 两个主要厂商。
- 芯片类型：目前市场上，NVIDIA 的显示芯片主要有入门级的 GF210、GT220 和 GT430；实用级的 GT240、GTS450 和 GTX460；发烧级的 GTX465、GTX470 和 GTX480。ATI 的显示芯片主要有入门级的 HD5550、HD5570；实用级的 HD5750、HD5770 和 HD5830；发烧级的 HD5850、HD5870、HD5970、HD6850 和 HD6870。
- 制造工艺：显示芯片的制造工艺与 CPU 一样，也是用纳米来衡量其加工精度的。制造工艺的提高，意味着显示芯片的体积将更小，集成度更高，性能更加强大，功耗也会降低，现在主流芯片制造工艺达到了 40nm。
- 核心频率：它是指显示核心的工作频率，其工作频率在一定程度上可以反映出显示核心的性能。在同样级别的芯片中，核心频率高的则性能要强一些。显卡的性能是由核心频率、显存、像素管线和像素填充率等多方面的情况所决定的，因此在芯片不同的情况下，核心频率高并不代表此显卡性能强。

（2）**显存规格**

显存规格主要包括显存频率、显存类型、显存容量、显存位宽和显存速度等参数。

- 显存频率：它是指默认情况下，该显存在显卡上工作时的频率，以 MHz（兆赫兹）为单位。显存频率在一定程度上反是映了该显存的速度，其随着显存的类型和性能的不同而不同，同样类型下，频率越高性能越强。
- 显存类型：现在的主流显存都是 GDDR，从过去的 GDDR1 一直到现在的 GDDR5，GDDR5 的功耗低，且性能更高，相当于 800MHz GDDR3 的 3 倍之多，也可以提供两倍于 GDDR4 的容量，并采用了新的频率架构，拥有更佳的容错性能。
- 显存容量：其大小决定着显存临时存储数据的能力。从理论上讲，显存容量决定了显示芯片处理的数据量，显存容量越大，显卡性能就越好。目前主流显存容量为 512MB、896 MB、1024 MB、1280 MB、1536 MB 和 2GB。
- 显存位宽：通常情况下把显存位宽理解为数据进出通道的大小，在运行频率和显存容量相同的情况下，显存位宽越大，数据的吞吐量就越大，显卡的性能也就越好。目前市场上的显存位宽有 64bit、128 bit、256 bit 和 384 bit。
- 显存速度：它是显存时钟脉冲的重复周期的快慢，显存速度越快，单位时间交换的数据量也就越大，在同等情况下显卡性能将会得到明显提升。显存的时钟周期一般以 ns（纳秒）为单位，主流显存速度达到了 0.5ns 或 0.4ns。

（3）**散热方式**

由于显卡核心工作频率与显存工作频率的不断攀升，显卡芯片的发热量也在迅速提升。为了解决这些问题，显卡都会采用必要的散热方式，优秀的散热方式是选购显卡的重要指标之一。主要有以下几种散热方式：

- 被动式散热：一般一些工作频率较低的显卡采用的都是被动式散热，这种散热方式就是在显示芯片上安装一个散热片，在保障显卡稳定工作的同时，不仅可以降低成本，而且还能减少使用中的噪音。
- 主动式散热：这种方式除了在显示芯片上安装散热片之外，还安装了散热风扇，工作频率较高的显卡都需要这种主动式散热。

- 水冷式散热：这种散热方式集成了前两种方式的优点，散热效果好，且没有噪音，但需要占用较大的机箱空间，成本较高。

（4）物理特性

显卡的物理特性主要包括 3D API 和 SP 单元两个参数。

- 3D API：它是指显卡与应用程序的直接接口，目前计算机中主要应用的 3D API 有 DirectX 和 OpenGL。DirectX 目前已经成为游戏的主流，绝大部分主流游戏均基于 DirectX 开发，最新版本为 DirectX 11。
- SP 单元：它是全新的全能渲染单元，是新一代的显卡渲染技术指标，同一品牌的显卡中，SP 单元个数越多则处理能力越强。

提示 显卡的分辨率和支持接口的类型也是选购显卡时可以考虑的性能指标，分辨率越高越好，支持的接口越先进越好。

操作二　显卡选购方法与主流品牌

下面介绍显卡的选购方法与主流品牌。

1. 选购方法

选购显卡除了各项性能指标外，还需要注意以下几个方面：

- 做工：一款性能优良的显卡，其 PCB 板、线路和各种元件的分布是比较规范的，建议尽量选择使用 4 层以上 PCB 板层数的显卡。
- 选料：如果显卡的选料上乘，做工优良，那么这块显卡的性能也就较好，但价格相对较高；如果一款显卡价格低于同档次其他显卡很多，那么这块显卡在做工上可能稍次，选购显卡时，一定要注意这些问题。
- 布线：为使显卡能够正常工作，显卡内通常密布着许多电子线路，用户可以直观地看到这些线路。通常正规厂家的显卡布局清晰、整齐，各个线路间都保持了比较固定的距离，各种元件也非常齐全，而低端显卡上常会出现空白的区域。
- 包装：一块通过正规渠道进货的新显卡，包装盒上的封条一般是完整的，而且显卡上有中文的产品标记和生产厂商的名称、产品的型号和规格等信息。
- 售后服务：由于目前各品牌厂商在售后服务方面都还不错，所以建议尽量买主流品牌厂商生产的显卡。

2. 主流品牌

常见的显卡主流品牌有影驰、索泰、七彩虹、华硕等。

- 影驰：作为新兴崛起的品牌，影驰也是主攻 NVIDIA 芯片的显卡制造商。其产品具有超频性强、双 BIOS、鸣器报警和支持核心电压调节等特色性能，如图 2-62 所示为影驰显卡。
- 索泰：它也是主攻 NVIDIA 芯片的显卡众多品牌中的新秀，并和 ATI 中的大品牌蓝宝石出自同一家代工厂，也就是全球最大显卡代工厂柏能科技的自有品牌，如图 2-63 所示为索泰显卡。

图 2-62　影驰显卡

图 2-63　索泰显卡

- 七彩虹：七彩虹显卡的质量不错，而且物美价廉，很多最低价格的显卡都是七彩虹创造的。其推出的游戏系列板卡则凭借高速显存、低功耗和极限超频等特性占据了很大一部分高端显卡市场，如图 2-64 所示为七彩虹显卡。
- 华硕：华硕显卡的超优品质来自于其强大的研发生产能力，华硕每款显卡产品出厂之前都有完整的性能测试，从第一版本到最终版本，板型设计自始至终，从不因为市场价格的下降而有所缩水，如图 2-65 所示为华硕显卡。

图 2-64　七彩虹显卡

图 2-65　华硕显卡

操作三　显示器的分类

显示器是计算机输出数据的主要设备，它是一种电光转换工具，其工作原理是将接受到的从显卡输出的数据信号（电信号）转换为人眼可见的光信号，这样人眼就可通过显示器屏幕发出的可见光来控制计算机的工作，并通过显示器屏幕了解计算机的最终输出结果。

显示器按照工作原理可分为 CRT 显示器（Cathode Ray Tube，阴极射线管）、LCD 显示器（Liquid Crystal Display，液晶显示器）和 PDP 显示器（Plasma Display Panel，等离子显示器）3 种类型。

1. CRT 显示器

CRT 显示器的显像管内安装有阴极射线电子枪，所发射的电子轰炸显示屏幕后就会显示出图像。该显示器的图像色彩鲜艳，画面逼真，没有延时感，但其具有较强的电磁辐射，长时间使用很容易损害人的眼睛。CRT 显示器按照不同的显像管又分为球面、平面直角、物理纯平和视觉纯平 4 种显示器，如图 2-66 所示。

图 2-66　CRT 显示器

2. LCD 显示器

现在市场上的 LCD 显示器分为 LCD 和 LED 两种。

（1）LCD

LCD 显示器就是常说的液晶显示器，液晶的特点是通电时发光，不通电时不发光，这样就可通过发光和不发光组合在屏幕上显示出图像。LCD 显示器具有没有辐射危害、屏幕不会闪烁、工作电压低、功耗小、重量轻和体积小等优点，但 LCD 显示器的画面颜色逼真度不及 CRT 显示器，如图 2-67 所示。

（2）LED

LED 是一种通过控制半导体发光二极管的显示方式，LED 显示器是 LCD 显示器的一种类型，它在亮度、功耗、可视角度和刷新速率等方面更具优势。LED 与 LCD 的功耗比大约为 1:10，而且更高的刷新速率使得 LED 在视频方面有更好的性能表现，能提供宽达 160° 的视角。有机 LED 显示屏的单个元素反应速度是 LCD 屏的 1000 倍，在强光下也可以照看不误，并且适应零下 40° 的低温，如图 2-68 所示。

图 2-67　LCD 显示器

图 2-68　LED 显示器

提示 LED 显示器其实就是 LED 背光液晶显示器，LCD 显示器则是 CCFL 背光液晶显示器，所以此二者仍是 LCD 显示器，只是背光源不一样而已。简单地说，LCD 与 LED 是两种不同的显示技术，LCD 是由液态晶体组成的显示屏，而 LED 则是由发光二极管组成的显示屏。LED 在亮度、功耗、可视角度和刷新速率等方面都更具优势，其分辨率一般比较低，价格比较昂贵。

3. PDP 显示器

PDP 显示器是一种在显示屏上排列上千个密封的小低压气体室，通过电流激发使其发出肉眼看不见的紫外光，紫外光碰击后面玻璃上的红、绿、蓝 3 色荧光体发出肉眼能看到的可见光，以此成像的显示器类型。其特点是厚度薄、分辨率高、环保无辐射和占用空间小，还可以作为家中的壁挂电视使用。由于其显示尺寸较大，价格比较昂贵，通常在办公和商务展示领域使用较多。

操作四 显示器的性能指标

不同类型的显示器，性能指标也会存在差别，主要有以下几种。

1. CRT 显示器

CRT 显示器是使用最广泛的显示器，其主要的性能指标有以下几个方面：

- 显示屏尺寸：CRT 显示器的显示屏尺寸包括 15 英寸、17 英寸、19 英寸、20 英寸、22 英寸、29 英寸和 32 英寸等类型，通常显示面积都会小于显像管面积。
- 显像管类型：分为球面、平面直角、物理纯平和视觉纯平显示器 4 种。
- 点距：它是显像管水平方向上相邻同色荧光粉像素间的距离，单位为毫米（mm）。点距越小，显示屏上的图像就越清晰。市面上主流 CRT 显示器的点距都在 0.21mm 以下，有的专业显示器可达到更小的点距。
- 分辨率：它是指显像管水平方向和垂直方向所显示的像素，通常以“长度×宽度”的形式表示。分辨率越高，显示器屏幕上的像素就越多，图像也就更加清晰，但所得到的图像或文字就越小。
- 刷新率：它是屏幕刷新的频率，刷新率越低，图像的闪烁和抖动就越厉害。CRT 显示器的刷新频率至少应该在 85Hz 以上，主流 CRT 显示器能够达到 100Hz 以上。
- 安规认证：它是显示器的安全和防辐射认证，包括 MPR-Ⅱ、TCO、CCC、UL、FCC、TUV/EMC 和 NUTEK 等，应用最多的主要是 TCO 和 CCC。

2. LCD 显示器

LCD 显示器是现在主流的显示器类型，因其技术的不同使其与 CRT 显示器有着不完全相同的性能指标。

- 屏幕尺寸：LCD 显示屏尺寸包括 17 英寸、18.5 英寸、19 英寸、20 英寸、21.5 英寸、22 英寸、23 英寸、23.6 英寸、24 英寸、26 英寸、27 英寸、30 英寸、32 英寸、37 英寸、42英寸、47英寸和47英寸以上等类型。

- 屏幕比例：它是指显示器屏幕画面纵向和横向的比例，包括普屏4:3、普屏5:4、宽屏16:9和宽屏16:10几种类型。
- 面板类型：目前市面上的LCD面板主要有MVA、PVA、IPS和TN 4种。其中，PVA面板可视角度可达170°，响应时间被控制在20ms以内，而对比度可超过700:1，三星的大部分LCD产品都使用PVA面板；IPS面板具有可视角度大、颜色细腻等优点，看上去比较通透，LG和飞利浦大部分LCD产品则使用IPS面板；TN面板主要应用于入门级和中端级的产品中，价格实惠、低廉，现在市场上一般在8ms响应时间以内的产品大多都采用的是TN面板。
- 对比度：对比度越高画面的显示质量也越好，特别是玩游戏或观看影片，就需要更高对比度的LCD显示器以得到更好的显示效果。
- 响应时间：它是指一个亮点转换为暗点的速度，单位为ms（毫秒）。如果需要使在多媒体娱乐时感觉不到拖尾现象，则LCD显示器的响应时间应该控制在8ms以下。
- 亮度：亮度越高显示画面的层次就越丰富，显示质量也就越高。单位为cd/m^2（流明），市面上主流的LCD显示器的亮度为$300cd/m^2$。
- 可视角度：它是指站在位于显示器边的某个角度时仍可清晰看见影像时的最大角度，主流LCD显示器的可视角度都在160°以上。

操作五　显示器选购方法与主流品牌

下面介绍显示器的选购方法与主流品牌。

1. 选购方法

选购显示器除了各项性能指标外，还需要注意以下几个方面的内容：

- 根据需要选购：如果是一般家庭和办公用户建议购买LCD，环保无辐射，性价比高；如果是游戏或娱乐用户，可以考虑LED，颜色鲜艳，视角清晰；如果是图形图像设计用户，最好使用大屏幕CRT，图像色彩鲜艳，画面逼真。
- 测试显示器坏点数：坏点数是衡量LCD液晶面板质量好坏的一个重要标准，而目前的液晶面板生产线技术还不能做到显示屏完全无坏点。检测坏点时，可将显示屏显示全白或全黑的图像，在全白的图像上出现黑点，或在全黑的图像上出现白点，这些都被称为坏点，通常超过3个坏点就不能选购了。
- 观察显示器是否有磁化现象：磁场是无处不在的，所有的电器都会产生磁场，如果显示器没有优良的屏蔽磁场功能，就很容易被磁化，磁化后的显示屏上会产生大块色斑。显示器一般都自带了消磁功能，可消除一些轻微的磁化现象。

2. 主流品牌

常见的显示器主流品牌有三星、AOC（冠捷）、长城、飞利浦等。

- 三星：它已经成为了全球最大的显示器制造商，而且其显示器的显示效果较好，在消费者当中有良好的口碑，如图2-69所示为三星显示器。

- AOC：在显示器市场中，AOC的市场份额高达40%以上。作为全球第二大显示器制造商，它不但生产自有品牌的显示器，还为很多显示器厂商代工生产显示器，如图 2-70 所示为AOC显示器。

图 2-69　三星显示器

图 2-70　AOC显示器

- 长城：长城公司一直是显示器市场上的主力之一，其显示器一直以性价比高在市场上拥有良好的口碑，如图 2-71 所示为长城显示器。
- 飞利浦：飞利浦能够自己生产显像管和 LCD 面板，其质量也是名列前茅，如图 2-72 所示为飞利浦显示器。

图 2-71　长城显示器

图 2-72　飞利浦显示器

任务六　选购音箱与网络设备

◆ 任务目标

本任务的目标是学习如何选购音箱和网络设备，包括音箱和网卡。具体目标要求如下：

（1）熟悉音箱的性能指标。

（2）熟悉音箱的选购方法和主流品牌。

（3）熟悉网卡的选购。

操作一　音箱的性能指标

音箱其实就是将音频信号进行还原并输出的工具，其工作原理是声卡将输出的声音信号传送到音箱中，通过音箱还原成人耳能听见的声波，如图2-73所示。

图2-73　音箱

音箱性能的好坏是反映所听到声音真实性的重要标准，其性能指标包括以下几个方面。

1. 基本参数

音箱性能的基本参数包含音箱系统、有源无源和调节方式3种指标：

- 音箱系统：主要是指音箱的声道数量，包括2.0声道（双声道立体声）、2.1声道（双声道+低音声道）、4.1声道（4声道+低音声道）、5.1声道（5声道+低音声道）和7.1（7声道+低音声道）声道等。
- 有源无源：有源音箱是指在音箱内部装有自配功放的一类音箱，无源音箱内部则没有功率放大电路，需外接功率放大器才能工作。一般主流音箱都是有源音箱，只有特别要求的才会采用无源音箱。
- 调节方式：主要有旋钮、线控和遥控3种方式，最先进的调节方式是遥控方式。

2. 技术参数

音箱性能的技术参数包含额定功率、信噪比和防磁功能3种指标：

- 额定功率：是指音箱能够长期承受这一数值的功率而不致损坏。音箱的功率不是越大越好，对于普通家庭用户的20平米左右的房间来说，真正意义上的60W功率已经足够了。
- 信噪比：它是指音箱回放的声音信号强度与噪声信号强度的比值。信噪比值较低时，噪音较大，在整个音域的声音将变得混浊不清，严重影响了声音的品质。因此建议不要购买信噪比低于80dB的音箱。
- 防磁功能：音箱的磁性是发自扬声器的，防磁音箱的扬声器有的是采用双磁路的设计，后面的磁铁抵消前面磁铁向后扩散的磁性；有的喇叭后的永磁体罩有金属罩。具有防磁功能的音箱才能更好地保护计算机的其他部件。

3. 外观参数

音箱性能的外观参数中最主要的性能指标就是音箱的材质，箱体材质是保证音箱音质的一个重要因素。好的音箱应采用木质箱体，这样便不会因箱体单薄而产生谐振，破坏声音的还原。相对来说，木质音箱体积大，质量重，价格也比塑料音箱贵。

4．其他参数

对于音箱的性能，还会受到以下几个因素的影响：

- 频率响应范围：它是指音箱最低回放频率与最高回放频率之间的范围，范围越宽，音箱还原的声音频段就越宽，声音也就越真实和自然。
- 失真度：它是指音箱与扬声器系统播放的音频与真实音频的差异程度，以百分数表示，数值越小表示失真度越小。
- 阻抗：它是指扬声器输入信号的电压与电流的比值，在输出功率相同的情况下，低阻抗的音箱可以获得较大的输出功率，一般音箱的标准阻抗应为8Ω。

操作二　音箱选购方法与主流品牌

下面介绍音箱的选购方法与主流品牌。

1．选购方法

选购音箱除了各项性能指标外，还需要注意以下几个方面：

- 用途：选购时应根据用途来确定音箱的档次。普通家庭使用的音箱，只要具有较小的失真度即可；而用于大型3D游戏和家庭影院的音箱则需要频率响应范围宽、功率较大和有源等特性。
- 声道数：音箱的声道数必须与声卡的声道数相对应，如应用在5.1声道音箱上的是7.1声道声卡，则不能发挥出7.1声道声卡的优质音效；同理，若应用在7.1声道音箱上的是5.1声道声卡，也不能发挥出7.1声道音箱的优质音效。
- 听音：听音是选购音箱最重要的技巧，可通过下面3个步骤试听出音箱音质的好坏。首先将音量调至最大，电流声越小则音质越好；然后播放一两首熟悉的音乐进行试听，基本标准是高音不刺耳，中音柔和，低音深沉，越接近真实声音越好；最后通过调节音量试听声音变化是否均匀，旋转音量旋钮时是否有接触不良的噪声，音乐中有没有"啪啪"的电位变换干扰声。

2．主流品牌

常见的音箱主流品牌有漫步者、麦博、惠威、三诺等。

- 漫步者：漫步者音箱一直对至高的声音品质有着执着追求，漫步者音箱已成为优质计算机音箱及家用音响的代名词，在业内有着极高的知名度和良好的口碑。
- 麦博：麦博集团是一家创始于1998年的我国本土企业，其主要从事计算机多媒体音箱、AV音响和IT外设产品的研发、生产和销售。其计算机音箱在国内用户中享有较高的知名度，如图2-74所示为麦博音箱。
- 惠威：作为世界顶级扬声器制造商，其音箱产品在声音上的完美表现一直是游戏玩家们梦寐以求的，在音箱领域属于高端品牌，如图2-75所示为惠威音箱。
- 三诺：三诺一直是国内多媒体音箱生产的巨头，其一直追求积极创新的思路，凭借强大的设计、研发和综合生产能力入选中国电子优秀企业品牌行列。

图 2-74　麦博音箱

图 2-75　惠威音箱

操作三　网卡的分类与选购

计算机与外界局域网的连接是通过主机箱内的一块网络接口板连接的，这块网络接口板又称为通信适配器、网络适配器或网络接口卡，也就是我们所说的网卡。网卡是工作在数据链路层的网路组件，是局域网中连接计算机和传输介质的接口，不仅能实现与局域网传输介质之间的物理连接和电信号匹配，还涉及帧的发送与接收、帧的封装与拆封、介质访问控制、数据的编码与解码，以及数据缓存的功能等。

1．网卡的类型

网卡的类型主要分为有线和无线两种。

（1）有线网卡

有线网卡是指必须将网络连接线连接到网卡中才能访问网络的网卡，主要包括以下 3 种类型：

- 集成网卡：集成网卡是指集成在主板上的网络芯片，现在的主板上都有集成网卡，也是现在计算机的主流网卡类型，如图 2-76 所示。
- PCI 网卡：主要由网络芯片、网线接口和金手指等部分组成，如图 2-77 所示，在过去使用非常广泛，具有价格低廉和工作稳定等优点。
- USB 网卡：它是的特点是体积小巧、携带方便，可以插在计算机的 USB 接口中使用，即插即用，适合经常出差的用户使用，如图 2-78 所示。

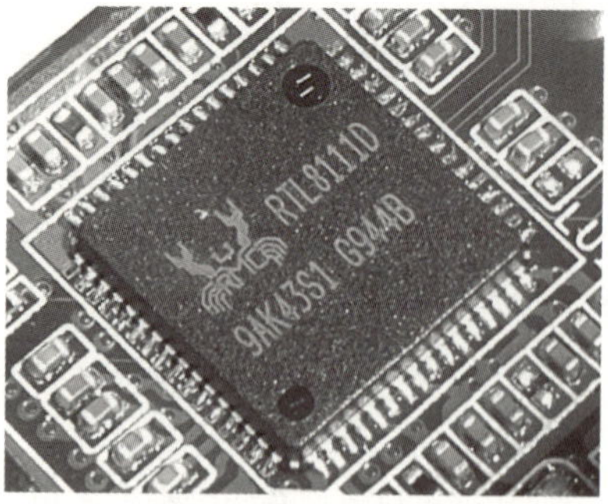

图 2-76　主板上的网卡芯片

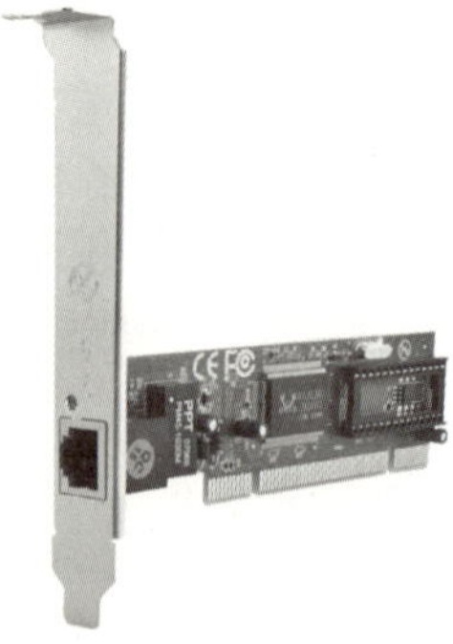

图 2-77　PCI 网卡

图 2-78　USB 网卡

（2）无线网卡

无线网卡是在无线局域网的无线网络信号覆盖下通过无线连接网络进行上网使用的无线终端设备。有了无线网卡后还需要一个可以连接的无线网络，如果在家里或者所在地有无线路由器或者无线 AP 的覆盖，就可以通过无线网卡以无线的方式连接无线网络。目前的无线网卡主要包括以下 4 种类型：

- PCI 网卡：这种无线网卡需要安装在主板 PCI 插槽中使用，如图 2-79 所示。
- USB 网卡：功能和 USB 有线网卡相同，如图 2-80 所示。

图 2-79　PCI 无线网卡

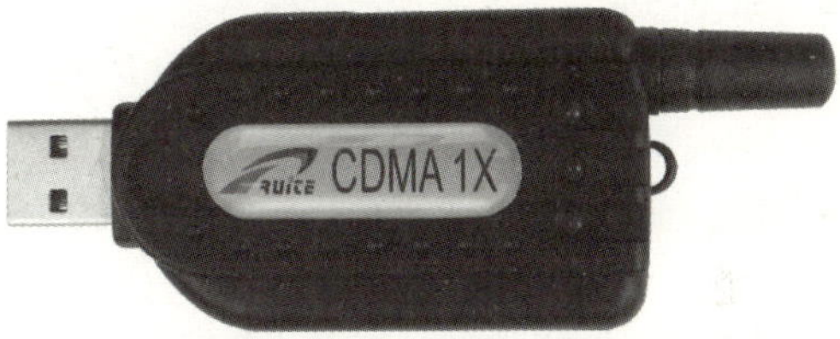

图 2-80　USB 无线网卡

- PCMCIA 网卡：这是一种笔记本计算机专用的外接无线网卡，如图 2-81 所示。
- MINI-PCI 网卡：这种无线网卡通常内置在笔记本计算机中，如图 2-82 所示。

图 2-81　PCMCIA 网卡

图 2-82　MINI-PCI 网卡

2. 网卡的选购

选购网卡主要应注意网卡的性能指标和主流品牌。

（1）性能指标

网卡的性能指标主要有传输速率和工作模式两种，如果是无线网卡，还需要注意其传输的稳定性和散热性。

- 传输速率：它是网卡与网络交换数据的速度频率，主要有 10Mb/s、100Mb/s 和 1000Mb/s 等。10Mb/s 经换算后实际的传输速率为 1.25MB/s（1Byte=8bit/s，10Mb/s=1.25MB/s），100Mb/s 的实际传输速率为 12.5MB/s，1000Mb/s 的实际传输速率为 125MB/s。
- 工作模式：网卡的工作模式主要有半双工和全双工两种。半双工是指在一个时间段内只能传送或接收数据，不能同时接收或传送数据；全双工则是指在任意时间段内都可同时传送和接收数据。

- 传输稳定性：目前全球发射模块被几大厂商所垄断，因此不同产品之间的差距实际上并不大，但选择主流品牌产品可保证信号传输的稳定性。
- 散热性：发热量是无线网卡的另一重要指标，在狭小的PCMCIA插槽中，无线网卡如果连续长时间使用，那么其发热量必须足够小，否则就容易导致产品加速老化。

（2）主流品牌

常见的网卡主流品牌有TP-LINK、水星、D-Link、B-Link和腾达等。

- TP-LINK：它是一家专门从事网络与通信终端设备研发、制造和行销的业内主流厂商，也是国内少数几家拥有完全独立自主研发和制造能力的公司之一。
- 水星：它是一家专业的网络与通信产品解决方案提供商，一直致力于无线网络、宽带路由、以太网领域的研发、生产和行销，现有产品线已覆盖无线、路由器、交换机、集线器、光纤收发器和网卡等系列网络产品。
- D-Link：主要致力于局域网、宽带网、无线网及相关网络设备的研发、生产和行销，拥有众多美国和日本的世界级客户，是世界上前五大网络设备厂商之一。
- B-Link：它是专门从事网络与通信终端设备研发、制造和行销的业内主流厂商，也是国内少数几家拥有完全独立自主研发和制造能力的公司之一。
- 腾达：致力于无线网络、有线网络和区域网络的各类产品，并于2001年率先自主研发推出全系列无线局域网产品，成为中国无线网络领域的首批开拓者之一。

任务七 选购机箱、电源、鼠标与键盘

◆ 任务目标

本任务的目标是学习如何选购机箱、电源、鼠标与键盘。具体目标要求如下：

（1）熟悉机箱的选购方法。

（2）熟悉电源的选购方法。

（3）熟悉鼠标的选购方法。

（4）熟悉键盘的选购方法。

操作一 机箱的选购

选购机箱应该首先了解机箱的相关知识，包括机箱的结构、性能指标和主流品牌。

1．机箱的结构

机箱的主要作用是放置和固定各计算机硬件，起到承托和保护作用。此外，计算机机箱具有电磁辐射的屏蔽作用，如图2-83所示为机箱的外观和内部结构图。

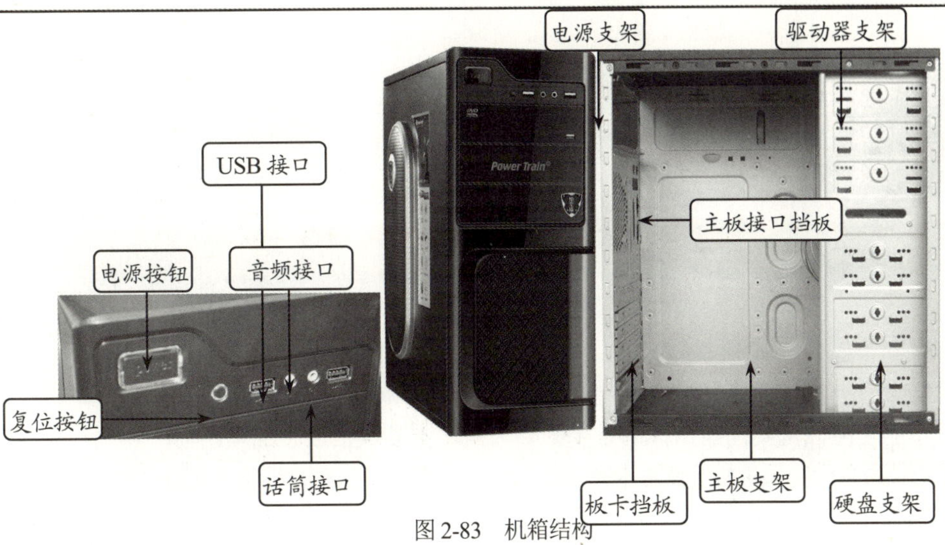

图 2-83 机箱结构

2．机箱的性能指标

了解了机箱的各种相关性能指标，才能够选购到满意的机箱。

（1）结构类型

不同结构类型的机箱中需要安装对应结构类型的主板。机箱的结构类型有如下几种：

- ATX 机箱：在 ATX 的结构中，主板安装在机箱的左上方，并且横向放置，而电源安装在机箱的右上方，前方的位置安装存储设备，并且在后方预留了各种外部端口的位置，这样机箱内的空间就更加宽敞简洁，有利于散热。
- Micro ATX 机箱：也称 Mini ATX 结构，它是 ATX 结构的简化版。其主板尺寸和电源结构更小，生产成本也相对下降。Micro ATX 支持最多到 4 个扩充槽，这些扩充槽可以是 PCI 或 PCI-Express 等各种规格的组合，视主板制造厂商而定。
- Mini ITX 机箱：主要用于安装 ITX 主板，其空间更小，生产成本更低。

（2）样式

机箱的样式有立式、卧式和迷你 3 种：

- 立式机箱：现在主流计算机的机箱外形大部分都是立式，立式机箱的电源在上方，其散热性比卧式机箱好，而且添加各种配件时也较为方便。立式机箱没有高度限制，在理论上可以安装更多的驱动器或硬盘，并使计算机内部设备安装位置的分布更科学，散热性更好。
- 卧式机箱：这种机箱外型小巧，对于整台计算机外观的一体感也比立式机箱强，由于显示器可以放置于机箱上面，因此占用空间相对较少。随着高清视频播放技术的发展，很多视频娱乐计算机都采用这种机箱，其外面板还具备视频播放能力，非常时尚美观，如图 2-84 所示。
- 迷你机箱：这种机箱是现在最流行的机箱类型，其外观时尚、小巧，内部空间设计紧凑，非常适合家庭客厅或者商务演示使用，如图 2-85 所示。

图 2-84　卧式机箱

图 2-85　迷你机箱

（3）功能性

机箱的功能性是其性能指标的重要影响因素，主要包括以下几项：

- 坚固性：坚固是机箱最基本的性能指标，只有坚固耐用的机箱在使用中才不会变形，还可保护安装在机箱内的计算机部件避免因受到挤压、碰撞而产生形变。影响坚固性的重要因素就是机箱的材质，好的机箱会采用全钢机身。
- 散热性：安装在机箱内的部件在工作时会产生大量的热量，如果散热性不好则可能导致这些部件温度过高引起的快速老化，甚至损坏。
- 扩展性：很多用户可能需要安装两个或两个以上的驱动器（如双硬盘或双光驱），或安装多个扩展卡，这时就需要机箱具有良好的扩展性。
- 屏蔽性：很多计算机部件在工作时会产生大量的电磁辐射，对人体健康形成一定的威胁。具有良好屏蔽性的机箱不仅将电磁辐射降到最低，还可阻挡外界辐射对计算机部件的干扰。

> **提示**　目前机箱的安规认证主要有 3C 认证和 EMI 认证等。通过了这些认证的机箱一般会在显著位置粘贴认证标志，这也意味着这些机箱在安全性、电磁辐射方面都通过了严格的检测，值得用户信赖。

3. 机箱的主流品牌

现在市面上主流的机箱品牌有多彩、金河田和先马等。

- 多彩：多彩公司创建于 1993 年，主要从事数码 MP4/MP3、摄像头、机箱、电源、键盘、鼠标、音箱和 CPU 风扇等数码及计算机零部件的研究、开发、生产和销售，成为计算机机箱领域市场的 3 大品牌之一，连芯片巨头 Intel 公司都把多彩确立为国内计算机机箱行业唯一的战略合作伙伴，如图 2-86 所示为多彩机箱。
- 金河田：金河田实业有限公司是一家集研发、生产、销售和服务于一体的高科技本土民营企业。主要经营范围包括金河田计算机机箱、电源、多媒体音箱、数码产品、键盘和鼠标等计算机周边系列产品。不仅在国内，在欧美、中东和东南亚等国家和地区也拥有广泛的市场，如图 2-87 所示为金河田机箱。
- 先马：成立于 2003 年，是国内专注于 DIY 机箱、电源产品事业的领先品牌，属于机箱产品的新兴品牌，如图 2-88 所示为先马机箱。

图 2-86　多彩机箱

图 2-87　金河田机箱

图 2-88　先马机箱

操作二　电源的选购

选购电源应该首先了解电源的相关知识，包括电源的结构、性能指标和主流品牌。

1. 电源的结构

计算机电源是一种安装在主机箱内的封闭式独立部件，它的作用是将交流电通过一个开关电源变压器换为稳定的直流电，以供应主机箱内的各种适配器扩展卡等系统部件使用，如图 2-89 所示为电源结构图。

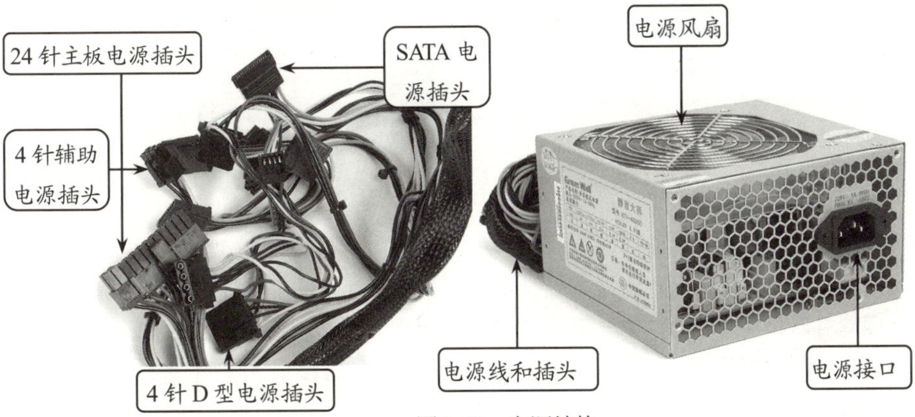

图 2-89　电源结构

2. 电源的性能指标

了解了电源的各种相关性能指标，才能够选购到满意的电源。

（1）**基本参数**

影响电源性能指标的基本参数包含额定功率、风扇结构和插头。

- 风扇结构：目前电源中的散热方式主要是风扇散热，风扇的大小主要有 8cm、12cm 和 14cm 3 种，风扇越大，相对的散热效果越好。
- 插头类型：目前电源上的插头类型有 24 针、4 针（大小两种）、4 针 D 型、6 针、8 针和 SATA 等，分别针对不同的硬件电源接口。
- 额定功率：它是指支持计算机正常工作时的功率，通常指电源的输出功率，单位为 W（瓦）。由于现在计算机使用的配件较多，需要 300W 以上的电源才能满足需要，现在的计算机最大额定功率已达到 800W 以上。

提示 计算机电源额定功率的计算公式为：额定功率=（处理器功率+显卡功率）×1.3+主板功率+内存功率+硬盘功率+光驱功率+USB 接口功率+（10~20W）余量。例如，一台计算机的各种硬件的功率为：处理器 60W、显卡 110W、主板 20W、内存 10W、硬盘 15W、光驱 15W 和 USB 10W，如此计算 12V 电源电流=（60+110）×1.3/12=18.4（A），取 18A，电源额定功率=60+110+20+10+15+15+10+10=250（W）。为了保险起见，就需要使用 300W 以上的电源才能满足需要。

（2）性能参数

影响电源性能指标的性能参数包含 80PLUS 和 PFC。

- 80PLUS：80PLUS 是民间出资，为未来环境改善与节省能源而建立的一项严格标准，通过 80PLUS 认证的产品，出厂后会带有 80PLUS 的认证标识，如图 2-90 所示。其认证按照 20%、50%和 100% 3 种负载下的产品效率划分等级，分为白牌、铜牌、银牌、金牌和白金 5 个标准，白金等级最高，效率也就最高。

图 2-90 80PLUS

- PFC：PFC（ Power Factor Correction，功率因数校正）指的是有效功率与总耗电量（视在功率）之间的关系，也就是有效功率除以总耗电量（视在功率）的比值。 基本上功率因素可以衡量电力被有效利用的程度，功率因素值越大，代表其电力利用率越高。目前的 PFC 有两种，一种为被动式 PFC（也称无源 PFC），另一种为主动式 PFC（也称有源式 PFC），主流产品多用主动式 PFC。

（3）保护功能

保护功能也是影响电源性能的重要指标之一，包含以下几项功能：

- 过压保护：是当输出电压超过额定值时，电源会自动关闭从而停止输出，防止损坏甚至烧毁计算机部件。
- 过载或过流保护：是防止因输出的电流超过原设计的额定值而造成的电源损坏。
- 过温度保护：是防止电源温度过高而导致的电源损坏。
- 短路保护：指的是某些器件可以监测工作电路中的异常情况（比如短路），发生异常时，切断电路并发出报警，从而防止危害进一步扩大。
- 防雷击保护：这种功能是针对雷击电源损害而设计的。

（4）安规认证

现在电源的安规认证标准主要有 3C、FCC、UL、CSA、CE 和 CCEE 等，如图 2-91 所示为电源铭牌上的一些安规认证标记。

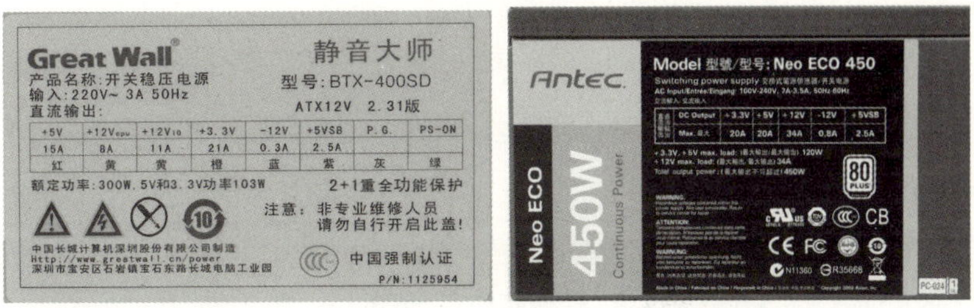

图 2-91 安规认证标记

- 3C 认证：3C（China Compulsory Certificate，中国国家强制性产品认证）认证包括原来的 CCEE（电工）认证、CEMC（电磁兼容）认证和新增加的 CCIB（进出口检疫）认证，它们主要从用电的安全、电磁兼容及电波干扰、稳定方面做出全面的规定标准。
- FCC 认证：FCC（美国联邦通信委员会）认证是一项关于电磁干扰的认证，通用的标准有 FCC-A 工业标准和 FCC-B 民用标准两种。
- CSA 认证：CSA（Canadian Standards Association，加拿大标准协会）认证是加拿大最大的安全认证机构，也是世界上最著名的安全认证机构之一。它能对机械、电器、计算机设备、办公设备和医疗防火安全等方面所有类型的产品提供安全认证。
- CE 认证：加贴 CE 认证标志的商品表示其符合安全、卫生、环保和消费者保护等一系列欧洲指令所要表达的要求。

3. 电源的主流品牌

现在市面上主流的电源品牌有航嘉和长城等。

- 航嘉：它是从事电源供应器和电源系统开发、设计、制造及销售一体化的专业电源服务机构，是国际电源制造商协会（PSMA）会员，也是中国通信、电力电源的骨干制造企业之一，其品牌已成为电源行业最具竞争力的品牌，市场占有率在同行均保持领先地位，如图 2-92 所示为航嘉电源。
- 长城：长城计算机的电源事业部自 1989 年开始从事开关电源的生产，具有 20 年的电源开发设计经验。全系列产品通过 CCC 认证，并在国内电源行业中率先通过了 ISO9001 质量体系认证，荣获首张节能证书，是国内最大的电源供应商之一，如图 2-93 所示为长城电源。

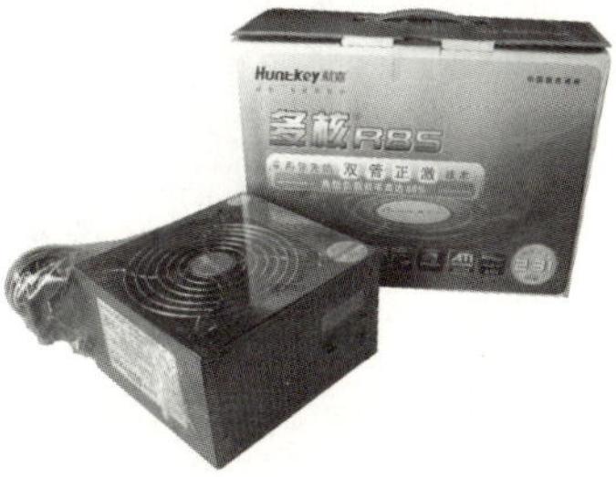

图 2-92 航嘉电源

图 2-93 长城电源

操作三　鼠标的选购

选购鼠标首先应该了解鼠标的相关知识，包括鼠标的结构、性能指标和主流品牌。

1. 鼠标的结构

鼠标是计算机的两大输入设备之一，因其英文名称 Mouse（老鼠），所以得名鼠标。通过鼠标可完成单击、双击和选定等一系列操作，如图 2-94 所示为鼠标的外观。

图 2-94　鼠标外观

2. 鼠标的性能指标

了解了鼠标的各种相关性能指标，才能够选购到满意的鼠标。

（1）基本参数

影响鼠标性能指标的基本参数包含以下几项：

- 适用类型：现在的鼠标针对不同类型用户进行设置，除了标准类型外，还有商务舒适、笔记本便携、游戏竞技、家用装机和个性时尚等类型。
- 工作方式：是指鼠标的工作原理，现在鼠标的工作方式有光电、蓝光、激光和蓝影 4 种。其中，蓝光、激光和蓝影从本质上说也属于光电鼠标，蓝影属于最新的鼠标工作方式，其性能也属于最好的。
- 连接方式：现在鼠标的连接方式主要有有线、无线和蓝牙 3 种。
- 接口类型：主要有 PS/2 和 USB 两种，如图 2-95 所示。

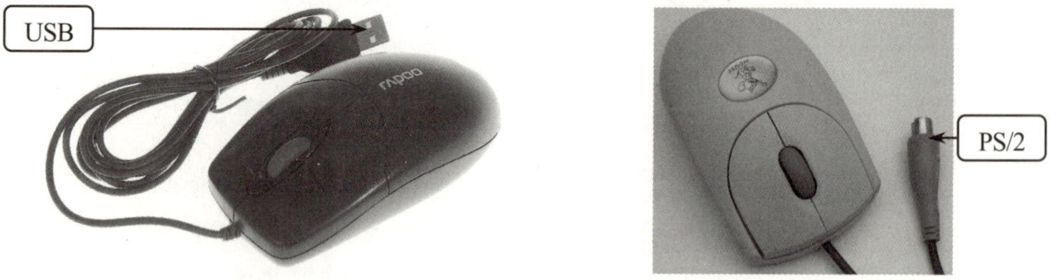

图 2-95　鼠标接口类型

- 按键数：标准鼠标的按键数是 3 个，其他如游戏竞技型的鼠标就有很多的功能键。

（2）技术参数

影响鼠标性能指标的技术参数包含最高分辨率、光学扫描率和人体工学 3 个参数。

- 最高分辨率：鼠标的分辨率越高，在一定距离内定位的定位点也越多，能更精确地捕捉到用户的微小移动，有利于精准地定位；另一方面，cpi（分辨率单位）越高，鼠标在移动相同物理距离的情况下，计算机中指针移动的逻辑距离会越远。目前主流的光电式鼠标的分辨率多是2000cpi左右，最高甚至达到6000cpi以上。

- 人体工学：所谓人体工学，在本质上就是使工具的使用方式尽量适合人体的自然形态，这样在工作时，身体和精神不需要任何主动适应，从而尽量减少因使用工具造成的疲劳。鼠标的人体工学设计主要是鼠标的造型设计，有对称设计和右手设计两种类型。
- 光学扫描率：光学扫描率是针对光电鼠标的，又被称为采样率，是指鼠标的发射口在每一秒钟接收光反射信号并将其转化为数字电信号的次数。光学扫描率是反应鼠标性能高低的决定因素，光学扫描率越高，鼠标的反应速度也就越快。

3．鼠标的主流品牌

现在市面上主流的鼠标品牌有罗技、微软、雷柏和雷蛇等。

- 罗技：罗技可以说是键盘和鼠标产品的第一品牌，其产品涵盖高中低端各个领域，以其超舒适的手感和优质的质量在广大用户中拥有很好的口碑。
- 微软：最为出色的就是舒适的曲线设计，按键出色，且键位的布局和多媒体快捷键设计都很合理，健康的设计非常适合家庭和办公用户使用，如图2-96所示为微软鼠标。
- 雷柏：它属于国产品牌，致力于向全球计算机使用者提供高性能、高品质的外设产品，一直在鼠标产品销售中位居前列。
- 雷蛇（Razer）：它是计算机周边产品全球知名生产商，产品主要包括鼠标、键盘、音箱、耳机和游戏手柄等。以其精确度、灵敏度、可用性和产品设计的独创性在全球范围内获得高度评价，并获得了众多世界大奖，如图2-97所示为雷蛇鼠标。

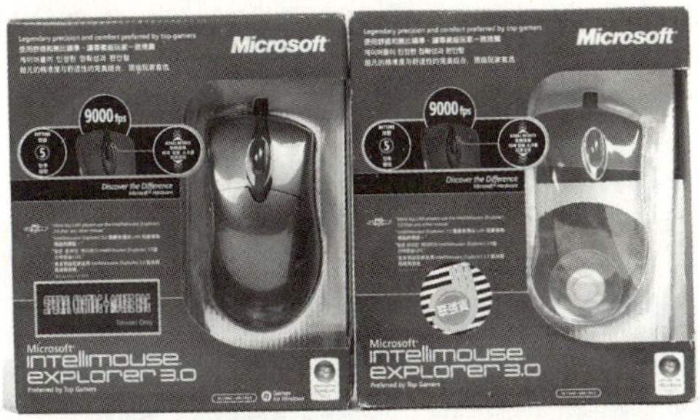

图2-96　微软鼠标

图2-97　雷蛇鼠标

操作四　键盘的选购

选购键盘首先应该了解键盘的相关知识，包括键盘的结构、性能指标和主流品牌。

1．键盘的结构

键盘是计算机的另一输入设备，主要进行文字输入和快捷操作。虽然现在键盘的很多操作都可由鼠标或手写板等设备完成，但在文字输入方面的方便快捷性决定了键盘仍然占有重要位置并能够满足人们的使用需求。如图2-98所示为一款标准的键盘。

图 2-98　键盘外观

2. 键盘的性能指标

了解了键盘的各种相关性能指标，才能够选购到满意的键盘。

（1）基本参数

影响键盘性能指标的基本参数包含以下几项：

- 适用类型：现在的键盘针对不同类型用户进行了相应设置，除了标准类型外，还有多媒体、笔记本、时尚超薄、游戏竞技、机械、数字小、工业和多功能等类型。
- 连接方式：现在键盘的连接方式主要有有线、无线和蓝牙 3 种。
- 接口类型：主要有 PS/2 和 USB 两种。

（2）技术参数

影响键盘性能指标的技术参数包含多媒体功能键、防水和人体工学 3 个参数。

- 多媒体功能键：主要出现在多媒体键盘上，它在传统键盘的基础上又增加了不少常用快捷键和音量调节装置。这些多媒体按键（快捷键）使 PC 操作进一步简化，对于收发电子邮件、打开浏览器软件和启动多媒体播放器等都只需要按一个特定按键，如图 2-99 所示为多媒体键盘的各种多媒体功能键。

图 2-99　多媒体功能键

- 防水功能：水很容易进入键盘内部，造成键盘损坏，具有防水功能的键盘，其使用寿命比不防水的更长。
- 人体工学：具备人体工学的键盘外观与传统键盘大相径庭，优美的流线设计和暖色的运用，不仅美观而且实用性强。整个键盘显著的特点是在水平方向上沿中心线分成了左右两个部分，并且由前向后歧开呈 25°夹角。

3. 键盘的主流品牌

现在市面上主流的键盘品牌有双飞燕和樱桃等。

- 双飞燕：它是国内知名外设品牌，主要产品包括鼠标、键盘、摄像头、音箱、机箱和耳机等，如图 2-100 所示为双飞燕键盘。

- 樱桃：它是近年来键盘市场的一匹黑马，以质量优良、做工精细和手感舒适横扫整个键盘市场，如图 2-101 所示为樱桃键盘。

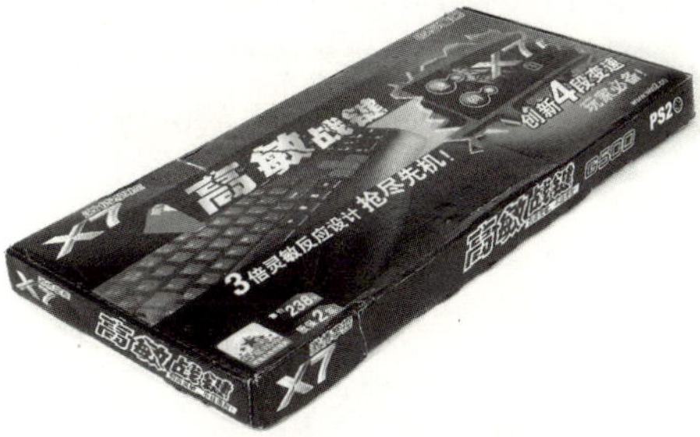

图 2-100　双飞燕键盘

图 2-101　樱桃键盘

> **提示**　现在市面上还有一种键盘和鼠标捆绑销售的键鼠套装产品，由于是捆绑销售，键盘和鼠标的性能相近，规格相近，使用时更容易兼容，且价格比单买要更加便宜。

任务八　选购计算机外设

◆ 任务目标

本任务的目标是学习如何选购计算机的外部设备产品，包括打印机、扫描仪、手写板和摄像头。具体目标要求如下：

（1）熟悉打印机的选购方法。

（2）熟悉扫描仪的选购方法。

（3）熟悉手写板的选购方法。

（4）熟悉摄像头的选购方法。

操作一　打印机的选购

打印机的主要功能是将计算机中的文档和图形文件快速、准确地打印到纸质媒体上，是计算机系统中重要的输出设备之一。选购打印机首先应该了解其性能指标和主流品牌。

1. 打印机的性能指标

打印机的性能指标主要有以下几项。

（1）产品类型

不同类型的打印机，其性能和性能指标都不相同，目前的打印机主要有以下 4 种：

- 激光打印机：它是将激光扫描技术和电子照相技术相结合的打印输出设备，其基本工作原理是由计算机传来的二进制数据信息，通过视频控制器转换成视频信号，再由视频接口/控制系统把视频信号转换为激光驱动信号，然后由激光扫描系统产生载有字符信息的激光束，最后由电子照相系统使激光束成像并转印到纸上。激光打印机有打印速度快、成像质量高等优点，如图 2-102 所示。

- 喷墨打印机：它是通过喷墨头喷出的墨水实现数据的打印，其墨水滴的密度可达每平方英寸 90000 个点，而且每个点的位置非常精确，完全达到铅字质量。优点主要有体积小、操作简单方便、打印噪音低和使用专用纸张时可打出和照片相媲美的图片等，如图 2-103 所示。

图 2-102　激光打印机

图 2-103　喷墨打印机

- 大幅面打印机：又称万能平板打印机或平板打印机，它突破了数码印刷技术的瓶颈，实现了真正意义上的一张起印、无须制版和全彩图像的一次完成，是传统印刷机的换代产品。其使用范围广、成像速度快和图像效果绝佳，但价格昂贵，如图 2-104 所示。
- 针式打印机：它是通过打印头中的 24 根针击打复写纸，从而形成字体。在使用中，用户可以根据需求来选择多联纸张，一般常用的多联纸有 2 联、3 联和 4 联纸，其中也有使用 6 联纸的打印机。多联纸一次性打印完成只有针式打印机能够快速完成，喷墨打印机、激光打印机则无法实现多联纸打印，主要应用在公安、税务、银行、交通、医疗、邮电、保险和海关等行业，如图 2-105 所示。

图 2-104　大幅面打印机

图 2-105　针式打印机

（2）基本参数

决定打印机性能的基本参数包含以下几项：

- 打印速度：打印机的打印速度以每分钟打印页数（ppm）为标准，不同打印机打印速度可能差别很大：激光比喷墨快，文本打印比图片打印快。目前喷墨打印机为 14ppm 左右，激光打印机为 7ppm 左右。

- 分辨率：打印机的分辨率是指每英寸打印的点数（dpi），由横向和纵向两个方向的点数组成。标准的分辨率为600×600，分辨率越高，打印质量越好。如果不需要顶级的图像处理效果，就不用追求1200dpi标准。当然，最终的打印效果由实际打印的样页决定。
- 网络打印：网络打印不同于共享打印，不需要另外配置一台计算机作为打印服务器，这里是指具有网络（rj45）端口的打印机。
- 双面打印：所谓双面打印是指当打印机在纸张的一面完成打印后，再将纸张送至双面打印单元内，在其内部完成一次翻转重新送回进纸通道以完成另一面的打印工作。打印机的双面打印功能有手动和自动两种。

（3）打印性能

打印机的打印性能包括首页打印时间和月打印负荷两个参数。

- 首页打印时间：指的是在打印机接受执行打印命令后，多长时间可以打印并输出第一页内容的时间，首页打印时间越快越好。
- 月打印负荷：月打印负荷一般是用来衡量机器耐用性的技术指标，零件的设计使用负荷是一个月的页，如果超过这个参数，就会使机器超负荷运行，会影响机器的使用寿命。打印机的家用版和商用版打印负荷是不同的。

（4）介质和耗材

打印的介质、进纸盒容量和耗材也是打印机重要的性能指标。

- 介质类型：普通打印机的打印介质包括普通纸、激光打印纸、相纸、投影胶片、信封、明信片、标签和卡片等，而大幅面打印机的打印介质则包括木板、玻璃、水晶、金属板、地板砖、瓷片、光盘、亚克力、有机玻璃、EVA.KT板、皮革、硅胶、塑胶、PP、PE、PVC、布料、不干胶和石材等。
- 进纸盒容量：普通打印机标配的纸盒容量大约在150页左右，如果打印的频率较高，则需要选择较大容量的进纸盒。
- 耗材寿命：通常是指硒鼓或者墨盒的使用寿命，耗材寿命越长越好。

2．打印机的主流品牌

现在市面上主流的打印机品牌有惠普、佳能、爱普生和利盟等。

- 惠普：是全球计算机生产企业，打印机只是其中一个产品，但以其产品优质的服务和领先市场的打印技术，在打印领域一直占据前三甲的位置。
- 佳能：在打印领域的市场份额比惠普低，但所拥有的专利技术要多于惠普，在家用领域更是独占鳌头。
- 爱普生：它是数码影像领域的全球领先企业，其针式打印机技术更是领先其他品牌，如图2-106所示为爱普生打印机。
- 利盟：它是从IBM分离出来的一家子公司，无论是在技术上还是产品上都能和以上的三大公司相抗衡，如图2-107所示为利盟打印机。

图 2-106　爱普生打印机

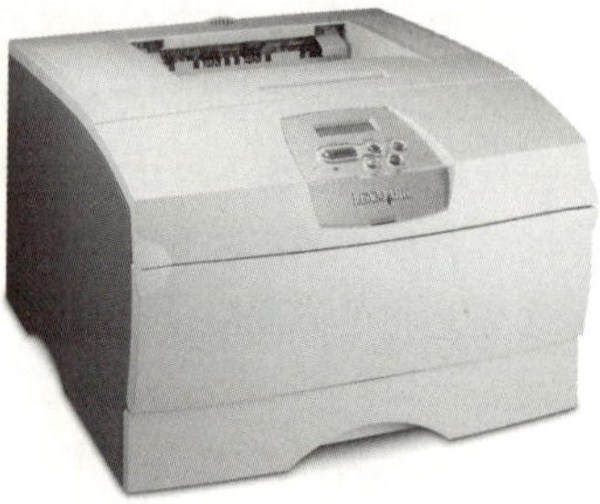

图 2-107　利盟打印机

操作二　扫描仪的选购

扫描仪是一种计算机外部设备，它是通过捕获图像并将其转换成计算机可以显示、编辑、存储和输出的数字化输入设备。选购扫描仪首先应该了解其性能指标和主流品牌。

1．扫描仪的性能指标

扫描仪的性能指标主要有以下几项。

（1）产品类型

不同类型的扫描仪，其性能和性能指标都不相同，目前主要有以下几种：

- 平板式扫描仪：又称为平台式扫描仪或台式扫描仪，是目前办公用扫描仪的主流产品。这类扫描仪光学分辨率在 300~8000dpi 之间，色彩位数从 24 位到 48 位，部分产品可安装透明胶片扫描适配器用于扫描透明胶片，少数产品可安装自动进纸实现高速扫描，扫描幅面一般为 A4 或 A3，如图 2-109 所示。
- 馈纸式扫描仪：又称为滚筒式扫描仪、小滚筒式扫描仪，或笔记本式扫描仪，这种产品绝大多数采用 CIS 技术，光学分辨率为 600dpi，有彩色和灰度两种。彩色型号一般为 24 位彩色，也有少数馈纸式扫描仪采用 CCD 技术，扫描效果明显优于 CIS 技术的产品，如图 2-109 所示。

图 2-108　平板式扫描仪

图 2-109　馈纸式扫描仪

- 便携式扫描仪：该类型产品不管是在扫描速度还是在易操性方面，都要比一般的平板式扫描仪强出很多，独特的高效能双面扫描让用户可以更加快捷地进行文档整理，在工作时无须预热，开机即可扫描，在大大提高了工作效率的同时，也符合国家所提倡的能源节约理念，如图 2-110 所示。

- 胶片扫描仪：分为工业用和医疗用两种。工业用胶片扫描仪适用于世界各个工业领域，包括核能、石化、航空航天、军工、船舶及各类特种设备等行业，主要用于做无损检测后的激光胶片的数字化扫描；医疗用胶片扫描仪适用于医疗 CR、DR、CT 和核磁等胶片的扫描数字成像，如图 2-112 所示。

图 2-110　便携式扫描仪

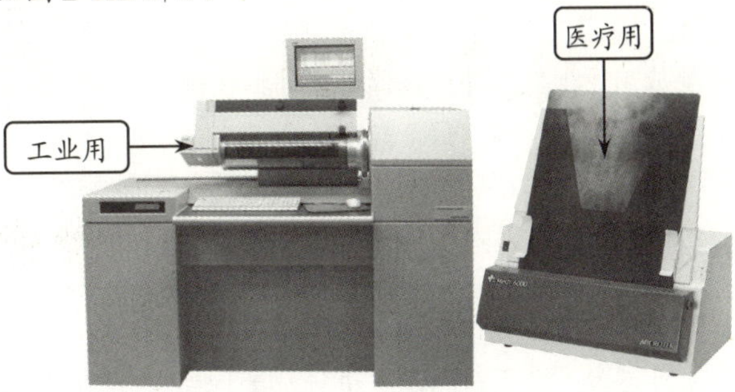

图 2-111　胶片扫描仪

- 底片扫描仪：又称为接触式扫描仪，其扫描效果是平板扫描仪所不能比拟的，主要任务是扫描各种透明胶片，扫描幅机从 135 底片到 4×6 英寸甚至更大，光学分辨率最低在 1000dpi 以上，一般可以达到 3000dpi 以上，更高精度的产品则属于专业级扫描仪，如图 2-112 所示。
- 名片扫描仪：顾名思义是指一种能够扫描名片的扫描仪，以其小巧的体积和强大的识别管理功能，成为许多办公人士最通用的商务小助手。名片扫描仪是由一台高速扫描仪加上一个质量稍高一点的 OCR（光学字符识别系统），再配上一个名片管理软件组成的，如图 2-113 所示。
- 文件扫描仪：具有高速度、高质量和多功能等优点，可广泛用于各类型工作站及计算机平台，并能与两百多种图像处理软件兼容。对于文件扫描仪来说一般会配有自动进纸器（ADF），可以处理多页文件扫描。由于自动进纸器价格昂贵，因此文件扫描仪目前只被许多专业用户所使用，如图 2-114 所示。

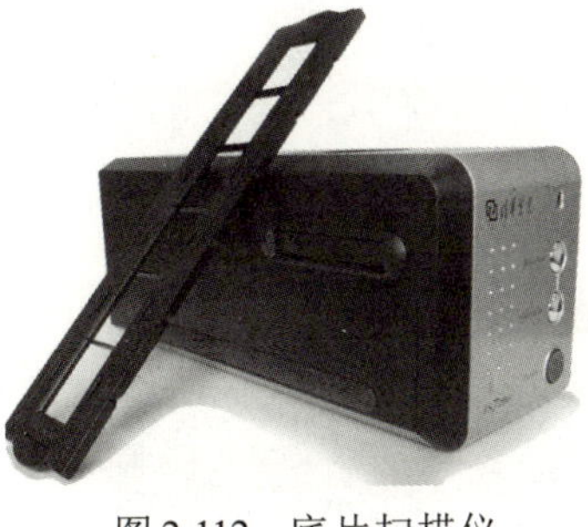

图 2-112　底片扫描仪

图 2-113　名片扫描仪

图 2-114　文件扫描仪

（2）**扫描元件**

扫描元件也是影响扫描仪性能的重要指标之一，目前主要有 CCD、CIS 和 CMOS 3 种。

- CCD（Charge Coupled Device）：中文意思是电荷藕合元件，这种扫描元件的生产成本相对较低，扫描速度较快，扫描效果能满足大部分工作的需要，是家用、办公和 SOHU 用户的首选。

- CIS（Contact Image Sensor）：中文意思是接触式感光器件，与CCD技术几乎是同时出现的，其生产成本只有半导体隔离CCD的1/3，但扫描的动态范围小、精度低，不如CCD扫描仪实用。
- CMOS（Complementary Metal-Oxide Semiconductor）：中文意思是互补性氧化金属半导体，和CCD一样同为在扫描仪中可记录光线变化的半导体，目前CMOS感光器件主要应用于少数名片扫描仪和文件扫描仪。

（3）**扫描参数**

扫描仪的扫描参数主要包括光学分辨率、灰度参数、色彩位数和传输接口4项。

- 光学分辨率：它是扫描仪最重要的性能指标之一，直接决定了扫描仪扫描图像的清晰程度。其通常用每英寸长度上的点数，即dpi来表示，目前家用平板扫描仪的主流光学分辨率为1200×2400dpi。
- 灰度参数：它表示的是在进行灰度扫描时对图像由纯黑到纯白整个色彩区域进行划分的级数，编辑图像时一般都使用到8bit，即256级，而主流扫描仪通常为16bit。
- 色彩位数：较高的色彩深度位数可保证扫描仪保存的图像色彩与实物的真实色彩尽可能一致，而且图像色彩更加丰富。一般有24bit、30bit、32bit、36bit和48bit几种，目前主流的家用平板式扫描仪都已达到了48bit。
- 传输接口：通常分为SCSI、EPP和USB 3种.SCSI接口是传统类型，现在已经很少使用；EPP并口的优势在于安装简便、价格相对低廉，而且不需要设置中断、地址等，不会与其他硬件发生冲突，弱点是比SCSI接口传输速度慢；USB接口的优点与EPP并口类似，它的传输速度更快（USB接口最高传输速率2Mbps/s），使用更方便（支持热插拔），是目前的主流接口类型。

2. 扫描仪的主流品牌

现在市面上主流的扫描仪品牌有中晶和汉王等。

- 中晶：它是集研发、销售和制造为一体的扫描仪产品企业，以满足家庭消费、商务办公、专业设计制作和印刷等多个领域的需要，如图2-115所示为中晶扫描仪。
- 汉王：该品牌主要立足于模式识别领域，专注手写、语音、OCR和生物特征等识别技术的研究和推广，拥有多项国际领先的核心技术和自主知识产权，在便携式扫描仪领域独占鳌头，如图2-117所示为汉王扫描仪。

图2-115　中晶扫描仪

图2-116　汉王扫描仪

操作三　手写板的选购

手写板是计算机的一种输入设备，其作用和键盘类似，基本上只局限于输入文字或者绘画，也带有一些鼠标的功能。它是指使用一只专门的笔或者用手指在特定的区域内书写文字，再通过相应的识别方法将笔或者手指走过的轨迹记录下来，然后在计算机中识别并转换为文字。选购手写板首先应该了解其相关的知识，包括性能指标和主流品牌。

1．手写板的性能指标

手写板的性能指标主要有以下几项。

（1）基本参数

手写板对于普通计算机用户来说比较陌生，其基本参数包括压感级数和最大有效尺寸。

- 压感级数：电磁式感应手写板分为有压感和无压感两种，其中有压感的输入板可以感应到手写笔在手写板上的力度。所以，压感是评价手写板性能的一个重要指标。目前主流的电磁式感应板的压感已经达到了 512 级和 1024 级，部分中高端产品甚至达到了 2048 级，压感级数越高其性能越好。
- 最大有效尺寸：最大有效尺寸是手写板中一个很直观的指标，指手写板有效的手写区域。手写区域越大，书写的回旋余地就越大，运笔也就更加灵活方便，输入速度更快。

（2）技术参数

手写板的技术参数包括感应方式和最高读取速度两项。

- 感应方式：它是指手写板感应手写笔的方式，可分为电阻压力式、电磁压感式和电容触控式 3 种。电阻式压力手写板技术落后，几乎已被淘汰；电磁式感应手写板是现在市场上的主流产品；电容触控式手写板则具有耐磨损、使用简便、敏感度高等优点，是未来手写板的发展趋势。
- 最高读取速度：它是手写板每秒钟所能读取的最大感应点数量，最高读取速度越高，手写板反应速度越快，因此输入速度就越快。现在主流手写板的最高读取速度都到达了 133 点/s。

2．手写板的主流品牌

现在市面上主流的手写板品牌有蒙恬、WACOM 和友基等。

- 蒙恬：它是一家专门生产手写笔和便携扫描产品的企业，拥有自己的专利技术，在手写板领域占有一席之地。
- WACOM：它是全球顶尖的用户界面产品生产商，一直致力于通过提供更简单易用的人机界面产品，有效地解决了计算机手写输入的难题。其产品在计算机辅助 CAD 设计、DTP 和 CG 等领域占据着支配地位，已成为业界最高技术与最新潮流的引领者，如图 2-117 所示为 WACOM 手写产品。
- 友基：它是世界上少数生产先进手写数字化产品的高科技企业，以其优良的品质和精湛的工艺满足了大多数用户的需求，如图 2-118 所示为友基手写产品。

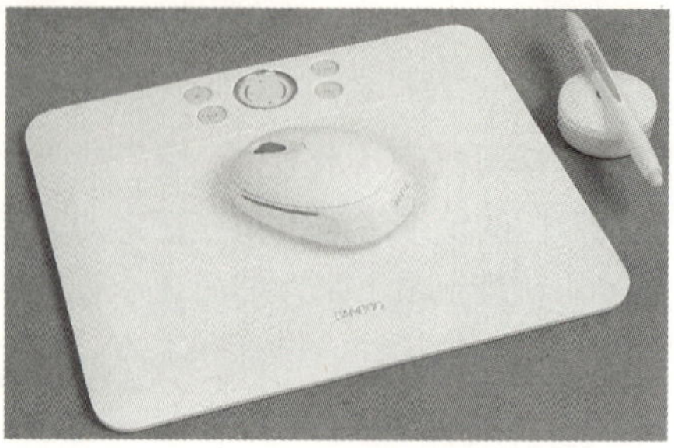

图 2-117　WACOM 手写板

图 2-118　友基手写板

操作四　摄像头的选购

摄像头又称为计算机相机或计算机眼等，是一种视频输入设备，被广泛地运用于视频会议、远程医疗和实时监控等方面。用户可以彼此通过摄像头在网络进行有影像、有声音的交谈和沟通。选购摄像头首先应该了解其相关的知识，包括性能指标和主流品牌。

1．摄像头的性能指标

摄像头的性能指标主要有以下几项。

（1）感光元件

感光元件是摄像头的核心，也是其最关键的性能指标，目前主要有以下两种类型：

- CCD（Charge Coupled Device）：中文意思是电荷耦合，它是使用一种高感光度的半导体材料制成，由许多感光单位组成，通常以百万像素为单位。当 CCD 表面受到光线照射时，每个感光单位会将电荷反映在组件上，即把光线转变成电荷，所有的感光单位所产生的信号加在一起，就构成了一幅完整的画面。
- CMOS（Complementary Metal-Oxide Semiconductor）：中文意思是互补性氧化金属半导体，和 CCD 一样同为在数码相机中可记录光线变化的半导体。主要是利用硅和锗这两种元素所制成的半导体，使其在 CMOS 上共存着带 N（带-电）和 P（带+电）级的半导体，这两个互补效应所产生的电流即可被处理芯片记录和解读成影像，其缺点是比较容易出现杂点。

> **提示**　由于 CMOS 生产成本较低，且技术比较成熟，在主流的摄像头市场，使用 CMOS 作为感光元件的摄像头占绝大多数。

（2）摄像参数

影响摄像头性能指标的摄像参数主要有以下几项：

- 镜头：摄像头镜头的组成是透镜结构，透镜越多，成本越高，通常用的透镜构造有 1P、2P、1G1P、1G2P、2G2P 和 4G 等。而且，玻璃透镜比塑胶贵，因此一个品质好的摄像头应该采用玻璃镜头，成像效果相对塑胶镜头更好。现在市场上的大多摄像头产品为了降低成本，一般会采用塑胶镜头或半塑胶半玻璃镜头（即 1P、2P、1G1P 和 1G2P 等）。

- 元件像素：摄像头的像素数包括有效像素（Effective Pixels）和最大像素（Maximum Pixels）两种，有效像素数是指真正参与感光成像的像素值，像素数越大，所拍摄的静态图像的分辨率也越大，相应地一张图片所占用的空间也会增大。
- 对焦方式：主要有手动和自动两种，自动对焦比手动对焦方便。
- 成像距离：它是指摄像头可以相对清晰成像的最近距离。摄像头一般都利用了超焦距（指对焦后的能清晰成像的距离）的原理，距离越远其性能越好。
- 最大帧数：是指在 1s 时间里传输的图片帧数，通常用 FPS（Frames Per Second）表示。帧率数越高可以得到更流畅、更逼真的动画，每秒钟帧数愈多，所显示的动作就愈流畅。

2. 摄像头的主流品牌

现在市面上主流的摄像头品牌有蓝色妖姬、极速、奥尼和天敏等。

- 蓝色妖姬：是著名的 IT 数码品牌，拥有自主产权的行销和制造系统，多年来从事数码摄像头、MP3、MP4 和移动存储盘等计算机外设配件产品的研发、生产和销售，如图 2-119 所示为蓝色妖姬摄像头。
- 极速：它是一家集网络数码产品研发、生产和营销于一体的高新技术企业，是国内最早进入网络摄像头领域的专业厂商之一，如图 2-120 所示为极速摄像头。

图 2-119　蓝色妖姬摄像头

图 2-120　极速摄像头

- 奥尼：该品牌主要专注于数码视频领域的产品研发与制造，并通过了国家质量检测部门的认证和 CE、FCC 等国际标准认证，如图 2-121 所示为奥尼摄像头。
- 天敏：它是专门从事计算机影音视频产品研究、开发和生产的高科技企业，其产品因性价比高，在市场上拥有较好的口碑，如图 2-122 所示为天敏摄像头。

图 2-121　奥尼摄像头

图 2-122　天敏摄像头

◆ 学习与探究

在计算机中还有一种硬件需要认识，那就是声卡，声卡是计算机中用于处理音频信号的设备，其工作原理是：声卡接收到音频信号并进行处理后，再通过连接到声卡的音箱，将声音以人耳能听到的频率表现出来。在家用计算机和用于娱乐的计算机系统中，声卡起着相对重要的作用。声卡自身并不能发声，因此必须与音箱配合。

按照声卡音频芯片的不同可以将声卡分成集成声卡和独立声卡两种，而集成声卡又可分为软声卡和硬声卡两种，独立声卡也可分为 PCI 声卡和 USB 声卡两种，下面分别进行介绍。

- 集成软声卡：它是一种集成在主板上的数字模拟信号转换芯片。这种芯片没有音频处理芯片，完全靠 CPU 对音频信号进行处理转换，但这样会占用 CPU 资源，如果 CPU 比较繁忙，播放的声音就会有停顿现象。集成的软声卡都是符合 AC'97 标准的。常见的集成软声卡芯片有 Realtek ALC 系列的 AC'97 CODEC 芯片等。
- 集成硬声卡：它是一种集成在主板上包含音频处理芯片的音频芯片。在处理音频信号时，不用依赖 CPU 就可进行一切音频信号的转换，既可保证声音播放的质量，也节约了成本。常见的集成硬声卡芯片有 CT5880 和 CMI9739 等。
- PCI 声卡：它有独立的音频处理芯片，负责所有音频信号的转换工作，从而减少了对 CPU 资源的占有率，并且结合功能强大的音频处理软件，可进行几乎所有音频信息的处理。目前音质效果好的声卡都是独立的声卡，适合对声音品质要求较高的用户使用。
- USB 声卡：它外形小巧，便于携带和安装，支持即插即用，而且输出的是纯数字化音频信号，不易受电路杂讯与电压的干扰。其缺点是使用时会占用一个 USB 接口，且必须安装相应的驱动程序，音质与独立声卡相比具有一定的差距。

实训一　收集计算机主流硬件资料

◆ 实训目标

本实训要求通过网络中的计算机硬件网站，收集计算机的主流硬件资料。通过本实训的操作可以进一步认识计算机的各种硬件，为组装计算机打下基础。具体操作要求如下：

- 进入泡泡网报价中心（http://product.pcpop.com/default.aspx）。
- 选择相应的硬件产品，进入具体型号网页。
- 分别选择低端、主流和发烧 3 种类型的两个硬件产品进行对比。
- 主要对比 CPU、主板、内存、显卡、硬盘、光驱、机箱和显示器。

◆ 实训分析

本实训的操作思路如图 2-123 所示。在操作过程中需要注意的是，在选择进行对比的具体硬件型号前，可以通过设置相应的条件，选择同一类型的硬件产品，比如 CPU，可以先设置价位、品牌和核心数量等条件，先筛选出一些 CPU 产品。然后从中选择两个同一级别的 CPU 进行性能的对比。

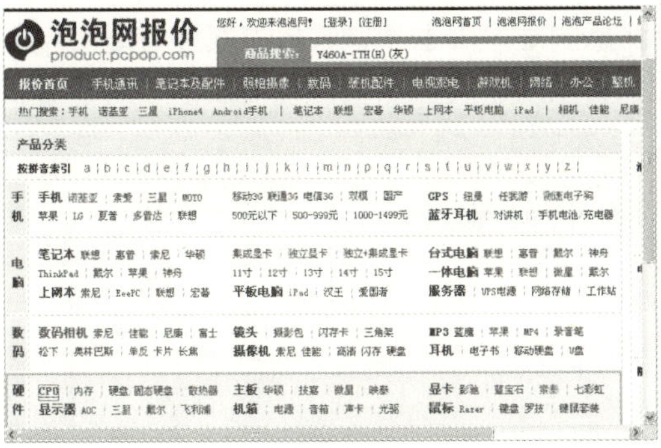

① 选择硬件

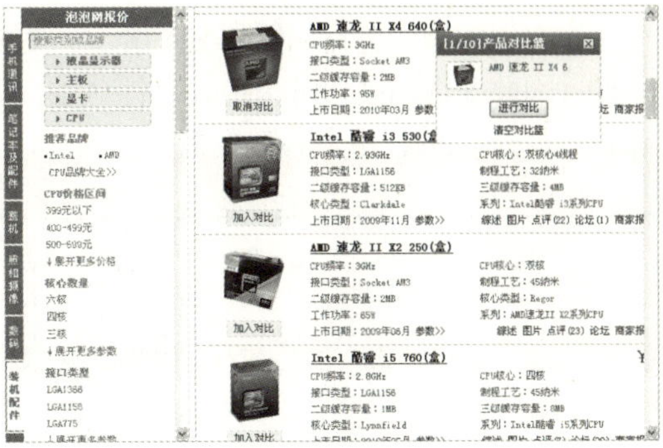

② 选择产品

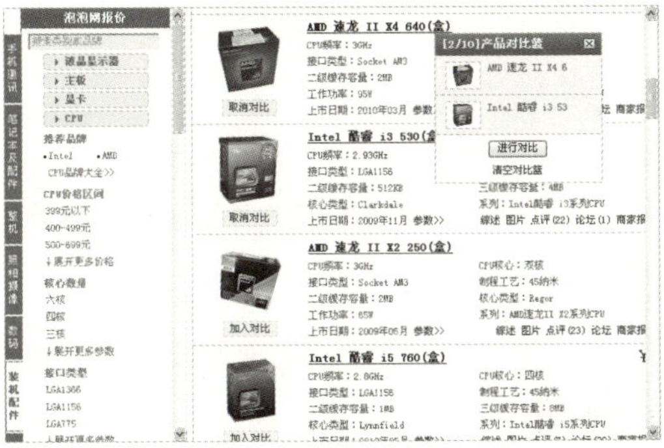

③ 加入对比

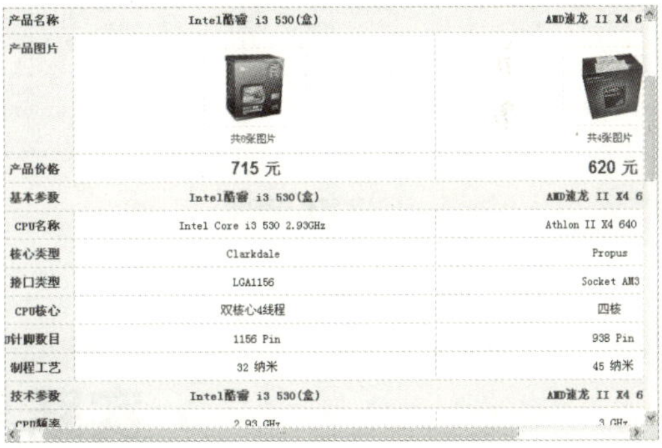

④ 对比产品

图 2-123　收集硬件资料的操作思路

实训二　计算机硬件的模拟选购

◆ 实训目标

本实训要求根据模块一中拟定的装机配置方案，模拟选购一台计算机。通过本实训的操作，可以加强对组装计算机的了解。具体操作要求如下：

- 通过泡泡网模拟在线装机中心（http://d.pcpop.com/）选择相应的硬件。
- 模块一中拟定了 4 套不同的装机配置方案，但这些方案都基于 2010 年 11 月，有些硬件已经停产，且价格和现在有很大区别，因此可以适当对方案进行修改，并生成新的报价单。
- 装机前，可以参考实训一中各种硬件的资料对比。
- 在泡泡网中参考各种模拟装机方案。

◆ 实训分析

本实训的操作思路如图 2-124 所示。需要注意的是，由于 4 种装机方案针对的用户群不同，因此在选购硬件时一定要有针对性，比如游戏娱乐的重点硬件就是显卡、显示器和音箱，另外 CPU、声卡和键鼠也需要注意。

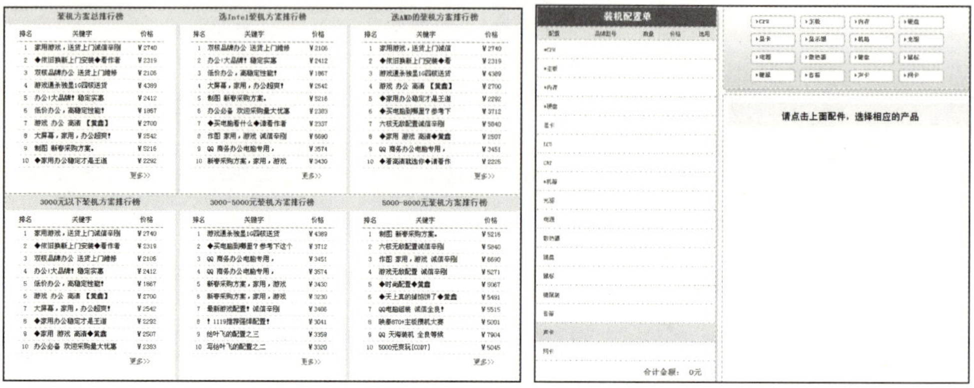

① 了解最新配置　　② 设置配置单

图 2-124　模拟选购硬件的操作思路

实践与提高

根据本模块所学内容，动手完成以下操作：

（1）打开计算机机箱，查看主板的主要结构，并指出该主板的芯片、扩展槽和对外接口，并上网查看最新的主板芯片型号。

（2）在计算机机箱中拆卸 CPU 风扇，查看 CPU 的型号、品牌和产地。

（3）在计算机机箱中拆卸显卡，查看其主要结构，并检查有几种显示接口。

（4）假设需要配置一台普通家用计算机，为其选购适用的外部设备，包括打印机、扫描仪和摄像头。

（5）拆卸一台计算机，根据主要硬件的相关信息，查看这些产品的真伪，并检查这些产品的售后服务日期。

（6）在网上搜索最新的硬件技术，为本模块中讲到的所有硬件分别搜索一项最新的性能指标。

（7）根据本模块所学的知识，谈谈自己对硬件未来发展的看法。

（8）总结本模块所学的知识，归纳选购硬件的共有特点。

模块三

计算机组装过程详解

在经过前面两个模块的学习之后，对计算机的各种基础知识和各种硬件已经有了深刻的了解，接着就可学习如何进行计算机组装的相关知识。本模块将分 3 个部分介绍从组装计算机前的各种准备工作，到根据其组装的基本流程将各种部件组装成一台计算机的全部过程。组装计算机其实就是将各主要部件进行连接，通过正确的连接使这些部件结合起来并正常进行工作的过程。学会组装计算机不但可以为以后独立进行计算机的维护打下基础，还可对其基本工作原理有一个大致认识。

学习目标

- 了解计算机的组装流程
- 学会组装机箱内部硬件
- 学会连接机箱内各种连线
- 学会连接计算机的各种外部设备

任务一　组装机箱内部硬件

◆ 任务目标

本任务的目标是了解计算机安装前的一些准备工作，理清组装计算机的一般步骤，学习组装计算机机箱内部各种硬件的相关操作等。具体目标要求如下：

（1）了解计算机安装前的准备工作。

（2）了解组装计算机的一般步骤。

（3）学习安装电源、CPU 和散热风扇、内存、主板、显卡、声卡、网卡、硬盘，以及光驱的相关操作。

操作一　装机准备工作

在进行计算机组装前，需要做些准备工作，主要有以下几项。

1．准备组装工具

组装计算机需要一些工具来完成硬件的安装和检测，其中，十字螺丝刀、尖嘴钳和镊子是必备的工具。对于这些工具还有一些小要求，大家可以参考模块一任务二中操作一的相关内容。

2. 准备组装平台

组装计算机需要有一个洁净的环境，最好是一个干净整洁的平台，并且要有良好的供电系统，并远离电场和磁场。然后将各种计算机硬件从包装盒中取出，放置在平台上，并将硬件中的各种螺丝钉、支架和连接线也放置在平台上。

3. 了解装机注意事项

在开始组装计算机前，需要对一些注意事项有所了解，包括以下几点：

- 通过洗手或触摸接地金属物体的方式释放身上所带的静电，防止静电对计算机硬件产生损坏。另外，有些人认为在装机时只需释放一次静电即可，其实这种观点是错误的，因为在组装计算机的过程中，由于手和各部件不断地摩擦，还会产生静电，因此应多次释放。
- 在拧各种螺丝时，不能拧得太紧，拧紧后应往反方向拧半圈。
- 各种硬件要轻拿轻放，特别是硬盘。
- 插板卡时一定要对准插槽均衡向下用力，并且要插紧；拔卡时不能左右晃动，要均衡用力地垂直插拔，更不能盲目用力，以免损坏板卡。
- 安装主板、显卡和声卡等部件时应安装平稳，并将其固定牢靠；对于主板，应尽量安装绝缘垫片。

操作二　理清计算机组装的一般流程

组装计算机之前，还应该理清组装的流程，做到胸有成竹，一鼓作气将整个操作完成。虽然组装计算机的流程并不是固定的，但通常可以按照以下流程进行，如图 3-1 所示。

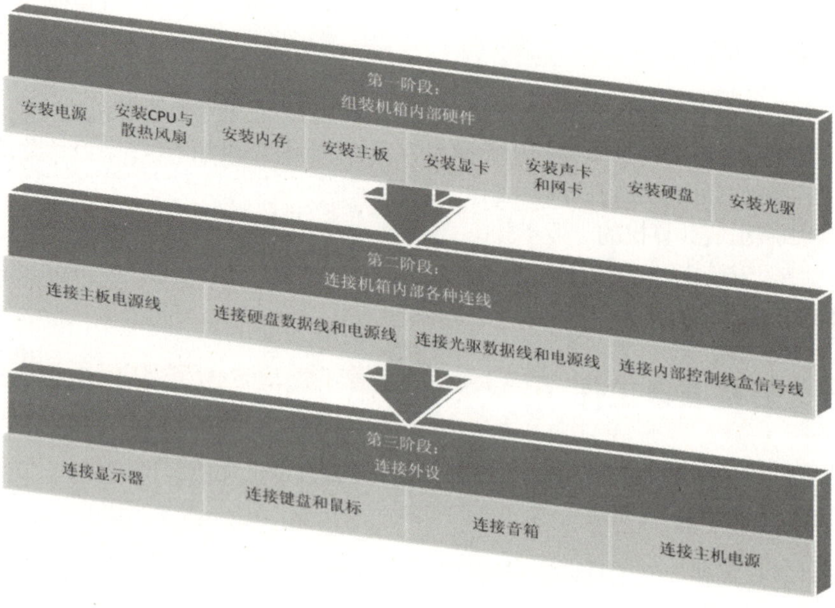

图 3-1　组装计算机的一般流程

操作三　安装电源

◆ 实例目标

本例要求在主机箱中安装电源。通过本例的操作，了解如何拆卸机箱，并将电源安装到机箱电源支架处的操作。

◆ 操作步骤

（1）拆卸主机机箱盖，用十字螺丝刀拧下机箱后部的固定螺丝，然后卸下机箱的侧面板，如图 3-2 所示。

（2）用尖嘴钳将机箱后部的档板拆掉，主要是拆掉第一个条形挡片，以方便后面安装显卡，如图 3-3 所示。

图 3-2　拆卸机箱盖

图 3-3　拆卸条形挡片

（3）如果需要安装独立的声卡或者网卡，还需要将条形挡片拆卸一到两个，然后继续用尖嘴钳将机箱后的主板接口档板拆掉，如图 3-4 所示。

（4）因为各种主板的外部接口不同，因此需要安装主板附带的挡板，这里将主板包装盒中附带的 ATX 主板专用挡板扣在该位置，如图 3-5 所示。

图 3-4　拆卸机箱上的主板外部接口挡板

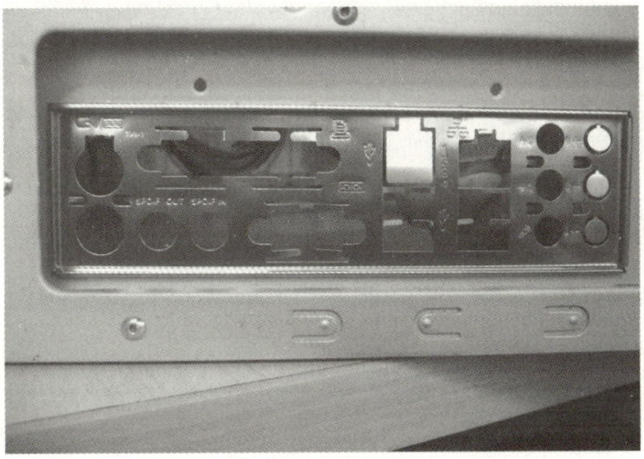

图 3-5　安装主板外部接口挡板

（5）接着放置电源，将电源有风扇的一面朝向机箱上的预留孔，然后将其放置在机箱的电源固定架上，如图 3-6 所示。

（6）最后固定电源，将其后螺丝孔与机箱上的孔位对齐，使用机箱附带的粗牙螺丝将电源固定在电源固定架上，然后用手上下晃动电源看其是否安装稳固，如图 3-7 所示。

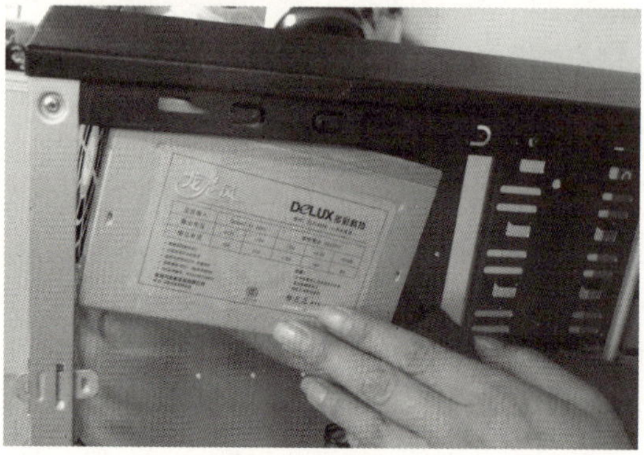

图 3-6　放置电源

图 3-7　固定电源

操作四　安装 CPU 与散热风扇

◆ 实例目标

本例要求在主板上安装 CPU 和 CPU 的散热风扇，通过本例的操作了解如何安装 CPU 的相关操作。

> **提示**　在组装计算机机箱时可以先将主板安装到机箱中后，再安装 CPU。但由于机箱内的空间比较小，操作起来比较麻烦，为了保证安装的顺利进行，最好先将 CPU 安装好后，再安装主板。

◆ 操作步骤

（1）将主板从包装盒中取出，放置在附带的防静电绝缘垫上，推开主板上 CPU 插座的拉杆，然后打开其上的 CPU 挡板，如图 3-8 所示。

> **提示**　如果没有绝缘垫，也可以使用主板包装盒，将主板包装袋中的矩形泡沫垫放置在包装盒上，就可以将主板放置其上然后安装 CPU。

（2）接着安装 CPU，使 CPU 缺口对准插座缺口，将其垂直放入 CPU 插座中，如图 3-9 所示。

（3）此时不可用力按压，应使 CPU 自由滑入插座内，然后盖好 CPU 挡板并压下拉杆，完成 CPU 的安装，如图 3-10 所示。

（4）在 CPU 背面涂抹硅脂。涂抹的正确方法是：挤出少许到 CPU 中心，然后用刮片向同一方向将其平铺在 CPU 背面，如图 3-11 所示。

图 3-8　打开挡板

图 3-9　放入 CPU

图 3-10　安装 CPU

图 3-11　涂抹硅脂

> **提示**　如果是 CPU 原装的散热风扇，其底部和 CPU 接触的位置都已经涂抹了散热硅脂，就不需再进行步骤 4 的操作了。

（5）将 CPU 风扇的 4 个膨胀扣对准主板上的风扇孔位，然后向下用力使膨胀扣卡槽进入孔位中，如图 3-12 所示。

（6）转动膨胀扣上的把手，并向右旋转 45°，分别转动其他把手，使风扇完全固定在主板上，然后将风扇的电源线插在主板上的 3 针电源插座上，如图 3-13 所示。

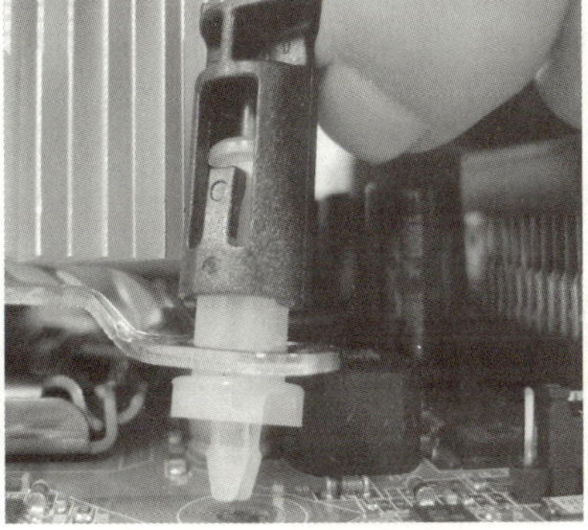

图 3-12　安装风扇

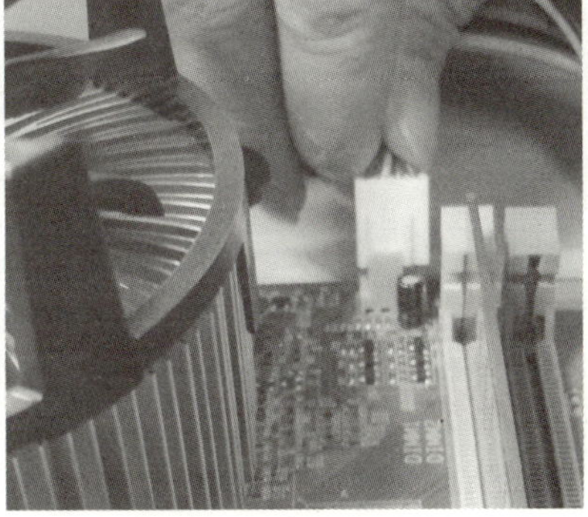

图 3-13　连接电源

操作五　安装内存

◆ 实例目标

本例要求在主板上安装内存，通过本例的操作，了解如何安装内存的相关操作。

◆ 操作步骤

（1）将内存插槽上的固定卡座向外轻微用力扳开，如图 3-14 所示，打开内存条卡座。

（2）将内存条上的缺口与插槽中的防插反凸起对齐，向下均匀用力将内存条水平插入插槽中，直到内存的金手指和内存插槽完全接触，再将内存卡座扳回，使其卡入内存卡槽中，如图 3-15 所示。

图 3-14　打开内存条卡座

图 3-15　安装内存条

> **提示**　主板的内存插槽一般用两种颜色来表示不同的通道，如果需要安装两根内存条来组成双通道，则需要将两根内存条插入相同颜色的插槽。如果是三通道，则需要将 3 根内存条插入相同颜色的插槽，如图 3-16 所示。

图 3-16　三通道内存

操作六　安装主板

◆ 实例目标

本例要求将安装好 CPU 和内存的主板安装到机箱中，通过本例的操作，了解如何安装主板的相关操作。

◆ 操作步骤

（1）一般情况下，主板都是由六角螺栓与螺丝共同固定在机箱侧面板上的，因此，在安装主板之前，还需要安装六角铜螺栓。首先观察主板螺丝孔的位置，然后根据该位置将六角螺栓放置在机箱内，如图 3-17 所示。

（2）使用螺丝刀或者尖嘴钳将六角螺栓逐个拧紧，如图 3-18 所示。

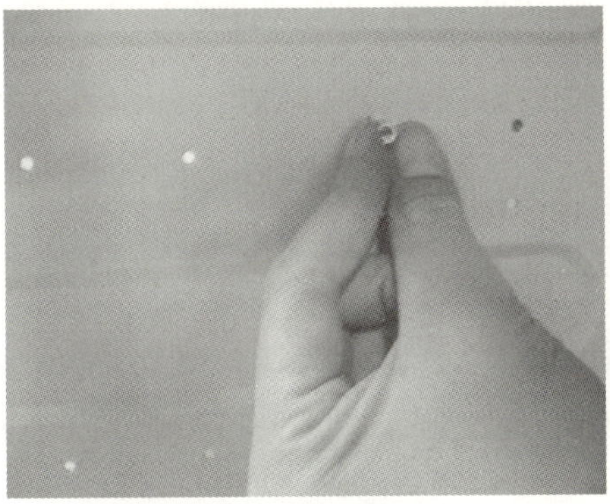

图 3-17　放置六角螺栓

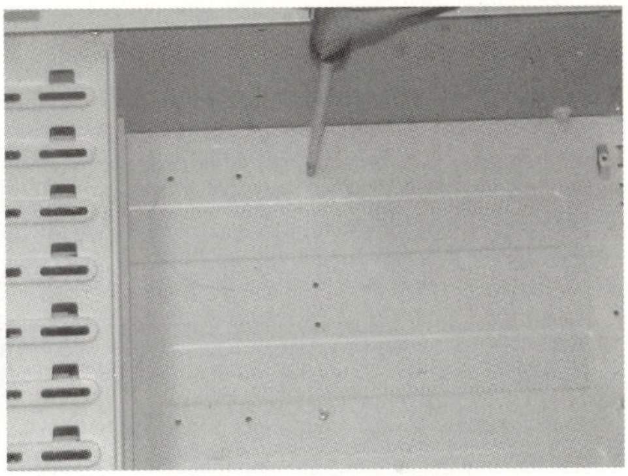

图 3-18　安装六角螺栓

（3）将主板平稳地放入机箱内，使其外部接口与机箱背面安装好的该主板专用挡板孔位对齐，如图 3-19 所示。

（4）此时主板的螺丝孔与六角螺栓也相应对齐，然后用螺丝将主板固定在机箱侧面板上，如图 3-20 所示。

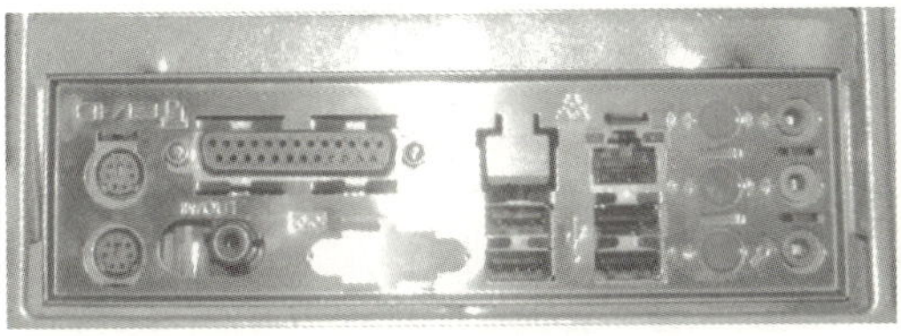

图 3-19　对齐挡板

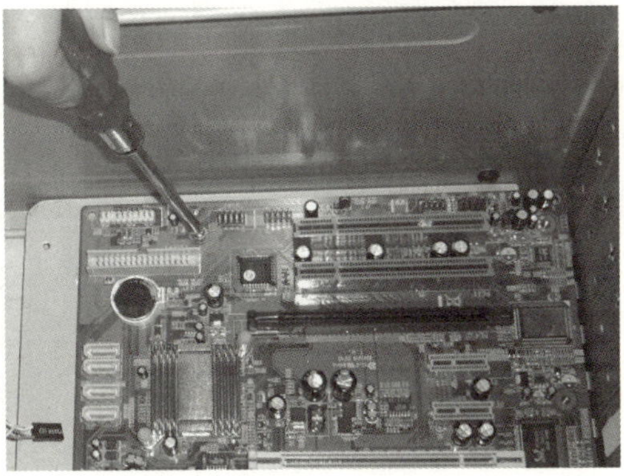

图 3-20　固定主板

提示 将固定主板的螺丝拧入六角螺栓时，应均匀用力，以防止螺丝固定太紧而导致主板变形。另外，六角螺栓和主板固定螺丝在机箱包装盒中会配置。

操作七 安装显卡、声卡和网卡

◆ 实例目标

本例要求在主板上安装显卡、声卡和网卡，其实很多主板都已集成了音频和网络芯片，因此只需安装显卡即可，但也有一些需要单独安装声卡或网卡。通过本例的操作，了解如何安装显卡的相关操作。

◆ 操作步骤

（1）由于现在主板上的PCI-Express显卡插槽上都有防呆扣设计，所以首先需要打开防呆扣，如图3-21所示为3种不同类型的防呆扣。

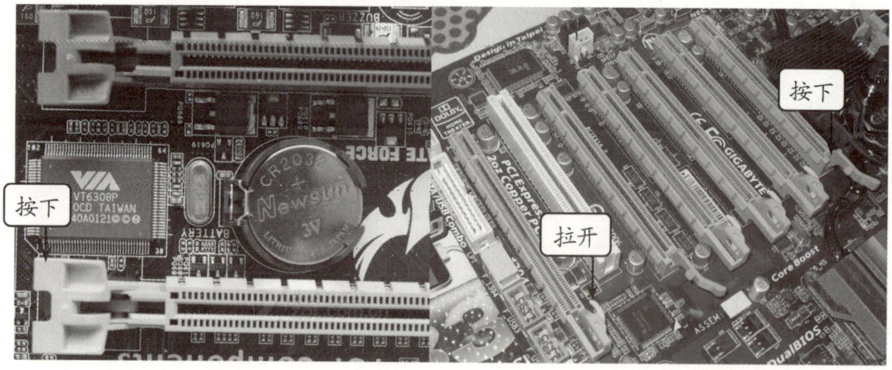

图3-21 打开防呆扣

（2）将显卡的金手指对准主板上的PCI-Express接口，然后轻轻按下显卡，在听到“咔哒”一声后即可放手，检查金手指是否全部进入插槽，确定是否安装成功，如图3-22所示。

（3）全部进入后则用螺丝将其固定在机箱上完成显卡安装，如图3-23所示。

图3-22 安装显卡

图3-23 固定显卡

提示　若要安装声卡或网卡，需要在安装主板之前，将机箱上的长条形挡片拆卸下来，避免拆卸时损坏主板。在拆卸时，可以对比主板的PCI插槽的位置进行，因为目前的声卡或者网卡都使用主板的PCI插槽。

（4）将网卡的金手指对准PCI插槽插入，如图3-24所示。

（5）确认网卡的金手指已完全插入PCI插槽后，即可用螺丝刀拧紧螺丝，将其固定在机箱上，如图3-25所示。

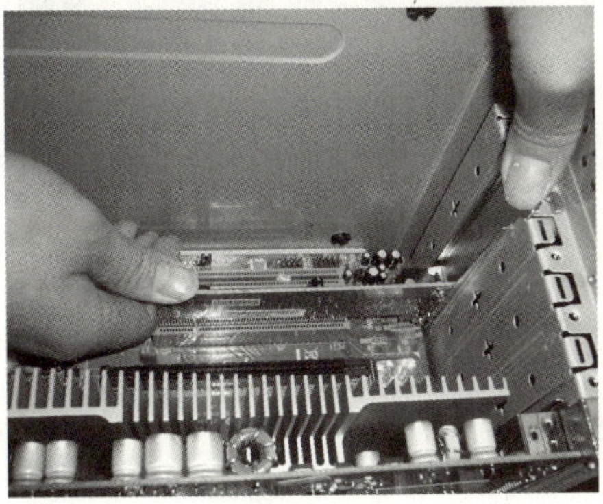

图3-24　插入网卡

图3-25　固定网卡

提示　由于声卡也是安装在主板的PCI插槽中，其操作步骤与安装网卡完全相同，这里就不再赘述。

操作八　安装硬盘

◆ 实例目标

本例要求在机箱的驱动器支架上安装硬盘，通过本例的操作，了解如何安装硬盘的相关操作。

◆ 操作步骤

（1）将硬盘带有标签的一面朝向机箱上方，平直地将其推入机箱的3.5英寸驱动器支架上，如图3-26所示。

（2）使硬盘的螺丝孔位与支架上的相应孔位对齐，然后用细牙螺丝将硬盘固定在支架上，如图3-27所示。

提示　在安装硬盘时不可用力拧紧螺丝，以避免硬盘受到机箱震动的影响，保留一定的缓冲空间，不影响硬盘稳定即可。

图 3-26　将硬盘放入支架

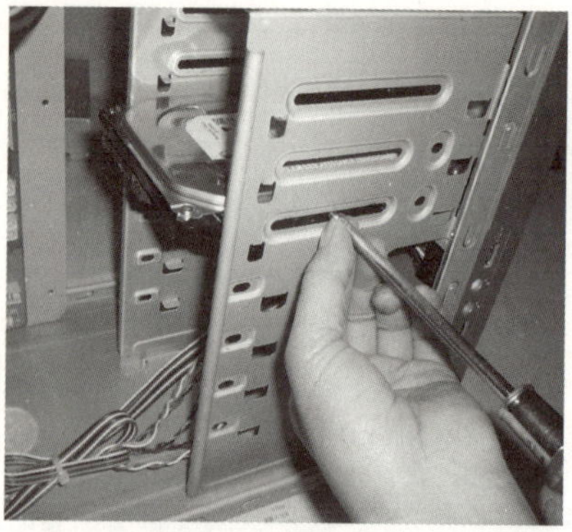

图 3-27　固定硬盘

提示　在安装硬盘和光驱前，最好将机箱的另一个侧面板也取下，这样就可以为硬盘和光驱的两个侧面都固定螺丝。

操作九　安装光驱

◆ 实例目标

本例要求在机箱的驱动器支架上安装光驱，通过本例的操作，了解如何安装光驱的相关操作。

◆ 操作步骤

（1）光驱一般安装在位于机箱顶部的 5 英寸驱动器支架上，其外部安装有塑料挡板，安装前应将其卸下，其方法是从机箱内部将该挡板用力推出即可，如图 3-28 所示。

（2）将光驱由机箱外向内平行推入支架，如图 3-29 所示。

图 3-28　取下驱动器挡板

图 3-29　推入支架

（3）使其螺丝孔与支架上的孔位一一对应，并与档板平面对齐，如图 3-30 所示。

（4）在机箱的两侧分别用螺丝钉固定光驱，完成光驱的安装，如图 3-31 所示。

图 3-30　对齐

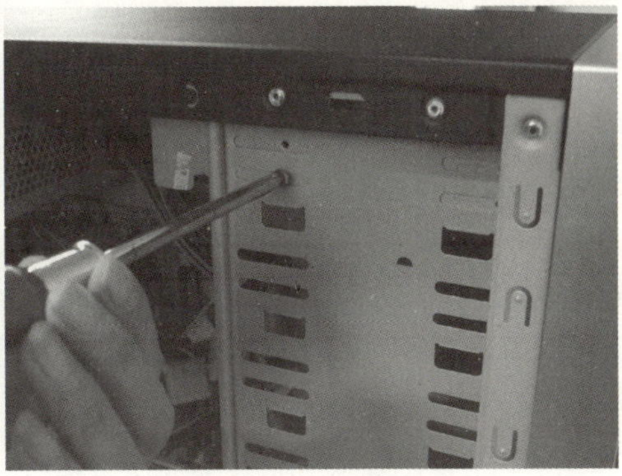

图 3-31　安装螺丝

任务二　连接机箱内的各种连线

◆ 任务目标

本任务的目标是了解和学习在组装计算机的过程中，如何连接机箱内的各种连线等。具体目标要求如下：

（1）掌握连接主板电源线。

（2）掌握连接硬盘的各种连接线。

（3）掌握连接光驱的各种连接线。

（4）掌握连接机箱内部的控制线和信号线。

操作一　连接主板电源线

◆ 实例目标

本例要求在机箱内，将电源的电源插头连接到主板的接口中，通过本例的操作，了解连接主板电源线的相关操作。

◆ 操作步骤

（1）在电源线中找到 20 针主板电源线，对准主板上的电源接口插入，如图 3-32 所示。

（2）然后找到 4 针的主板辅助电源线，对准主板上的辅助电源接口插入，如图 3-33 所示。

> **提示**　通常主板的电源线有两个：一个是 20 针主电源，主要是为主板及主板上的各种设备供电；另一个是 4 针的辅助电源，其作用是为 CPU 提供强大的电流支持。现在的主板供电设计都比较完善，即使不连接，系统同样可以稳定运行。

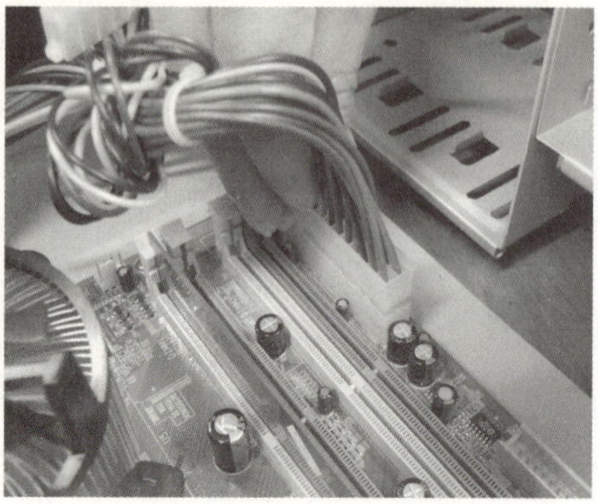

图 3-32　连接主板电源线

图 3-33　连接辅助电源线

操作二　连接硬盘数据线和电源线

◆ 实例目标

本例要求在机箱内为硬盘连接数据线和电源线，通过本例的操作，了解连接硬盘数据线和电源线的相关操作。

◆ 操作步骤

（1）现在常用的是 SATA 硬盘，其电源线的一端为“L”型。在主机电源的连线中找到该电源线插头，将其插入硬盘对应的接口中，如图 3-34 所示。

（2）而 SATA 硬盘的数据线两端接口都为“L”型（该数据线属于硬盘的附件，在硬盘包装盒中），按正确的方向分别将其插入硬盘与主板的 SATA 接口中，如图 3-35 所示。

图 3-34　连接硬盘电源线

图 3-35　连接硬盘数据线

> **提示**　如果是 IDE 接口的硬盘，数据线和 SATA 硬盘的数据线不同，但也需要同时将其插入硬盘与主板的 IDE 接口中，如图 3-36 所示；而 IDE 接口的硬盘则需要使用电源中的 D 型电源线插头进行连接，如图 3-37 所示。

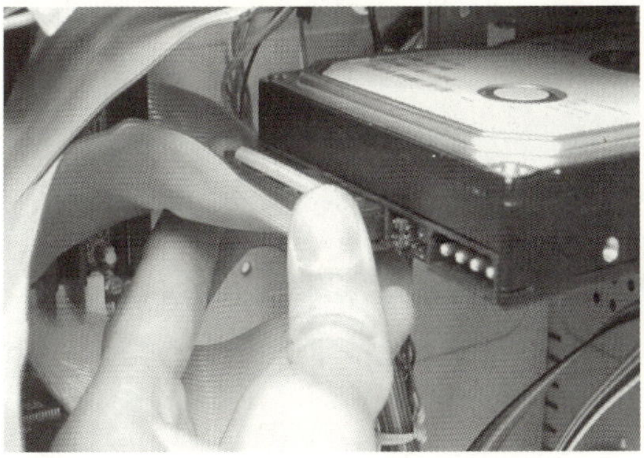

图 3-36　连接 IDE 硬盘数据线

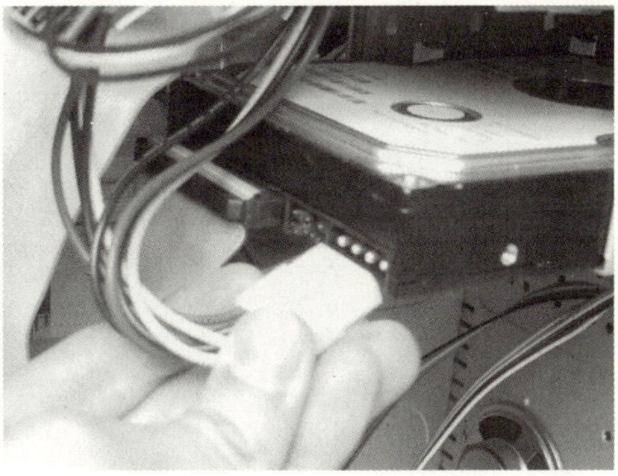

图 3-37　连接 IDE 硬盘电源线

操作三　连接光驱数据线和电源线

◆ 实例目标

本例要求在机箱内为光驱连接数据线和电源线，通过本例的操作，了解连接光驱数据线和电源线的相关操作。

◆ 操作步骤

（1）从光驱包装盒中找到光驱数据线，将一端插入光驱后部的数据线插槽中，需注意将插头上接口处凸起部分与插槽缺口对应，如图 3-38 所示。

（2）将光驱数据线另一端插入主板的 IDE 插槽中，如图 3-39 所示。

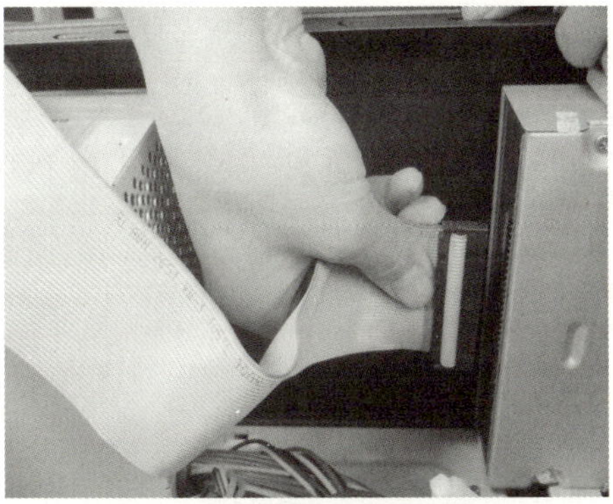

图 3-38　连接光驱数据线一端

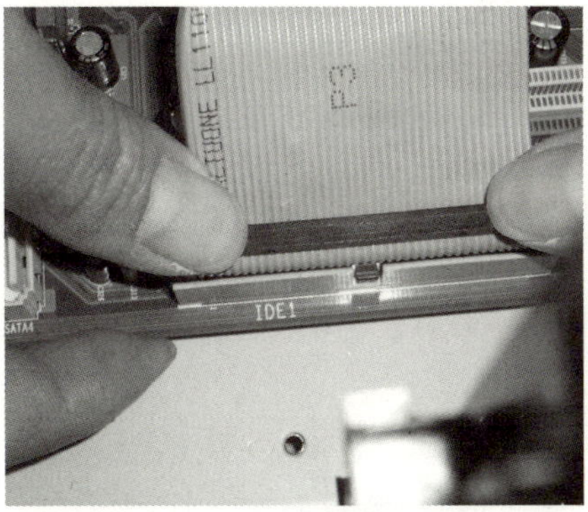

图 3-39　连接光驱数据线另一端

（3）从电源线插头中找到 D 型插头，将其插入光驱的电源接口，如图 3-40 所示，完成光驱的安装。

提示　在有些光驱配置的附件中有一根音频线，其作用是播放 CD，一头连接光驱，一头连接声卡，这样如果光驱支持直接播放功能（在光驱面板上有播放键），则可直接播放 CD，如图 3-41 所示。

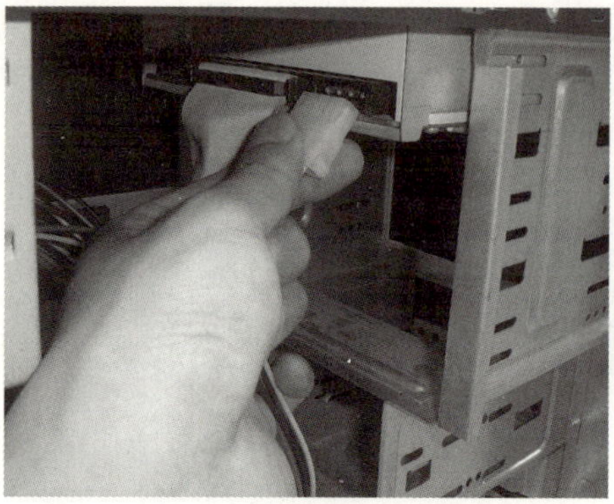

图 3-40　在光驱上插入电源线

图 3-41　光驱音频线

操作四　连接内部控制线和信号线

◆ 实例目标

本例要求连接机箱内部的各种控制线和信号线，通过本例的操作，了解连接机箱内部各种控制线和信号线的相关操作。

> **提示**　机箱内部的信号线主要是控制机箱前面板的按钮和信号灯，其中，H.D.D LED 信号线连接硬盘信号灯；RESET SW 信号线连接重新启动按钮；POWER LED 信号线连接主机电源灯；SPEAKER 信号线连接主机喇叭；POWER SW 信号线连接开机按钮。

◆ 操作步骤

（1）从机箱信号线中找到机箱喇叭连接线，该接头是一个 4 芯接头，但实际上只有 1、4 两根线，将该接头和主板上的 SPEAKER 接口相连，如图 3-42 所示。

（2）找到机箱的电源开关连接线，该接头为一个两芯的接头，和主板上的 POWER SW 或 PWR SW 接口相连，如图 3-43 所示。

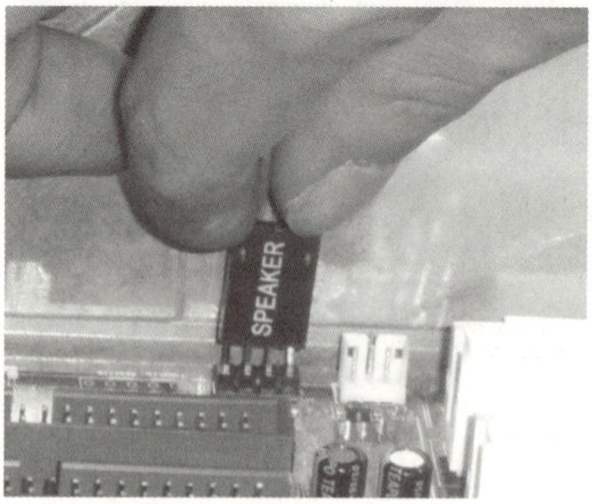

图 3-42　连接 SPEAKER 线缆

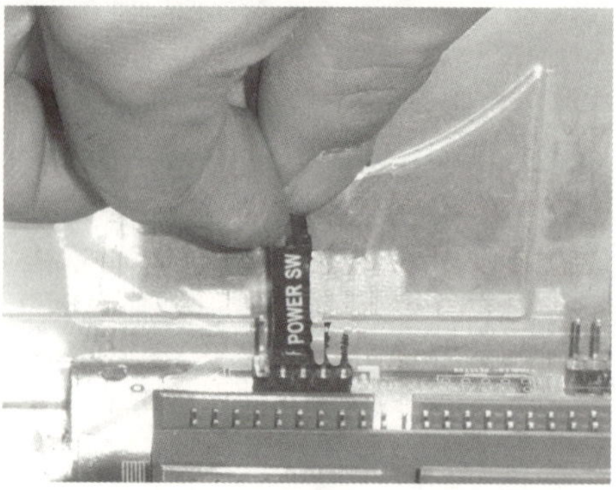

图 3-43　连接 POWER SW 线缆

（3）找到硬盘工作状态指示灯线，其接头为两芯接头，一根线为红色，另一根线为白色，将该接头和主板上的 H.D.D LED 接口相连，如图 3-44 所示。

（4）找到机箱上的重启键控制线，并将其和主板上的 RESET SW 接口相连，如图 3-45 所示。

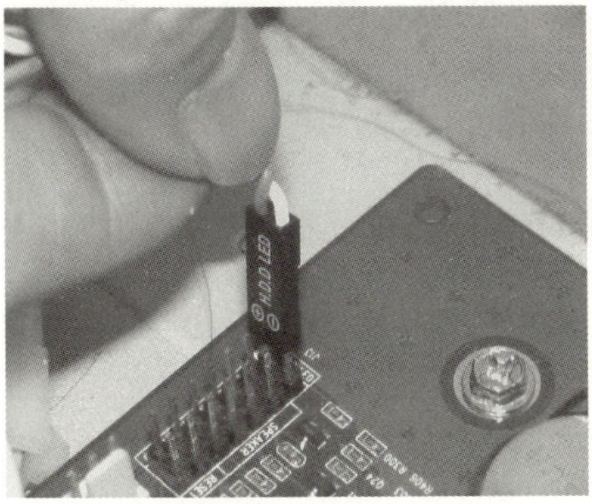

图 3-44　连接硬盘指示灯线

图 3-45　连接重启键控制线

（5）主机开关电源工作状态指示灯线是 3 芯的接头，其中一根线是绿色，将其和主板上的 POWER LED 接口相连，如图 3-46 所示。

（6）在机箱中的前面板连接线中找到 USB 接头，其上标有“USB”标识，将其插入主板相应的插针上，如图 3-47 所示。

图 3-46　连接电源工作指示灯线

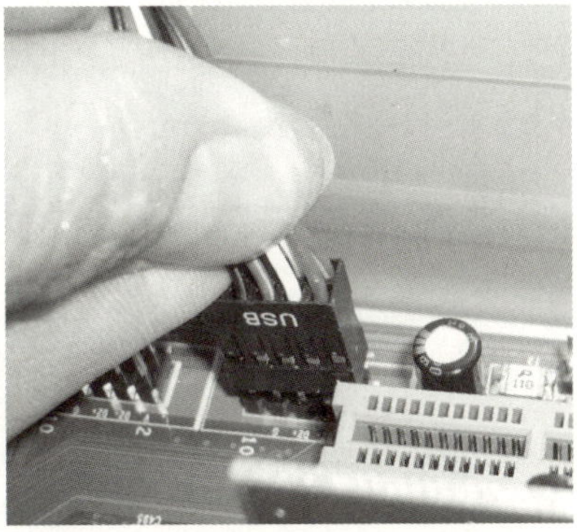

图 3-47　排列好 USB 连接线

提示　机箱内部各种各样的线混在一起，显得凌乱不利于维护，而且对计算机工作时正常的散热也有影响，因此在完成了机箱内部各硬件设备的安装和线路连接操作后，应当整理机箱内部连线。

（7）将机箱内部的信号线放在一起，用扎带捆绑起来，如图 3-48 所示。

（8）将机箱中的光驱和硬盘的数据线和电源线理顺后分别用一根扎带将它们捆绑起来固定，并将所有电源线捆扎起来，最终效果如图 3-49 所示。

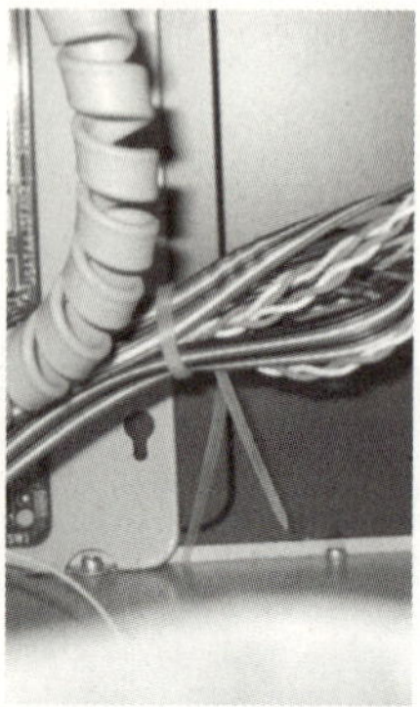

图 3-48　捆扎信号线

图 3-49　整理连线

任务三　连接外设

◆ 任务目标

本任务的目标是了解和学习在组装计算机的过程中如何连接各种外部设备等。具体目标要求如下：

（1）掌握连接显示器。

（2）掌握连接键盘和鼠标。

（3）掌握安装侧面板和连接主机电源线。

（4）掌握连接音箱。

操作一　连接显示器

◆ 实例目标

本例要求连接显示器的数据线和电源线，通过本例的操作，了解连接显示器的相关操作。

◆ 操作步骤

（1）先将显示器包装箱中配置的电源线一头插入显示器电源接口中。

提示　一台计算机至少应该有两条电源线，一条为显示器供电，另一条为主机供电。

（2）将显示器的 VGA 接头插入显示器的 VGA 接口中，然后拧紧插头上的两颗固定螺丝，如图 3-50 所示为显示器背后的所有接口。

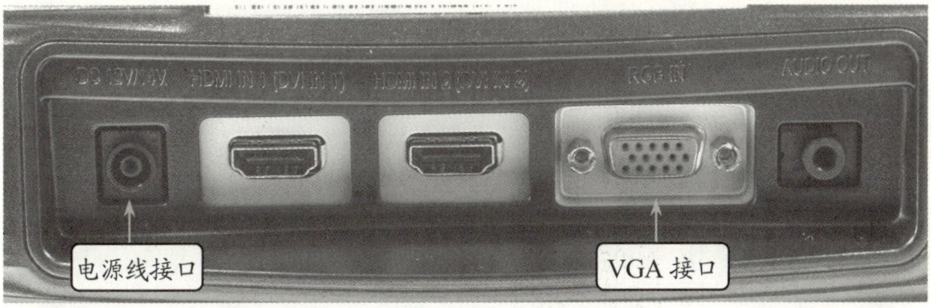

图 3-50　显示器背后接口

（3）将显示器的 VGA 接头插入显卡的 VGA 接口中，然后拧紧插头上的两颗固定螺丝，如图 3-51 所示。

（4）完成显示器连接后，效果如图 3-52 所示。

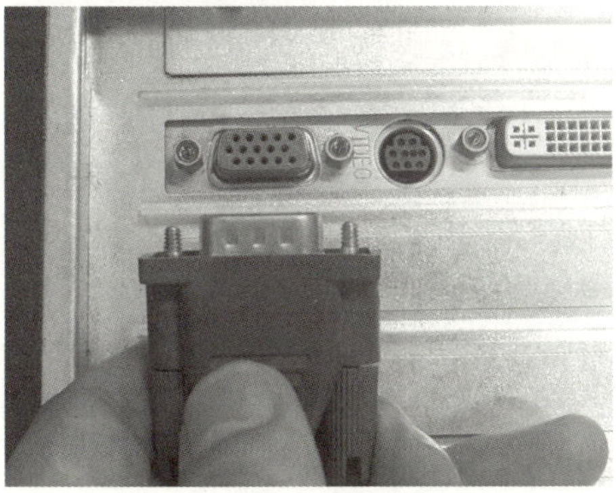

图 3-51　连接显卡

图 3-52　连接显示器效果图

操作二　连接键盘和鼠标

◆ 实例目标

本例要求将鼠标和键盘连接到机箱后的主板外部接口上，通过本例的操作，了解连接鼠标和键盘的相关操作。

◆ 操作步骤

（1）将 PS/2 键盘连接线插头对准主机后的紫色键盘接口并插入，如图 3-53 所示。

（2）使用同样的方法将 PS/2 鼠标插头插入到主机后的绿色接口上，如图 3-54 所示。

> **提示**　如果是使用 USB 接口的鼠标或者键盘，需要将其 USB 插头连接到机箱后主板外部接口的 USB 接口上，如图 3-55 所示。如果使用的是无线鼠标或键盘，则需要将无线适配器插入机箱后主板外部接口的 USB 接口上，如图 3-56 所示。

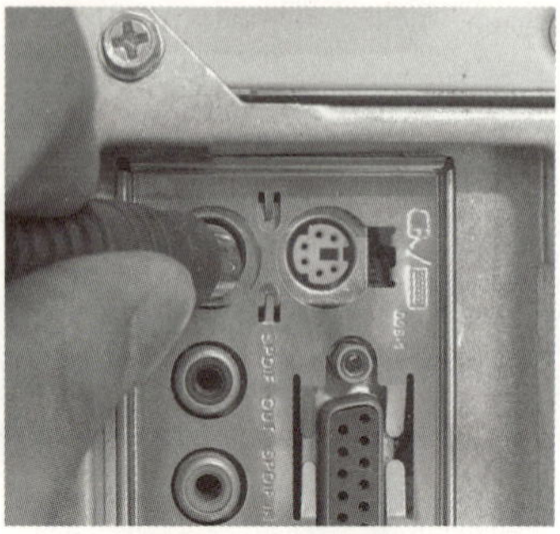

图 3-53　连接键盘

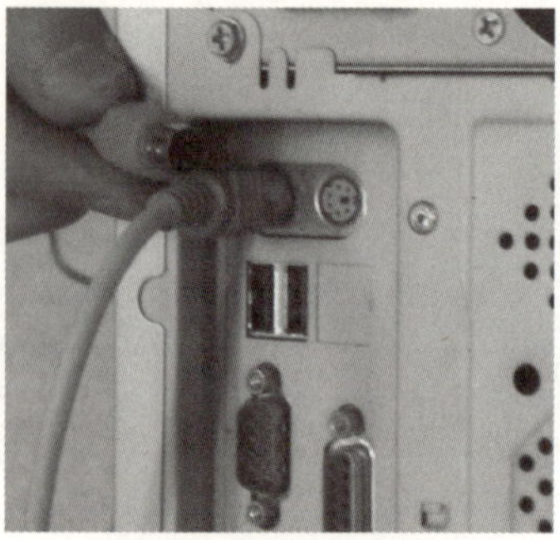

图 3-54　连接鼠标

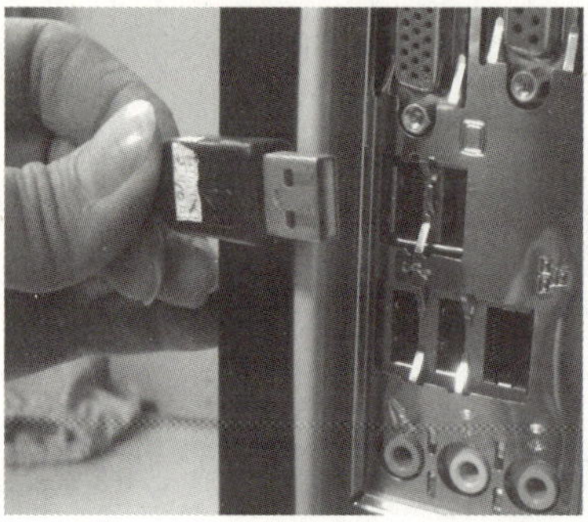

图 3-55　连接 USB 鼠标或键盘

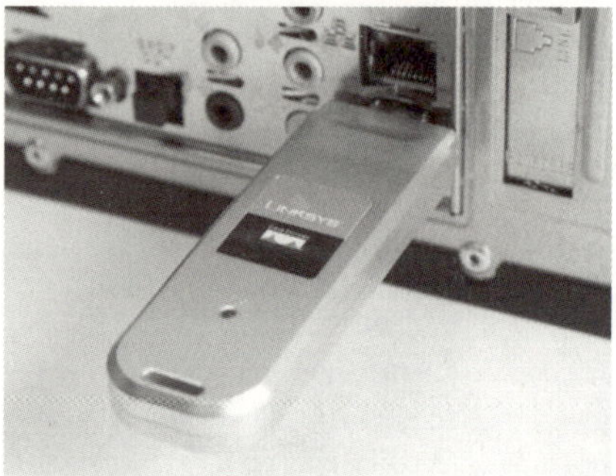

图 3-56　连接无线适配器

提示 需要注意的是，如果是使用无线鼠标或键盘，还需要为其安装电池，如图 3-57 所示。

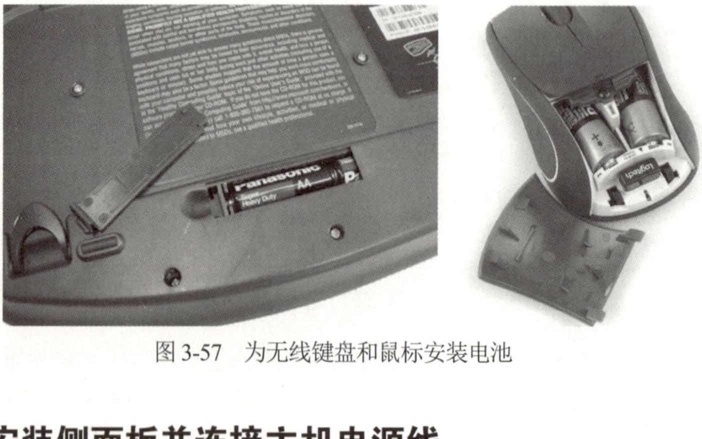

图 3-57　为无线键盘和鼠标安装电池

操作三　安装侧面板并连接主机电源线

◆ 实例目标

本例要求安装机箱的侧面板，并连接主机电源线，通过本例的操作，了解连接主机电源线的相关操作。

◆ 操作步骤

（1）装上机箱侧面板前，要仔细检查各部件的连接情况，确认无误后，再把机箱的两个侧面板装上，如图 3-58 所示。

（2）然后用螺丝固定侧面板，如图 3-59 所示。

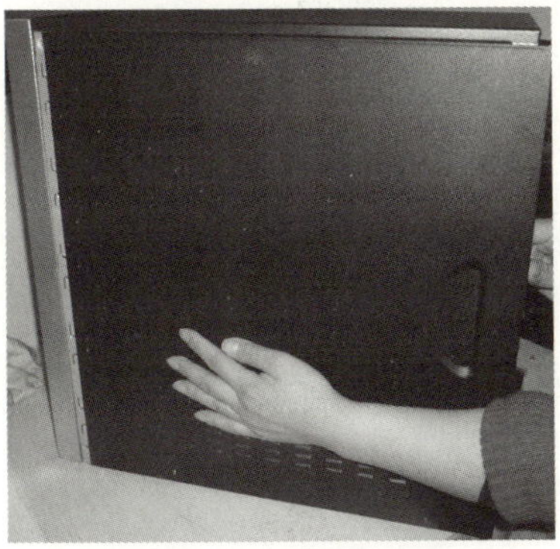

图 3-58　安装侧面板

图 3-59　固定侧面板

（3）检查前面安装的各种连线，确认连接无误后，就可以将主机电源线连接到主机后的电源接口，如图 3-60 所示。

（4）将电源插头插入电源插板中完成操作，如图 3-61 所示。

图 3-60　连接电源

图 3-61　为主机通电

操作四　连接音箱

◆ 实例目标

本例要求将音箱安装好后连接到主机上，通过本例的操作，了解连接音箱的相关操作。

◆ 操作步骤

（1）通常购买音箱时会附带相应的连接线，组装时只需使用其中的双头主音频线与左右声道音频线，将所需的音频线取出并整理好，如图3-62所示。

（2）将双头主音频线按不同的颜色，分别插入低音炮后面的音频输入孔中，如图3-63所示。

图3-62　整理音频线

图3-63　连接双头主音频线

（3）然后将两根连接左右声道音箱的音频线按不同的颜色，分别连接到低音炮与扬声器的左右音频输出口（即左右声道）中，并用手指将塑料卡扣压紧以固定音频线，如图3-64所示。

（4）将双头音频线的另一头插入主板或声卡的声音输出口中（通常为绿色），如图3-65所示。

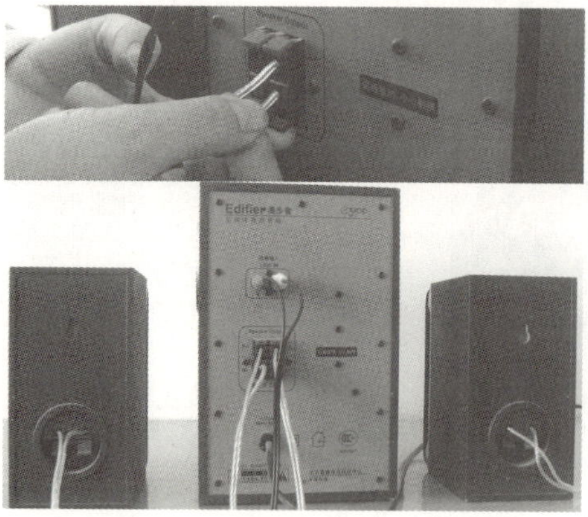

图3-64　连接左右声道音频线

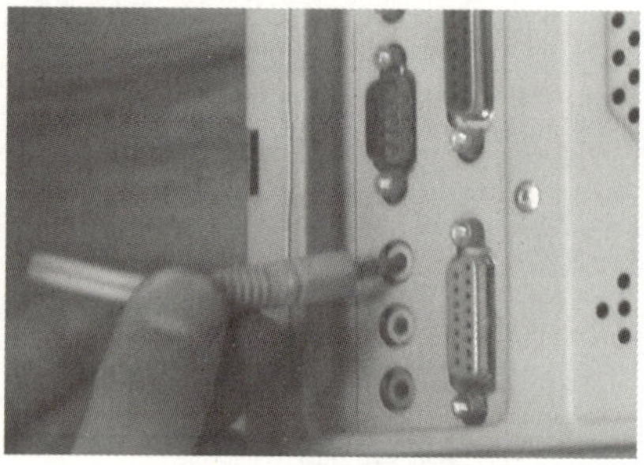

图3-65　连接音频输出口

（5）计算机全部配件组装完成后，通常需再检测一下计算机是否安装成功。启动计算机，若能正常开机并显示自检画面，则说明整个计算机的组装已成功，否则会发出报警声音。根据出错的硬件不同，报警声音也不相同。通常最易出现的错误是显卡和内存条未能插牢，将其拔下重新插入即可解决问题。

实训一　拆卸与连接计算机各外设

◆ 实训目标

本实训要求拆卸和还原的外设包括鼠标、键盘、显示器、音箱和主机电源线等。通过本实训的操作，可为计算机的搬迁和组装打下基础。具体操作要求如下：

- 断开主机及外部设备的所有电源连接。
- 断开显示器电源线、数据线连接和主机的电源线连接。
- 断开鼠标、键盘和音箱的连接。
- 依次还原电源线和所有外部设备的连接。

◆ 实训分析

根据上面的实训目标，本实训的操作思路如图 3-66 所示。在操作过程中需要注意的是，外部设备的拆卸和还原没有固定的顺序，既可以选择先易后难，也可以选择从上到下的顺序，一切操作以小心、谨慎为原则，做到轻拿轻放。

① 拔掉与主机的所有连接　　② 还原所有外设

图 3-66　拆卸和还原外设的连接的操作思路

实训二　拆卸与安装主机内各硬件

◆ 实训目标

本实训要求拆卸和还原主机中的硬件设备。通过本实训的操作，熟练掌握主机中设备的拆卸和还原操作，为以后计算机的升级和维护打下坚实基础。具体操作要求如下：

- 拆卸机箱的侧面板。
- 拆卸所有板卡，包括 PCI 扩展卡和显卡。
- 拆卸光驱和硬盘的数据线和电源线，并取出光驱和硬盘。

- 拆卸内存条、CPU风扇、CPU、各种信号线和主板。
- 安装CPU、CPU风扇和内存条到主板上。
- 安装主板、PCI扩展卡和显卡。
- 连接光驱和硬盘的数据线，并连接电源线。
- 连接信号线并安装机箱侧面板。

◆ 实训分析

根据上面的实训目标，本实训的操作思路如图3-67所示。本实训相对外设的拆卸和还原来说要复杂得多，难度也较大，如果是首次进行拆卸和还原主机内部设备，建议不对主板和信号线进行拆卸操作。

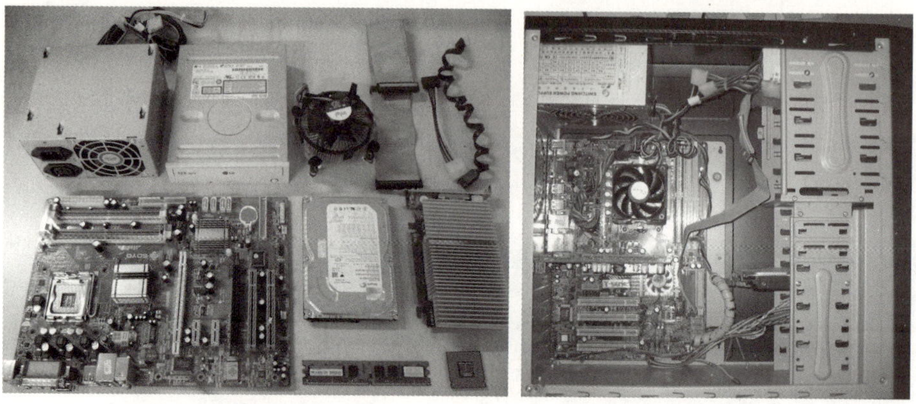

① 拆卸机箱内部的所有设备　　② 还原机箱硬件

图3-67　拆卸和还原主机中的设备的操作思路

实践与提高

根据本模块所学内容，动手完成以下操作：

（1）简述计算机组装的基本流程。

（2）根据本模块的讲解，试着在一台计算机上卸载所有机箱内的硬件设备，再重新组装一次。

（3）仔细查看主板说明书，找到主板上连接机箱内部连线的接口位置，将上面的连线拔掉，然后尝试将连线重新连接起来。

（4）拆卸计算机的外部设备，并将其重新安装。

（5）试着不按本模块的安装步骤，自行组装一台计算机。

（6）总结一种能够迅速地组装一台计算机的方法。

模块四

BIOS 设置与硬盘分区、格式化

BIOS 程序是计算机硬件的管理中心，通过它可以对计算机的硬件进行设置。组装完计算机硬件后，启动计算机的第一步操作就是设置 BIOS。而 BIOS 设置完成后则需要对硬盘进行分区与格式化，这些操作是组装计算机过程中，由安装硬件向安装软件过渡的重要步骤。本模块主要讲解 BIOS 的设置、硬盘分区和格式化等操作。通过相关知识点的学习，掌握 BIOS 与硬盘的基本设置方法。

学习目标

- 了解 BIOS 的基础知识
- 掌握 BIOS 的基本设置
- 掌握硬盘分区的操作
- 掌握硬盘格式化的操作

任务一　BIOS 设置

◆ 任务目标

本任务的目标是熟悉 BIOS 的一些基本知识，主要包括 BIOS 的基本功能、类型、与 CMOS 的基本关系和 BIOS 设置的基本操作等。具体目标要求如下：

（1）了解 BIOS 的基础知识。

（2）掌握进入 BIOS 的方法。

（3）掌握设置系统日期与时间、设置系统启动顺序的方法。

（4）掌握启动病毒防护、设置 CPU 报警温度的方法。

（5）掌握设置 BIOS 密码及保存与退出 BIOS 的方法。

（6）了解载入安全缺省设置和优化设置的方法。

操作一　进入 BIOS

BIOS（Basic Input and Output System，基本输入/输出系统）是被固化在只读存储器（Read Only Memory，ROM）中的程序，因此又被称为 ROM BIOS 或 BIOS ROM。BIOS 程序在开机时即运行，执行了 BIOS 后才能使硬盘上的程序正常工作。由于 BIOS 是存储在只读存储器（即 BIOS 芯片）中的，因此它只能读取不能修改，且断电后仍能保持数据不丢失。

1. BIOS 的基本功能

BIOS 的功能主要包括中断服务程序、系统设置程序、开机自检程序和系统启动自举程序 4 项，但经常使用到的只有后面 3 项。

- 中断服务程序：BIOS 中断服务程序实质上是指计算机系统中软件与硬件之间的一个接口。操作系统中对软盘、硬盘、光驱、键盘和显示器等外围设备的管理，都是建立在 BIOS 基础上的。
- 系统设置程序：计算机在对硬件进行操作前必须先知道硬件的配置信息，这些配置信息存放在一块可读写的 CMOS RAM 芯片中，而 BIOS 中的系统设置程序主要用来设置 CMOS RAM 中的各项硬件参数，这个设置 CMOS 参数的过程称为 BIOS 设置。
- 开机自检程序（POST）：在按下计算机电源开关后，POST（Power On Self Test，自检）程序将检查各个硬件设备是否工作正常。自检包括对 CPU、640KB 基本内存、1MB 以上的扩展内存、ROM、主板、CMOS 存贮器、串并口、显示卡、软/硬盘子系统及键盘进行测试，一旦在自检过程中发现问题，系统将给出提示信息或鸣笛警告。
- 系统启动自举程序：系统在完成 POST 自检后，BIOS 将先按照 CMOS 中保存的启动顺序来搜寻软硬盘驱动器、光盘驱动器和网络服务器等有效的启动驱动器，然后读入操作系统引导记录，再将系统控制权交给引导记录，最后由引导记录来完成系统的启动。

2. BIOS 的类型

对于 BIOS，通常按功能和品牌进行分类。

（1）按照功能分类

按照功能分类，BIOS 主要有以下两种：

- 普通 BIOS：普通 BIOS 主要是指应用在主板上的 ROM BIOS。

> **提示** 随着计算机技术的发展而不断变化，前后主要出现 3 种类型的普通 BIOS，分别为支持 DOS 操作系统的 BIOS；支持 PnP（即插即用设备）的 BIOS；支持网络应用的 BIOS。

- 扩充 BIOS：扩充 BIOS 是指除普通 BIOS 以外的其他 BIOS。这类 BIOS 有其特殊作用，主要包括硬盘 BIOS（负责硬盘的启动和数据的存取）和显卡 BIOS 或视频 BIOS（被应用于显示卡或视频卡上，通过这种 BIOS 可完成显卡与主板间信息的快速传递）两种。

（2）按照品牌分类

目前市面上的主流 BIOS 品牌有以下两种：

- AMI BIOS：AMI BIOS 是 AMI 公司生产的 BIOS，最早开发于 20 世纪 80 年代中期，占据了早期台式计算机的市场。286 和 386 计算机大多采用该 BIOS，它具有即插即用、绿色节能和 PCI 总线管理等功能。如图 4-1 所示为一块 AMI BIOS 芯片，如图 4-2 所示为 AMI BIOS 开机自检画面。

图 4-1 AMI BIOS 芯片

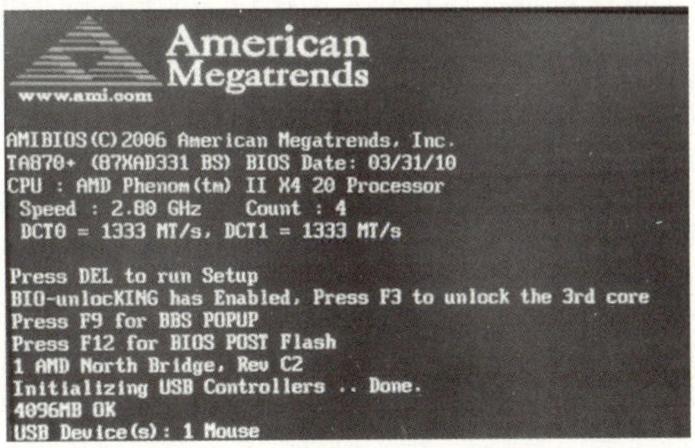

图 4-2 AMI BIOS 开机自检画面

- Phoenix-Award BIOS：Phoenix 与 Award 已合并成为一家公司，目前新配置的计算机大多使用 Phoenix-Award BIOS，其功能和界面与 Award BIOS 基本相同，只是标识的名称代表了两家生产厂家，因此可以将 Phoenix-Award BIOS 当做新版本的 Award BIOS。如图 4-3 所示为一块 Phoenix-Award BIOS 芯片，如图 4-4 所示为 Phoenix-Award BIOS 开机自检画面。

图 4-3 Phoenix-Award BIOS 芯片

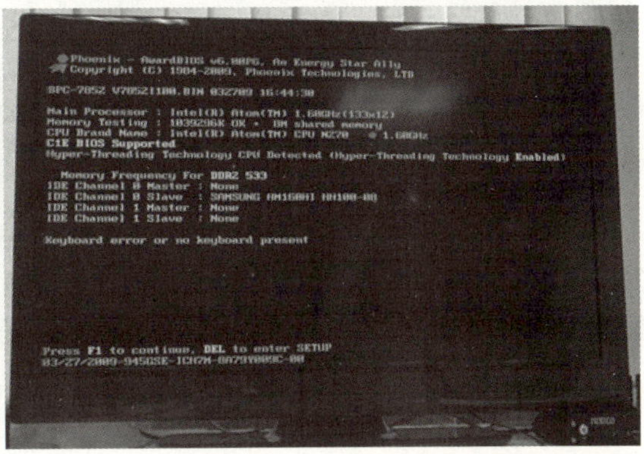

图 4-4 Phoenix-Award BIOS 开机自检画面

3. BIOS 与 CMOS 的区别

CMOS（Complementary Metal-Oxide Semiconductor，互补金属氧化物半导体）是一种用于制造集成电路芯片的原料。在计算机中，CMOS 是主板上的一块可读写、可修改的 RAM（Random Access Memory，随机存储器）芯片，常被称为 CMOS RAM，其本身只是一块存储器，具有数据保存功能，用于存储系统的硬件配置和用户对某些参数的设置。

CMOS 由主板上的纽扣电池（通常称为 CMOS 电池）供电，在切断外部电源后，CMOS 电池仍会继续供电给 CMOS，其中的数据不会丢失。

计算机系统在加电引导时通过读取 CMOS 中的信息初始化计算机各个设备的状态，从而使各硬件正常地工作。如果要更改 CMOS 中的参数，就必须使用前面提到的 BIOS 中的系统设置程序进行设置。CMOS 是系统存放参数的场所，而 BIOS 中的系统设置程序是完成 CMOS 参数设置的手段。因此，准确的说法是通过 BIOS 设置程序对 CMOS 参数进行设置，并将设置结果保存在 CMOS 芯片中，而 BIOS 设置与 CMOS 设置两种说法其实是相同的。

4．BIOS 的基本操作

BIOS 的基本操作包括进入 BIOS 设置程序和在 BIOS 设置程序中进行操作两项。

（1）进入 BIOS

不同的 BIOS 其进入方法有所不同，常见方法有以下两种：

- Phoenix-Award BIOS：按“Delete”键，有屏幕提示。
- AMI BIOS：按“Delete”或“Esc”键，有屏幕提示。

（2）认识 BIOS 主界面

进入 BIOS 设置程序后，显示的画面称为 BIOS 的设置窗口（也称为 CMOS 主菜单）。虽然不同厂商设置界面的格式和内容不尽相同，但基本的设置项目和使用方法类似。如图 4-5 所示是典型的 AMI BIOS 和 Phoenix-Award BIOS 的设置窗口。

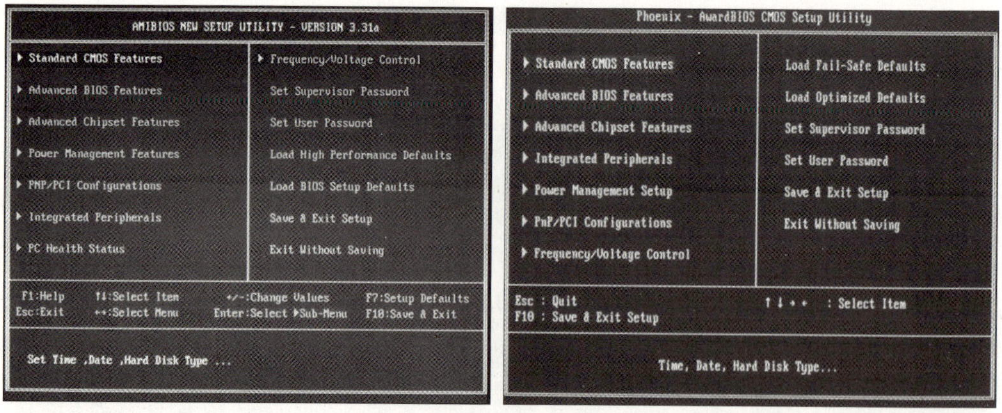

图 4-5　BIOS 设置窗口

（3）BIOS 中的操作

进入 BIOS 设置窗口后，可按以下的快捷键进行操作：

- “←”、“→”、“↑”和“↓”键：用于在各设置选项间切换和移动。
- “+”或“Page Up”键：用于切换选项设置递增值。
- “－”或“Page Down”键：用于切换选项设置递减值。
- “Enter”键：确认执行和显示选项的所有设置值并进入选项子菜单。
- “F1”或“Alt + H”键：弹出帮助（help）窗口，并显示说明所有功能键。
- “F5”键：用于载入选项修改前的设置值（即上一次设置的值）。
- “F6”键：用于载入选项的默认值（即最安全的设置值）。
- “F7”键：用于载入选项的最优化默认值。
- “F10”键：用于保存并退出 BIOS 设置。
- “Esc”键：回到前一级画面或主画面，或从主画面中结束设置程序。按此键也可不保存设置直接要求退出 BIOS 程序。

> **提示** 由于 BIOS 设置程序都是英文显示，对于英文水平不是很高的用户来说，应该参照主板相关的中文说明书来进行设置。

操作二　设置系统日期与时间

◆ 实例目标

本例要求在 Phoenix-Award BIOS 的设置界面中调整系统时间，通过本例的操作，了解在 BIOS 中设置系统日期和时间的相关操作。

◆ 操作步骤

（1）启动计算机，并按住“Delete”键不放，直到进入 BIOS 设置主界面。通过按方向键选择“Standard CMOS Features”选项后按“Enter”键，如图 4-6 所示。

（2）在打开界面中的“Date”选项和“Time”选项中通过按“Page Up”和“Page Down”键调整系统的日期和时间，如图 4-7 所示。

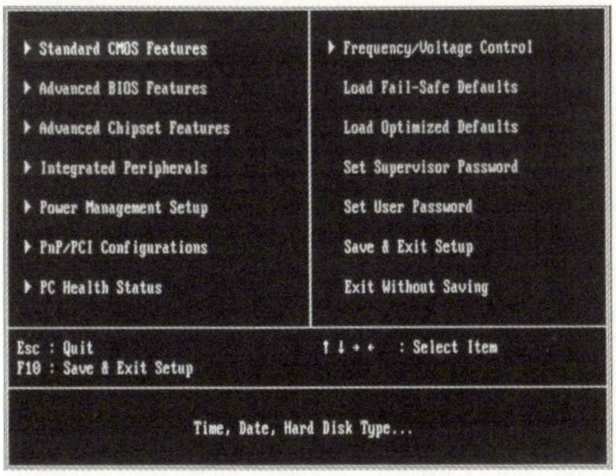

图 4-6　选择“Standard CMOS Features”选项

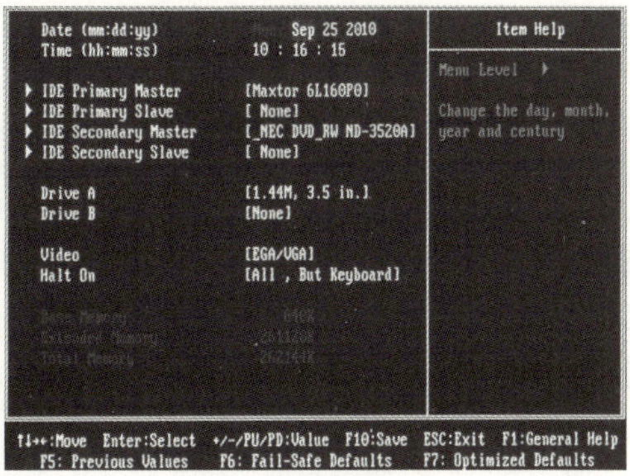

图 4-7　设置日期和时间

（3）按“F10”键，在弹出的“Save & Exit Setup”提示对话框中按“Y”键后，再按“Enter”键，保存并退出 BIOS 设置。

操作三　设置系统启动顺序

◆ 实例目标

本例要求将 BIOS 中最优先的引导顺序设置为光驱，通过本例的操作，了解将光驱设置为第一引导驱动器的相关操作。

◆ 操作步骤

（1）在 BIOS 设置主界面中，选择“Advanced BIOS Features”选项，再按“Enter”

键，如图 4-8 所示。

（2）在打开的设置界面中，选择“First Boot Device”选项并按“Enter”键，在弹出的提示框中选择“CDROM”选项，然后按“Enter”键，如图 4-9 所示。

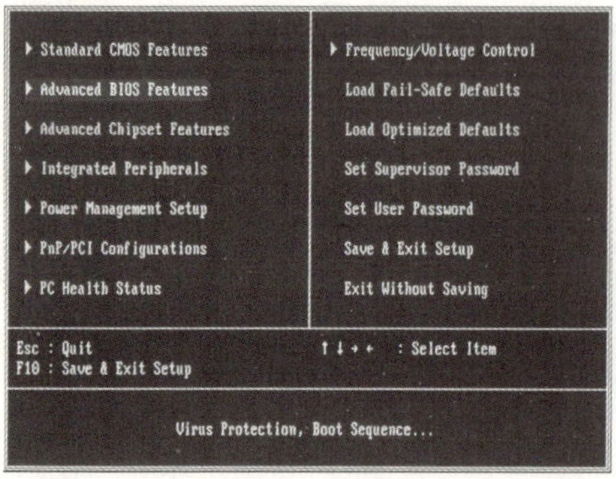

图 4-8　选择“Advanced BIOS Features”选项

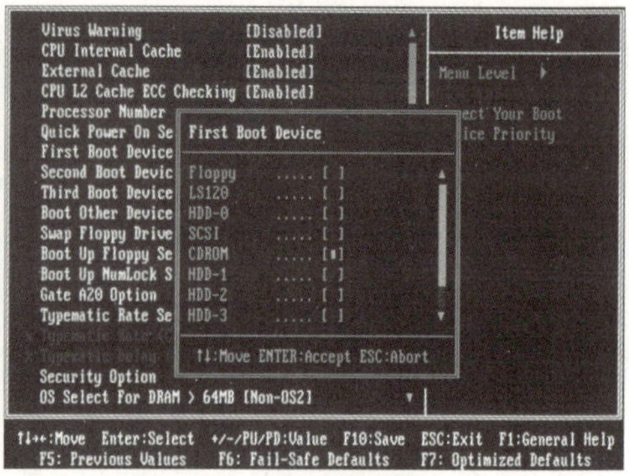

图 4-9　选择“CDROM”选项

（3）按“F10”键，在弹出的提示对话框中按“Y”键后，再按“Enter”键保存并退出 BIOS 设置。

提示　在弹出的提示框中，“Floppy”选项表示软盘驱动器；“LS120”选项表示 LS120 软盘驱动器；“HDD-0、HDD-1、HDD-2……”选项表示硬盘；“SCSI”选项表示 SCSI 设备；“USB”选项表示 USB 设备。

操作四　启动病毒防护功能

◆ 实例目标

由于某些计算机病毒会破坏主板 BIOS 程序，因此，现在大多数主板的 BIOS 都提供了病毒防范功能，以防范病毒的入侵。本例要求在 BIOS 设置中启动病毒防护功能，通过本例的操作，了解在 BIOS 中启动病毒防护功能的相关操作。

◆ 操作步骤

（1）在 BIOS 设置主界面中，选择“Advanced BIOS Features”选项并按“Enter”键，如图 4-10 所示。

（2）进入高级 BIOS 设置界面，选择“Virus Warning”选项并按“Enter”键，在弹出的提示框中选择“Enabled”选项，然后按“Enter”键，如图 4-11 所示。

（3）按“F10”键，在弹出的提示对话框中按“Y”键后，再按“Enter”键即可保存并退出 BIOS 设置。

提示　启动 BIOS 的病毒防护功能后，任何企图修改系统引导扇区或硬盘分区表的动作都会使系统暂停并出现错误信息，这时可以使用杀毒软件进行检测并清除病毒。

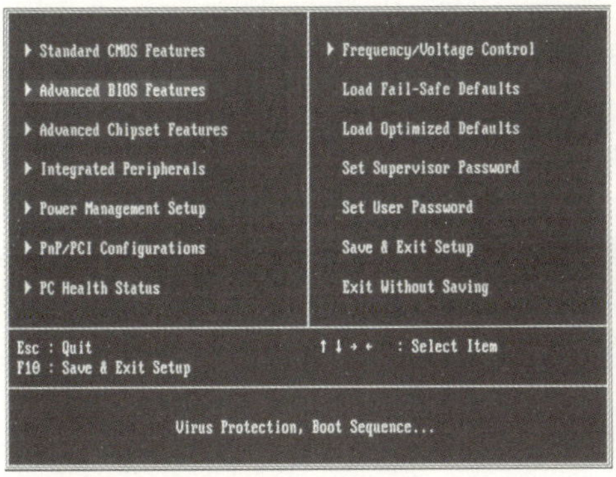

图 4-10　选择“Advanced BIOS Features”选项

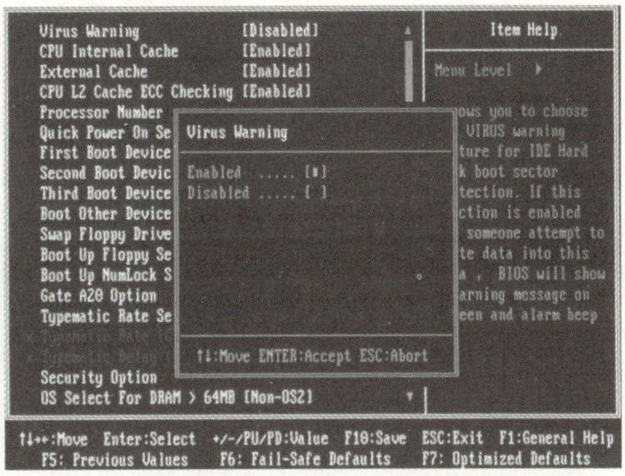

图 4-11　启动病毒报警功能

提示　在 BIOS 设置中，设置“Enabled”表示该功能启动或正在运行；“Disabled”表示关闭或不能运行。

操作五　设置 CPU 报警温度

◆ 实例目标

本例要求在 BIOS 中设置 CPU 的报警温度和保护温度，通过本例的操作，了解设置 CPU 报警温度的相关操作。

◆ 操作步骤

（1）在 BIOS 设置主界面中选择“PC Health Status”选项，再按“Enter”键，如图 4-12 所示。

（2）打开如图 4-13 所示的设置界面，选择需要的温度范围值，一般设置为高于环境温度 30°左右为宜。

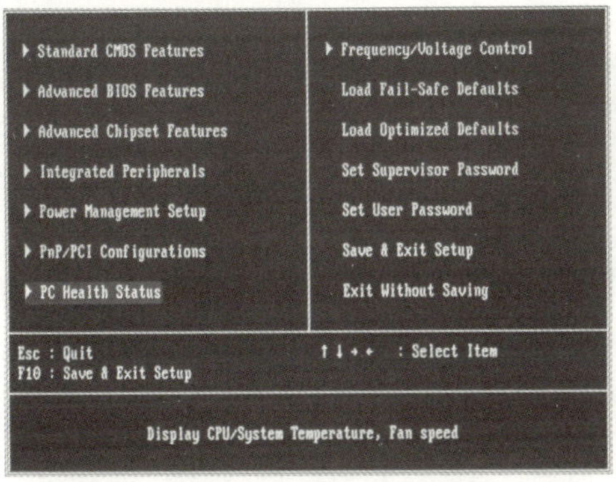

图 4-12　选择“PC Health Status”选项

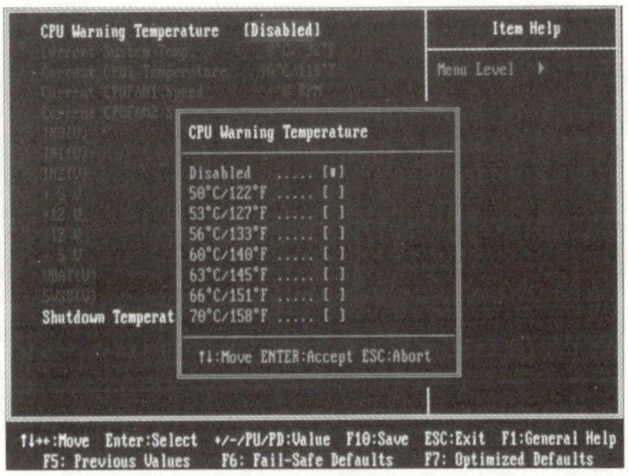

图 4-13　设置报警温度

（3）按“F10”键，在弹出的提示对话框中按“Y”键，再按“Enter”键保存并退出。

（4）在启动计算机时将显示 CPU 的温度、电压和风扇的转速等参数，如图 4-14 所示。

提示 若在使用计算机的过程中 CPU 的温度超过设定值，将发出“嘀嘀……”报警声以提醒用户，或弹出如图 4-15 所示的红色警告框。

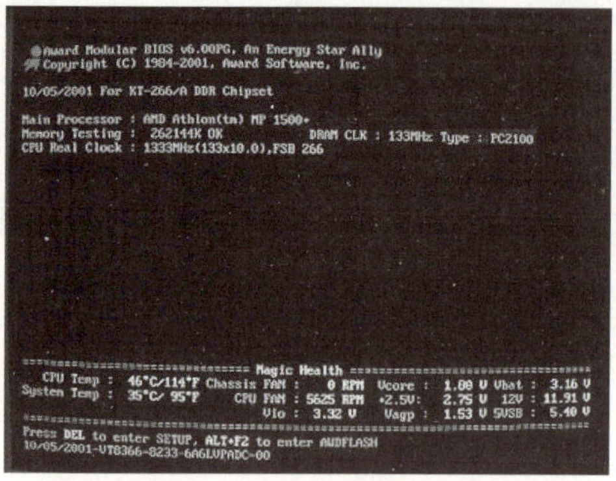

图 4-14 开机温度测试

图 4-15 温度报警

操作六 设置 BIOS 密码

◆ 实例目标

本例要求在 BIOS 中设置开机密码，通过本例的操作，了解设置 BIOS 密码的相关操作。

◆ 操作步骤

（1）在 BIOS 设置主界面中，选择“Advanced BIOS Features”选项并按“Enter”键，如图 4-16 所示。

（2）在“Advanced BIOS Features”设置界面中选择“Security Option”选项并按“Enter”键，在弹出的提示框中选择“System”选项，按“Enter”键确认选择，如图 4-17 所示。

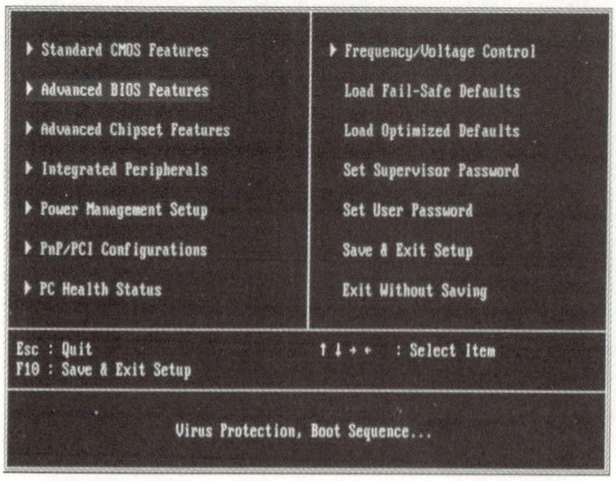

图 4-16 选择“Advanced BIOS Features”选项

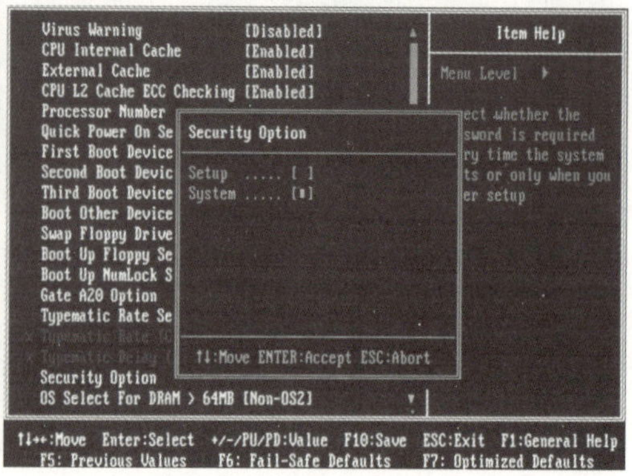

图 4-17 设置密码应用范围

> **提示**　在设置 BIOS 密码前需要在“Advanced BIOS Features”设置界面中通过“Security Option”选项中设置 BIOS 密码的应用范围，通常“System”选项表示开机密码。另外，不同的 BIOS，设置应用范围的选项可能会不同。

（3）按“Esc”键返回 BIOS 设置主界面中，选择“Set Supervisor Password”选项，按“Enter”键，在弹出的对话框中输入开机密码，然后按“Enter”键，如图 4-18 所示。

（4）在弹出的对话框中再一次输入密码以确认，如图 4-19 所示。

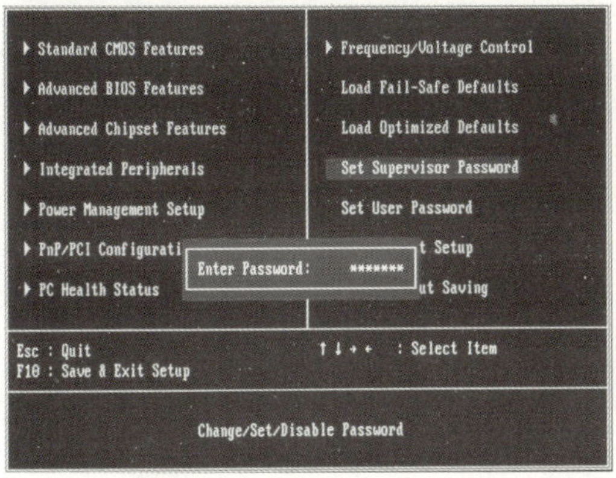

图 4-18　设置开机密码

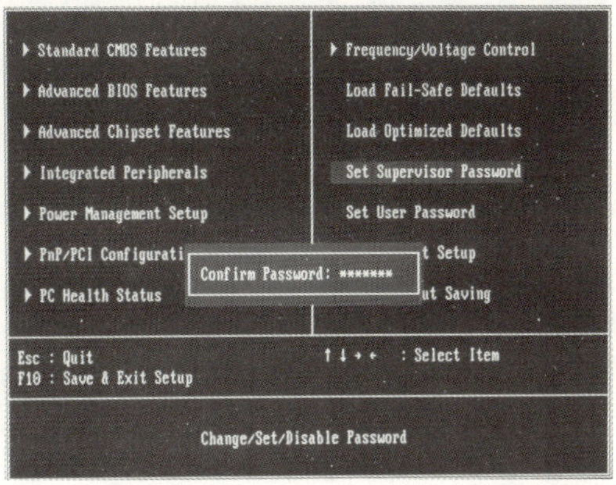

图 4-19　确认密码

（5）设置完成后按“F10”键，在弹出的提示对话框中按“Y”键，再按“Enter”键保存设置。当用户下次开机后会提示需要输入用户密码，进入 BIOS 界面时，同样会弹出对话框要求输入密码。

> **提示**　在设置了 BIOS 密码后，如需要删除密码或更改密码，则必须先用用户密码进入 BIOS 设置主界面，在“Set Supervisor Password”选项或“Set User Password”选项上连续按 3 次“Enter”键即可删除密码；更改密码的操作过程与设置密码的操作相同。

操作七　载入安全缺省设置

◆ 实例目标

BIOS 中的安全缺省设置可以快速关闭计算机中大部分硬件的高级性能，使系统工作处在一种低性能的工作模式下，从而减少因硬件设备引起的故障。本例将在 BIOS 中载入安全缺省设置，通过本例的操作，了解载入 BIOS 安全缺省设置的相关操作。

◆ 操作步骤

（1）在 BIOS 设置主界面中，选择“Load Fail-Safe Defaults”选项并按“Enter”键，如图 4-20 所示。

（2）弹出如图 4-21 所示对话框，按“Y”键或“Enter”键载入 BIOS 的默认安全缺省设置。

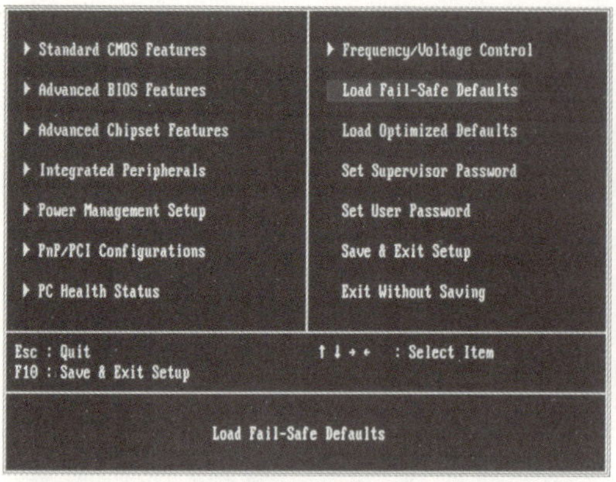

图 4-20　选择“Load Fail-Safe Defaults”选项

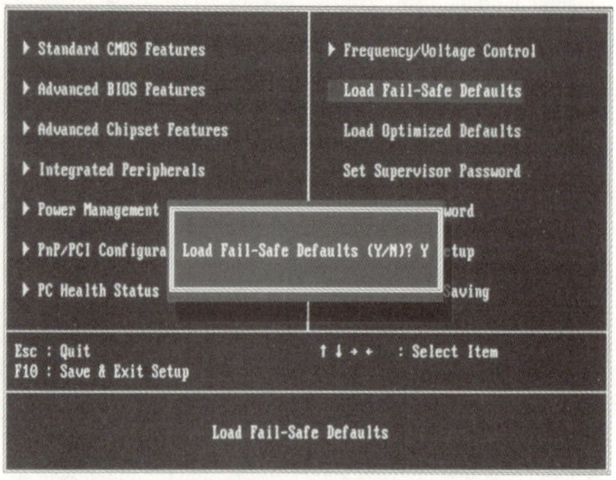

图 4-21　确认载入

操作八　载入优化设置

◆ 实例目标

BIOS 设置中的优化设置可将当前 BIOS 设置更改为针对该主板的优化方案，使计算机在最佳状态下运行。本例将在 BIOS 中载入优化设置，通过本例的操作，了解载入 BIOS 优化设置的相关操作。

◆ 操作步骤

（1）在 BIOS 设置主界面中，选择“Load Optimized Defaults”选项并按“Enter”键，如图 4-22 所示。

（2）弹出如图 4-23 所示对话框，按“Y”键或“Enter”键载入 BIOS 的优化设置。

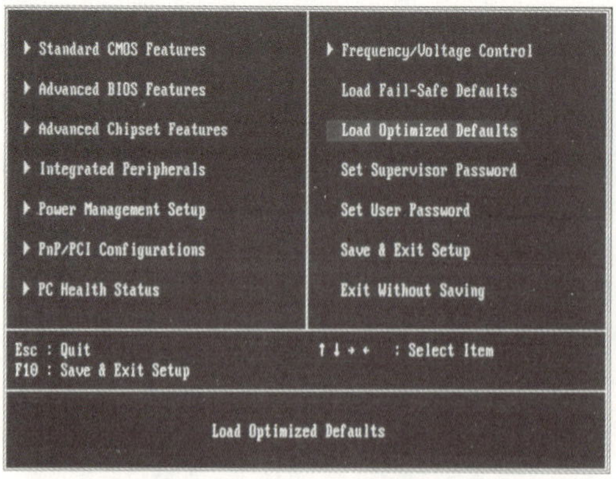

图 4-22　选择“Load Optimized Defaults”选项

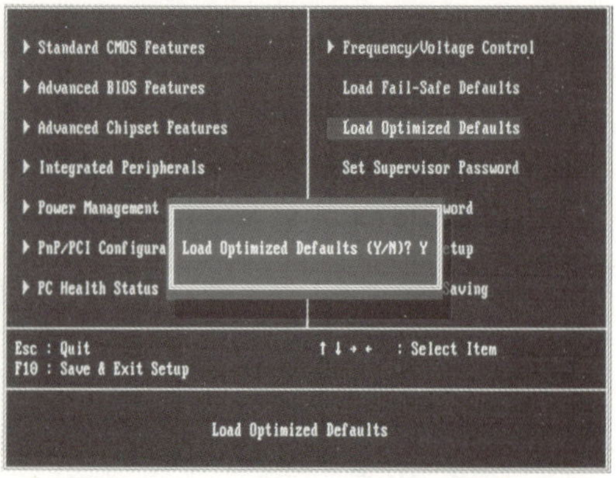

图 4-23　确认载入

操作九 保存与退出 BIOS

◆ 实例目标

本例将在 BIOS 中保存各种设置并退出 BIOS，通过本例的操作，了解保存并退出 BIOS 的相关操作。

◆ 操作步骤

（1）在 BIOS 设置主界面中，选择“Save & Exit Setup”（保存后退出）选项并按“Enter”键，在弹出的提示对话框中按“Y”键，如图 4-24 所示，再按“Enter”键即可保存并退出 BIOS。

（2）如果需要不保存设置并退出 BIOS，则选择“Exit Without Setup”（不保存退出）选项并按“Enter”键，在弹出的提示对话框中按“Y”键，如图 4-25 所示，再按“Enter”键即可不保存退出 BIOS。

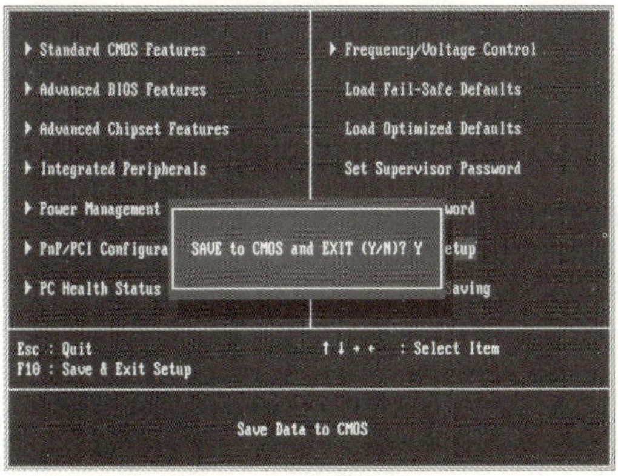

图 4-24 保存并退出

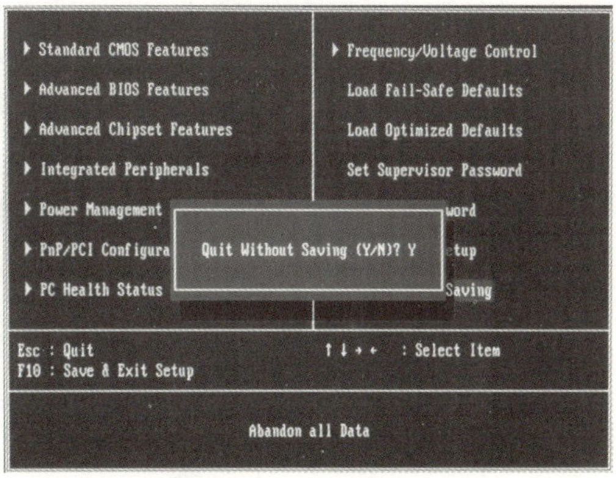

图 4-25 不保存退出

◆ 学习与探究

虽然 BIOS 程序不断更新，各种 BIOS 设置选项有一定的区别，但只要按一定的原则对其进行操作，就能正确地设置各选项的参数。BIOS 设置原则如下：

- 在对 BIOS 进行设置后，若系统出现严重错误，可使用“Load Fail-Safe Defaults”（安装失败后默认安全设置）选项使系统进入安全状态，并检查出错原因。
- 若出现多项 BIOS 设置错误，可使用“Load Optimized Defaults”（安装最优化默认设置）选项将系统设置为最佳工作模式。

在购买计算机主板时，随计算机主板都会附带有主板说明书，在说明书上会介绍该主板生产厂家的网站，在该网站上提供了可以下载的 BIOS 升级，或者指出主板精确型号与商家联系可否获得升级的 BIOS 程序。

在计算机启动时，主板上的 BIOS 芯片通常会发出报警声提示用户计算机是否正常，了解这些声音所代表的含义对于计算机的维护有重要的意义。以下是最常用的 Award BIOS

报警铃声及其含义：

- 1 短：系统正常启动。
- 2 短：常规错误，重新设置 BIOS 不正确的选项。
- 1 长 1 短：RAM 或主板出错，需要更换内存或主板。
- 1 长 2 短：显示器或显卡错误。
- 1 长 3 短：键盘控制器错误，需要检查主板。
- 不断地响（长声）：内存条未插紧或损坏，需要重插内存或者更换内存。
- 重复短响：电源出现问题。
- 不停地响：电源、显示器未和显示卡连接好，需要检查一下所有的插头。

任务二　硬盘分区及格式化

◆ 任务目标

对硬盘进行分区及格式化是计算机软件系统安装的前提，硬盘分区及格式化后可以更好地管理计算机中的文件。具体目标要求如下：

（1）了解硬盘分区的类型、文件系统格式及分区规划等基础知识。

（2）掌握用 PartitionMagic 对硬盘分区的方法。

（3）掌握用 PartitionMagic 对硬盘进行格式化的方法。

（4）掌握在 DOS 环境下对硬盘进行格式化的方法。

操作一　硬盘分区的基本知识

硬盘分区是指在一块物理硬盘上创建多个独立的逻辑单元，以提高硬盘利用率及实现数据的有效管理，这些逻辑单元即通常所说的 C 盘、D 盘和 E 盘等。下面就来了解硬盘分区的原因、原则、类型和文件格式等基础知识。

1. 分区的原因

对硬盘进行分区的原因主要有以下两个方面：

- 引导硬盘启动：新出厂的硬盘并没有进行分区激活，这使得计算机无法对硬盘进行读写操作，在硬盘分区时可以为其设置好各项物理参数，并指定硬盘的主引导记录及引导记录备份的存放位置。只有主分区中存在主引导记录，才可以正常引导硬盘启动，从而实现操作系统的安装及数据的读写。
- 方便管理：未进行分区前的新硬盘只具有一个原始分区，虽然这一个分区也可以存储文件及安装软件，但随着硬盘容量越来越大，这一做法会使硬盘中的数据变得没有条理性，对计算机性能的发挥也相当不利。因此有必要对硬盘空间进行合理分配，将硬盘划分为几个容量较小的分区。

2. 分区的原则

在对硬盘进行分区时不可盲目分配，需按照一定的原则来完成分区操作。分区的原则一般包括合理分区、实用为主和根据操作系统的特性分区。

- 合理分区：合理分区是指分区数量要合理，不可太多，过多的分区数量，将降低系统启动及读写数据的速度，并且也不方便磁盘管理。
- 实用为主：用户应根据自己的实际需要来决定每个分区的容量大小，每个分区都必须有专门的用途，而且该分区只能用来存储相关的数据。这种做法可以使各个分区之间的数据相互独立，不易产生混淆。
- 根据操作系统的特性分区：操作系统具有一定的局限性，即同一种操作系统不能支持全部类型的分区格式，因此，在分区时应考虑将要安装何种操作系统，以便能作合理安排。

3. 分区的类型

分区类型是在最早的 DOS 操作系统中出现的，其作用主要是为了描述各个分区之间的关系。分区类型主要包括主分区、扩展分区与逻辑分区。

- 主分区：是硬盘上最重要的分区。在一个硬盘上最多能有 4 个主分区存在，但只能有一个主分区是激活的。主分区被系统默认分配为 C 盘。
- 扩展分区：主分区外的其他分区统称为扩展分区。
- 逻辑分区：逻辑分区是从扩展分区中分配的，只有逻辑分区的文件格式与操作系统兼容，操作系统才能访问它。逻辑分区的盘符默认从 D 盘开始（前提条件是硬盘上只存在一个主分区）。

4. 分区的文件格式

硬盘的分区格式决定了操作系统的兼容性及硬盘读写性能的差异。常用的分区文件格式有 FAT32 与 NTFS。

- FAT32：是硬盘分区的主要文件格式，在分区容量小于 8GB 时每簇的容量为 4KB，从而减小了单个文件占用的磁盘空间，同时支持的分区容量更大。除 Windows 95 和 Windows NT 操作系统外，其余 Windows 操作系统都支持这种分区的文件格式。
- NTFS：是目前最新的一种文件格式，该分区占用的簇更小，支持的分区容量更大，并且还引入了一种文件恢复机制，可最大限度地保证数据安全。Windows NT、Windows 2000、Windows XP、Windows 2003、Windows Vista 和 Windows 7 操作系统都支持这种分区的文件格式。

操作二 用 PartitionMagic 对硬盘分区

◆ 实例目标

PartitionMagic 是目前使用最普遍的一款分区软件，它可以在不损失硬盘中已有数据的前提下，对硬盘进行调整磁盘分区容量、合并磁盘分区、格式化磁盘分区和转换磁盘分区格式等操作。本例要求用 PartitionMagic 对硬盘进行分区，通过本例的操作，了解硬盘分区的相关操作。

◆ 操作步骤

（1）将 PartitionMagic 程序光盘放入光驱中，然后启动计算机，打开如图 4-26 所示的界面，在其中即可看到计算机中所有的硬盘。

（2）在界面窗口中选择需要分区的硬盘，单击鼠标右键，在弹出的快捷菜单中选择“调整大小/移动”命令，如图 4-27 所示。

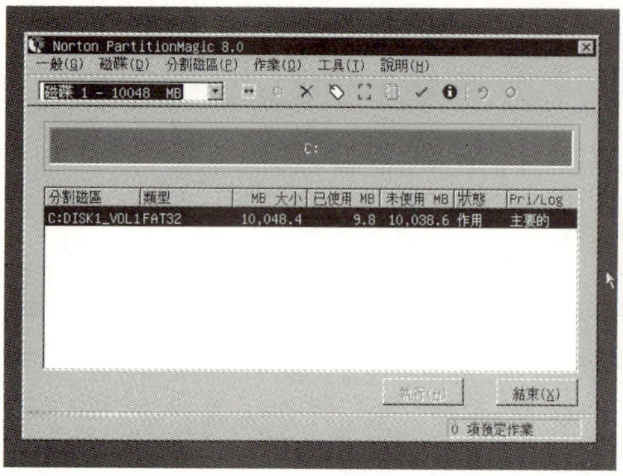

图 4-26　启动 PartitionMagic

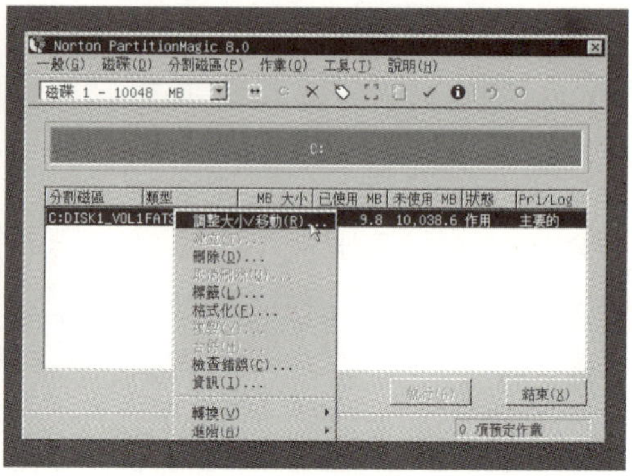

图 4-27　选择命令

（3）弹出“调整分割磁区大小/移动分割磁区”对话框，在其中的“释放之后的空间”数值框中输入扩展分区的大小，单击“确定”按钮，如图 4-28 所示。

（4）返回 PartitionMagic 主界面，可以看到创建的扩充分区，在其上单击鼠标右键，在弹出的快捷菜单中选择“建立”命令，如图 4-29 所示。

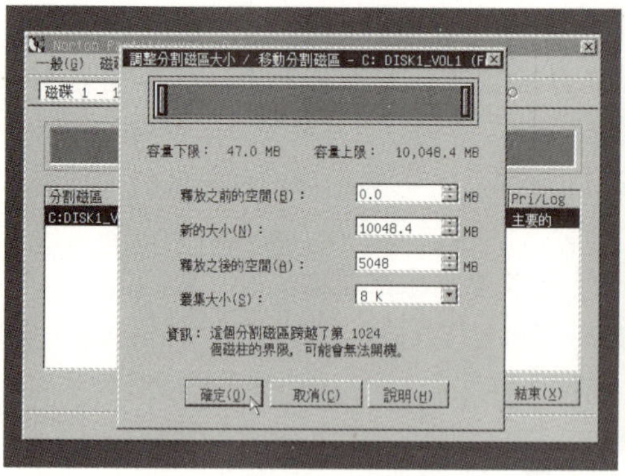

图 4-28　划分扩展分区

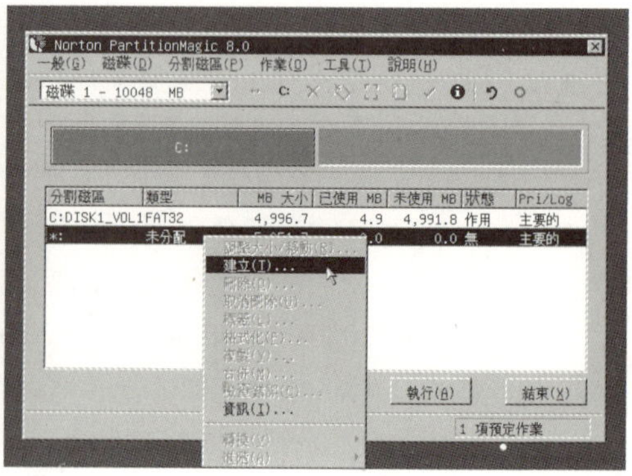

图 4-29　选择命令

> **提示**　PartitionMagic 程序自带了鼠标驱动，因此在设置时可使用鼠标操作。

（5）弹出“建立分割磁区”对话框，在其中的“建立为”下拉列表框中选择“逻辑分割磁区”选项，单击“确定”按钮，如图 4-30 所示。

（6）返回 PartitionMagic 主界面，可以看到创建的逻辑分区，在其上单击鼠标右键，在弹出的快捷菜单中选择“调整大小/移动”命令，如图 4-31 所示。

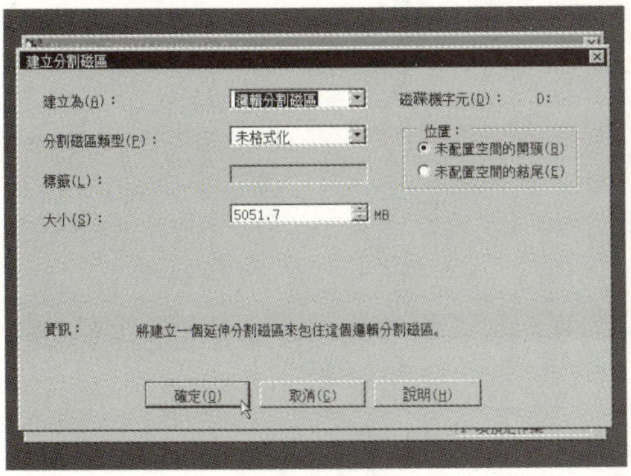

图 4-30　划分逻辑分区

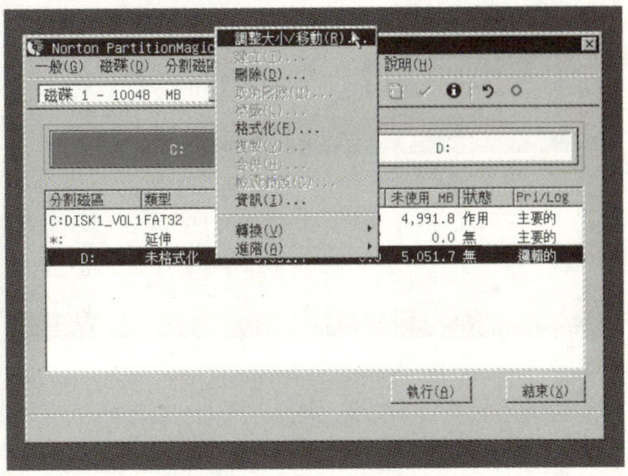

图 4-31　选择命令

（7）弹出“调整分割磁区大小/移动分割磁区-D”对话框，在其中的“释放之后的空间”数值框中输入 D 盘外另一个分区的大小，单击“确定”按钮，如图 4-32 所示。

（8）返回 PartitionMagic 主界面，可以看到创建的另外一个逻辑分区，如图 4-33 所示。

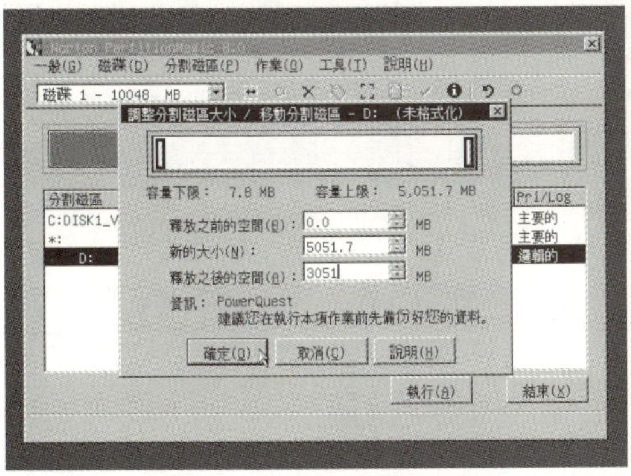

图 4-32　再次划分逻辑分区

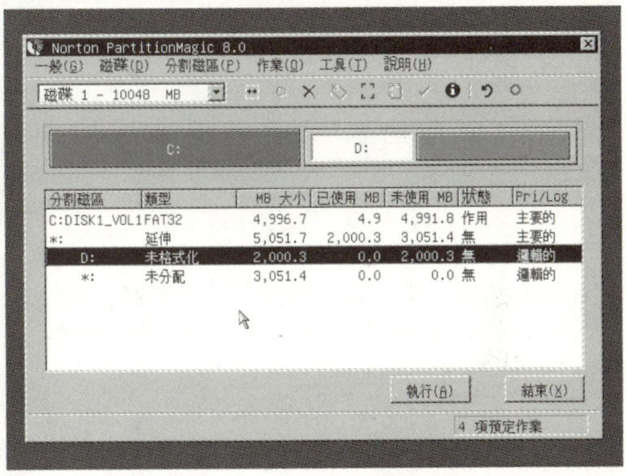

图 4-33　划分后的效果

（9）选择创建的逻辑分区，在其上单击鼠标右键，在弹出的快捷菜单中选择“建立”命令，如图 4-34 所示。

（10）弹出“建立分割磁区”对话框，在其中的“建立为”下拉列表框中选择“逻辑分割磁区”选项，单击“确定”按钮，如图 4-35 所示。

（11）返回 PartitionMagic 主界面，可以看到创建的所有分区，单击“执行”按钮，弹出“执行变更”提示框，单击“是”按钮，如图 4-36 所示。

（12）弹出“批次程序”对话框，在其中执行所有的操作并显示进程，如图 4-37 所示。

（13）完成后，在“批次程序”对话框中显示已完成所有作业，单击“确定”按钮，如图 4-38 所示。

（14）返回 PartitionMagic 主界面，单击“结束”按钮，完成硬盘分区的所有操作，如图 4-39 所示。

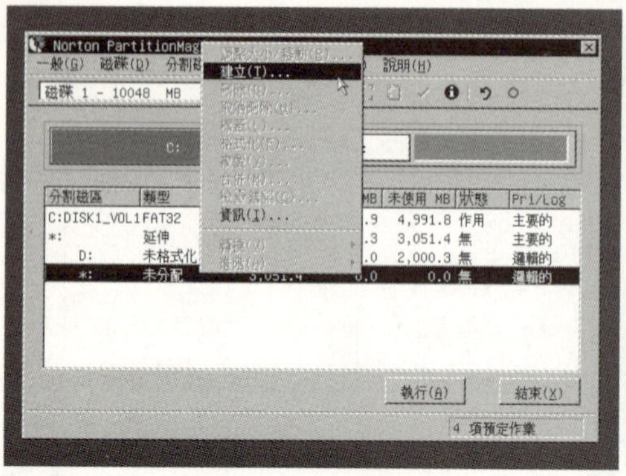

图 4-34　选择命令

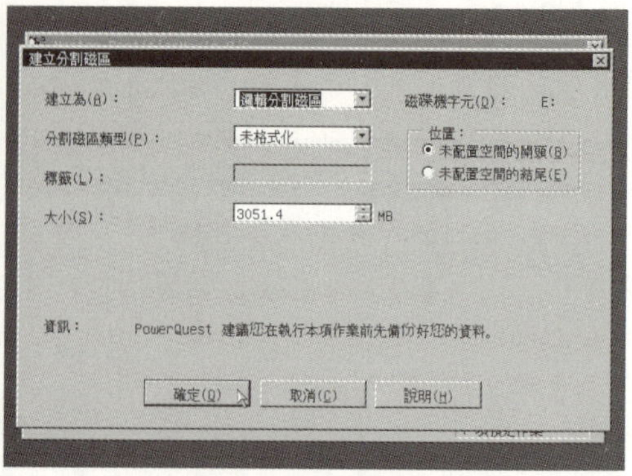

图 4-35　创建逻辑分区

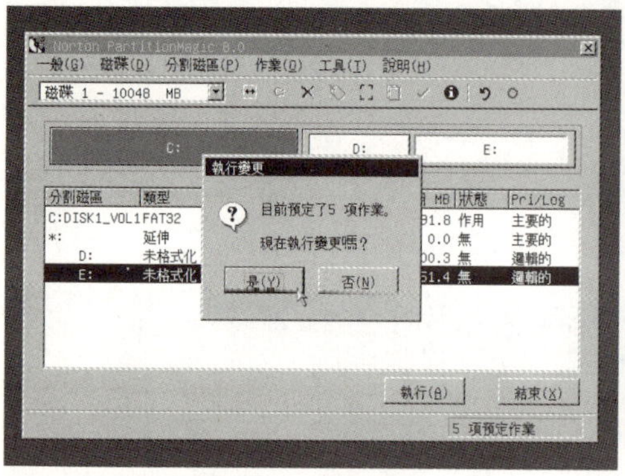

图 4-36　执行操作

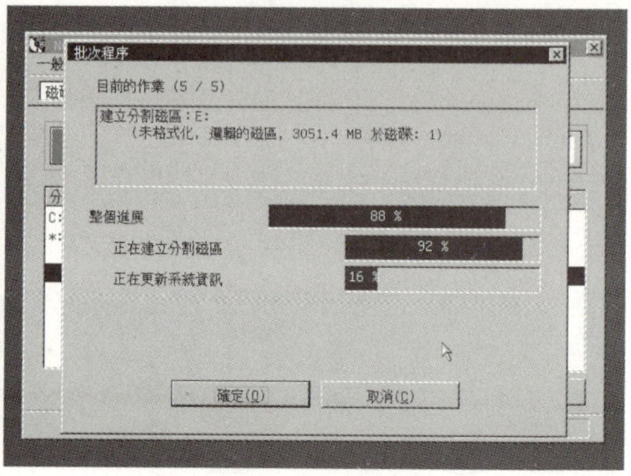

图 4-37　操作进程

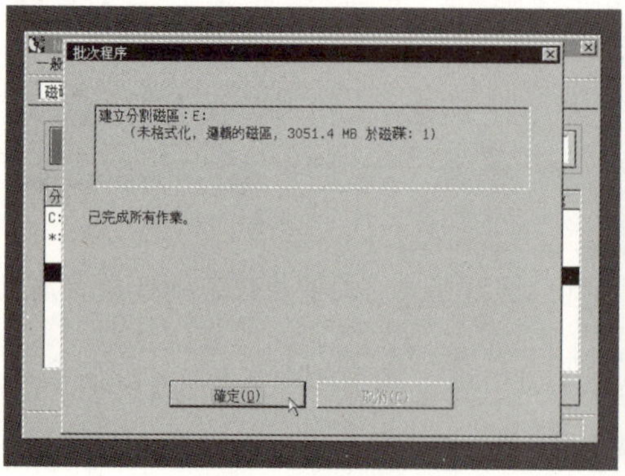

图 4-38　完成操作

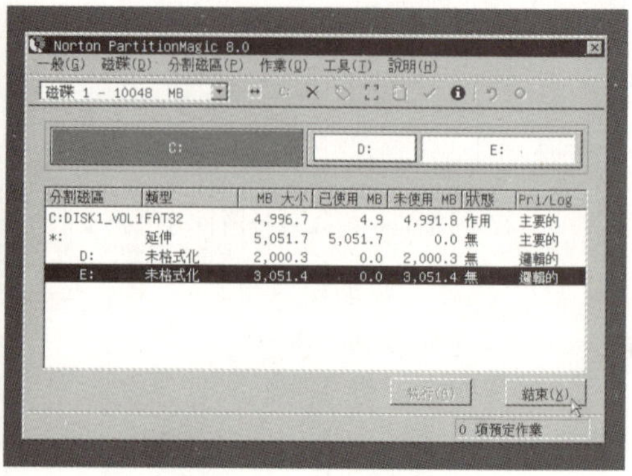

图 4-39　完成硬盘分区

操作三　用 PartitionMagic 格式化硬盘

◆ 实例目标

硬盘格式化是指对创建的分区进行初始化，并确定数据的写入区，只有经过格式化的分区，才可以安装软件及存储数据，而对于已存储数据的分区来说，格式化操作将会清除其中的所有内容。本例要求使用 PartitionMagic 对划分好的硬盘分区进行格式化，通过本例的操作，了解格式化硬盘的相关操作。

> **提示** 格式化分为低级格式化与高级格式化两种：低级格式化又叫物理格式化，它将空白的磁盘划分出柱面和磁道，再将磁道划分为若干个扇区，硬盘在出厂时已经过低级格式化；高级格式化只是重置硬盘分区表，对硬盘的柱面、磁道与扇区并不做改动，只清除硬盘上的数据。通常所说的格式化都是指对硬盘进行高级格式化。

◆ 操作步骤

（1）将 PartitionMagic 程序光盘放入光驱中，然后启动计算机，打开 PartitionMagic 主界面，先选择划分好的主分区，单击鼠标右键，，在弹出的快捷菜单中选择“格式化”命令，如图 4-40 所示。

（2）弹出“格式化分割磁区”对话框，在“分割磁区类型”下拉列表框中选择该分区的文件格式类型，在“标签”文本框中输入该分区的名称，然后在“请输入‘ok’以确认分割磁区格式”文本框中输入“ok”，单击“确定”按钮，如图 4-41 所示。

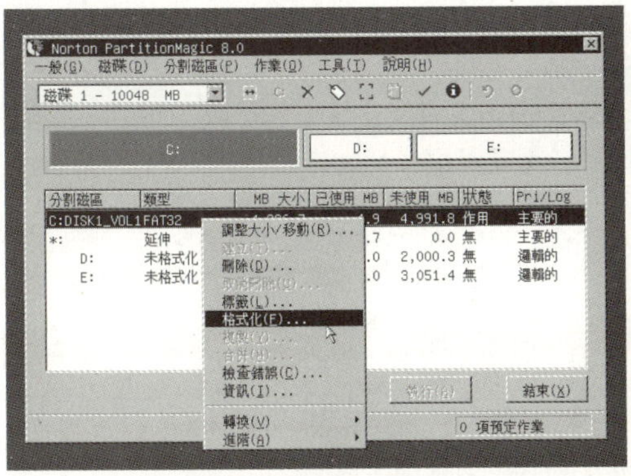

图 4-40　选择主分区

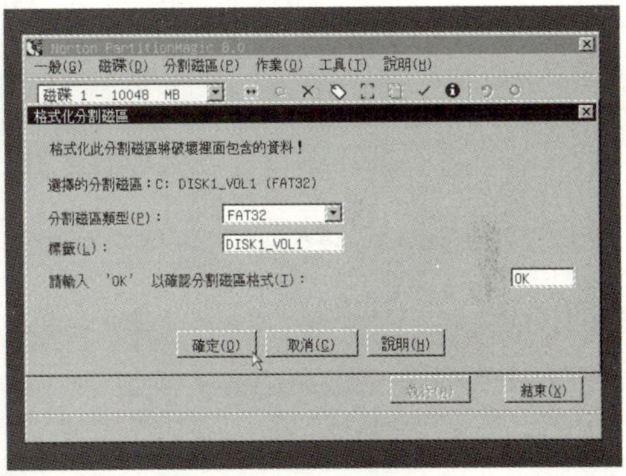

图 4-41　格式化设置

（3）返回 PartitionMagic 主界面，选择划分好的逻辑分区，单击鼠标右键，在弹出的快捷菜单中选择“格式化”命令，如图 4-42 所示。

（4）弹出“格式化分割磁区”对话框，在“分割磁区类型”下拉列表框中选择该分区的文件格式类型，在“标签”文本框中输入该分区的名称，然后在“请输入‘ok’以确认分割磁区格式”文本框中输入“ok”，单击“确定”按钮，如图 4-43 所示。

（5）用同样的方法将另外一个逻辑分区格式化，如图 4-44 所示。

（6）返回 PartitionMagic 主界面，可以看到格式化后的所有分区，单击“执行”按钮，弹出“执行变更”提示框，单击“是”按钮，如图 4-45 所示。

（7）弹出“批次程序”对话框，在其中执行所有的操作，并显示操作进程，如图 4-46 所示。

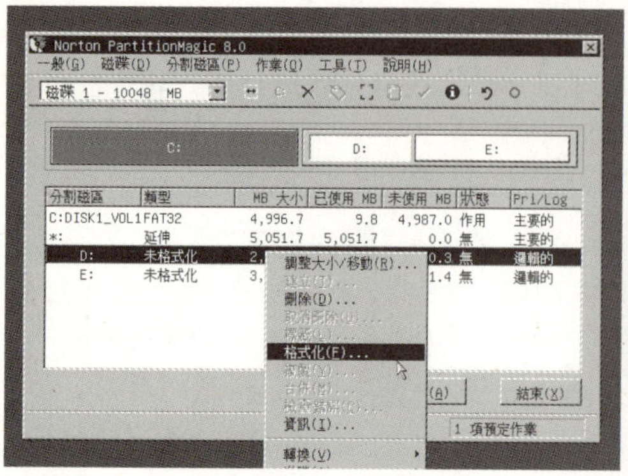

图 4-42　选择逻辑分区

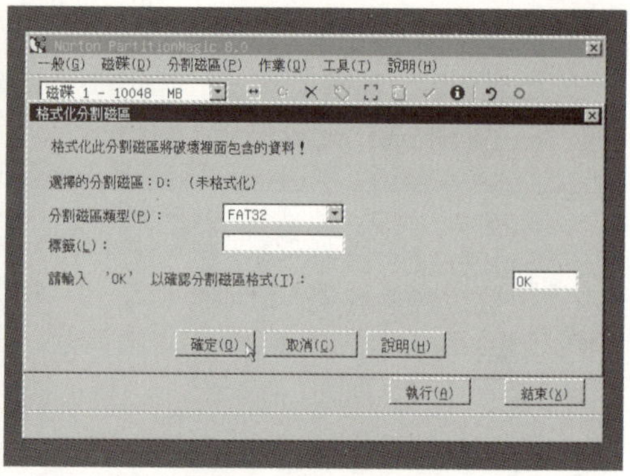

图 4-43　格式化设置

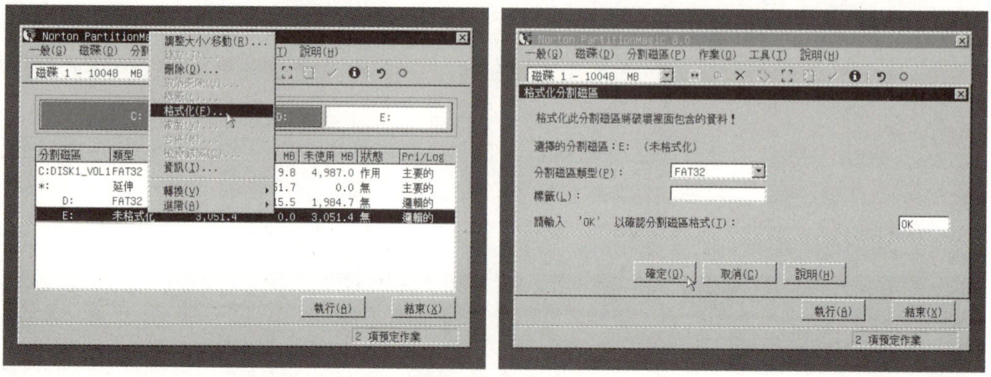

图 4-44　格式化另外一个逻辑分区

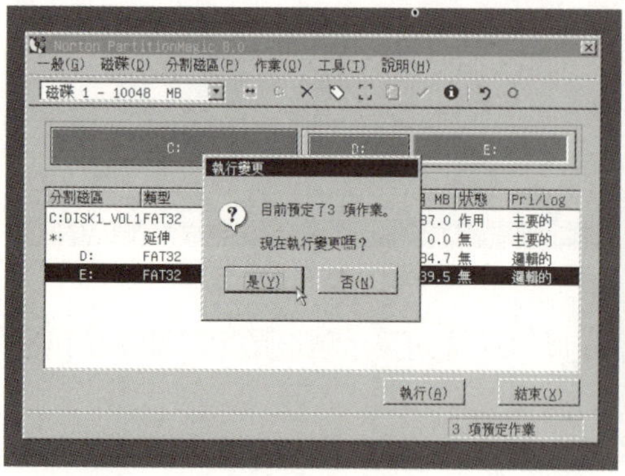

图 4-45　执行操作

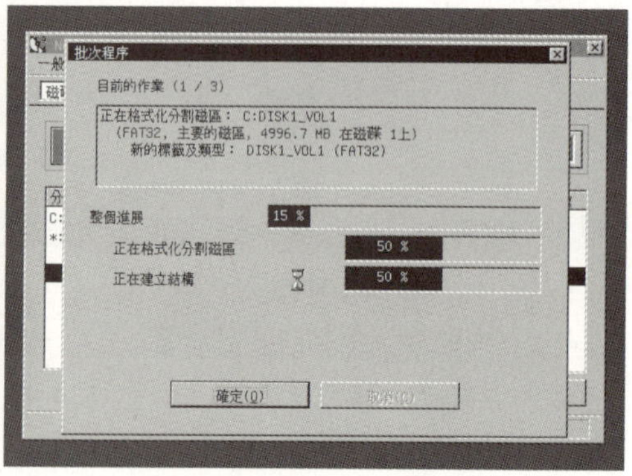

图 4-46　操作进程

（8）完成后，在“批次程序”对话框中显示已完成所有作业，单击“确定”按钮，如图 4-47 所示。

（9）返回 PartitionMagic 主界面，单击“结束”按钮，完成硬盘各分区格式化的所有操作，如图 4-48 所示。

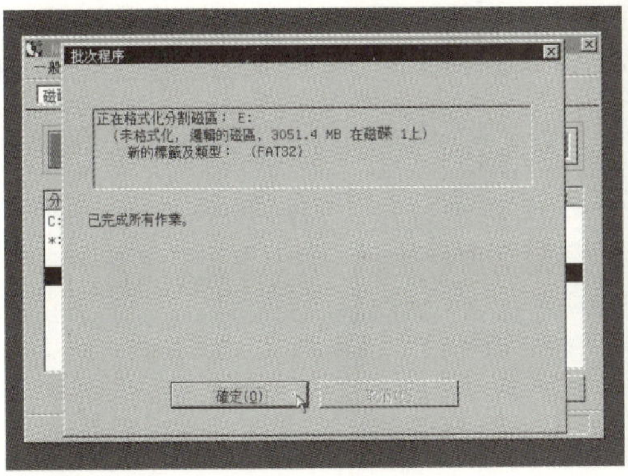

图 4-47 完成操作

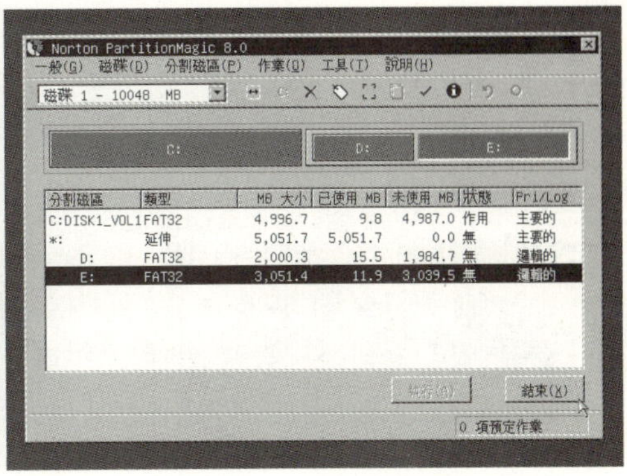

图 4-48 完成格式化硬盘

操作四 在 DOS 环境下对硬盘进行格式化

◆ 实例目标

本例要求在 DOS 环境下，通过 format 命令对硬盘中的 C 分区进行格式化，通过本例的操作，了解在 DOS 环境下对硬盘进行格式化的相关操作。

◆ 操作步骤

（1）使用 Windows 98 安装光盘启动计算机，并进入到 DOS 设置界面中，在 DOS 提示符下输入“format c:”命令，按“Enter”键。在“Proceed with Format（确认格式化操作）”提示符后输入“y”，如图 4-49 所示。

（2）按“Enter”键后，系统将会对 C 盘进行高级格式化操作，并显示操作进度，如图 4-50 所示。

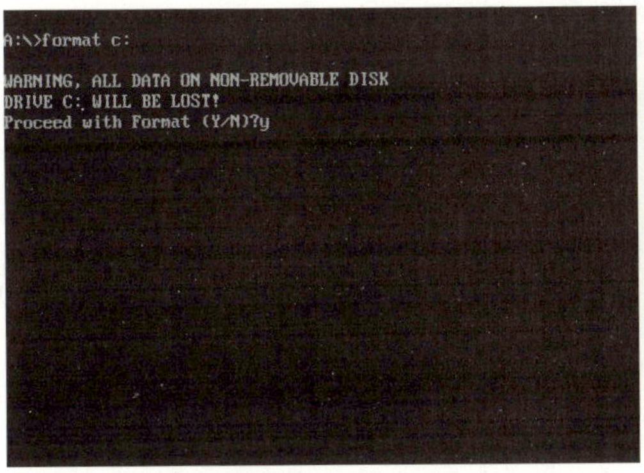

图 4-49 格式化主分区

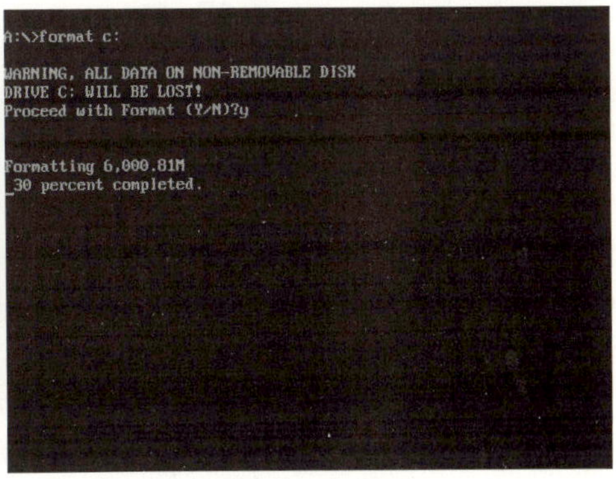

图 4-50 显示进度

（3）在格式化完成时，系统将会提示用户输入卷标，如图 4-51 所示。

（4）如不需要卷标，则直接按“Enter”键即可。此时 format 命令会显示 C 盘的相关信息，如图 4-52 所示。

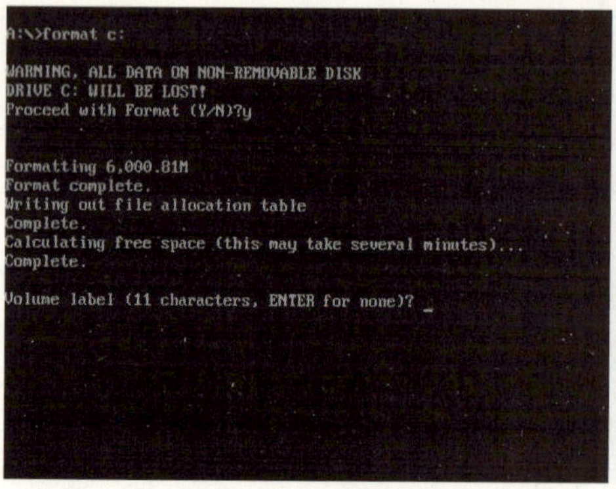

图 4-51　输入卷标

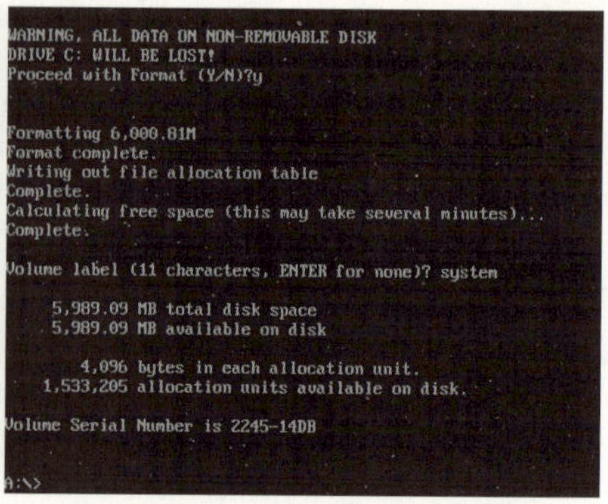

图 4-52　格式化主分区成功

提示　使用 format 命令格式化其他硬盘分区需要先进入其他分区，方法是直接在命令提示符后输入其他分区的标示后按“Enter”键即可。

◆ 学习与探究

过去最常用的是使用 DOS 中的 Fdisk 命令进行分区，但由于该命令不支持现在的大容量硬盘，因此已经很少使用。分区操作不仅仅局限于新硬盘，如果对正在使用的硬盘分区不满意，也可以将其删除后再重新分配，其顺序如下：

- 新硬盘分区顺序：对未创建分区的新硬盘，其分区顺序为：建立基本分区→建立扩展分区→将扩展分区分成一个或几个逻辑分区。
- 删除并创建新的硬盘分区顺序：对已创建分区的硬盘，应先删除分区，然后按新硬盘的分区顺序来创建分区。删除分区的顺序为：删除逻辑分区→删除扩展分区→删除基本分区。

实训一　设置 BIOS

◆ 实训目标

本实训要求进入一台计算机的 BIOS 设置中，关闭其软驱，关闭开机后检测软驱，并设置硬盘为第一启动设备，然后保存后退出。通过本实训的操作可以进一步认识设置 BIOS 的相关操作。具体操作要求如下：

- 进入 Standard CMOS Features 设置，将 Drive A 设置为 None。
- 进入 Advanced BIOS Features 设置，将 Boot Up Floppy Seek 设置为 Disabled。
- 进入 Standard CMOS Features 设置，将 First Boot Device 设置为 HDD-0。
- 在主菜单中选择“Save & Exit Setup”命令退出 BIOS 设置。

◆ 实训分析

本实训的操作思路如图 4-53 所示。在操作过程中需要注意的是，不同的主板，其 BIOS

界面有可能不同，但是 BIOS 中的选项都比较相近，具体的参数差别不大，对操作影响也不大，同时还可以参见主板说明书进行操作。

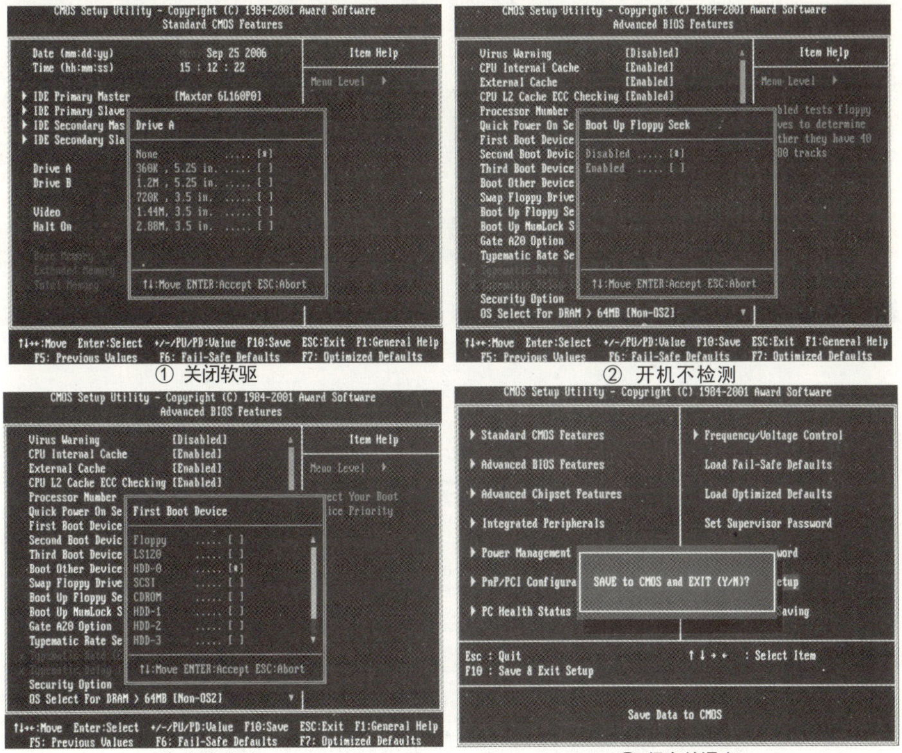

① 关闭软驱　② 开机不检测　③ 硬盘启动　④ 保存并退出

图 4-53　设置 BIOS 的操作思路

实训二　用 PartitionMagic 创建并格式化分区

◆ 实训目标

本实训要求用 PartitionMagic 创建磁盘分区，创建后格式化各个分区。通过本实训的操作，可以加强对 PartitionMagic 软件的熟悉程度。具体操作要求如下：

- 启动计算机，通过加载 PartitionMagic 来启动该软件。
- 选择“调整大小/移动”命令创建一个主分区和一个逻辑分区。
- 在弹出的对话框中设置分区大小。
- 返回主界面对各个分区选择“格式化”命令。
- 执行操作，完成创建分区和格式化操作。

◆ 实训分析

本实训的操作思路如图 4-54 所示。利用本实训的操作思路，进行创建主分区和多个逻辑分区的操作，从而更好地管理与规划磁盘。

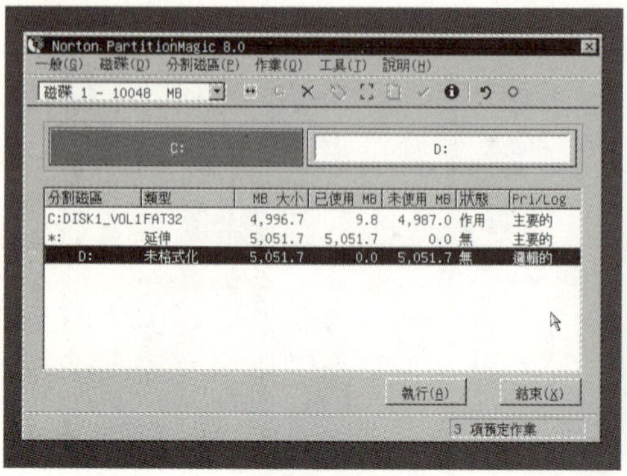

① 硬盘分区

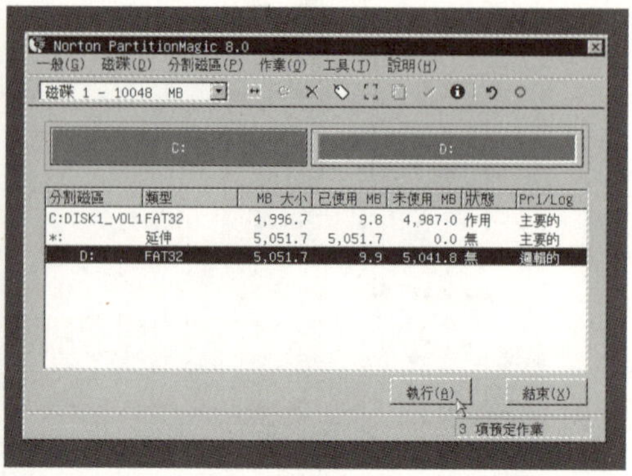

② 硬盘格式化

图 4-54　创建并格式化分区的操作思路

实践与提高

根据本模块所学内容，动手完成以下操作：

（1）在 Phoenix-Award BIOS 中设置系统密码和用户密码，并用这些密码进入 BIOS 界面。

（2）在计算机中通过 BIOS 设置将日期和时间设置为 2012 年 1 月 1 日，并关闭软驱。

（3）在计算机中通过 BIOS 设置将开机顺序设置为光驱→硬盘。

（4）在计算机中对硬盘进行重新分区，要求划分 2 个主分区和 1 个逻辑分区。

（5）按照任务二中的方法，在 DOS 下对划分好的硬盘分区进行格式化操作。

（6）通过网上搜索，看看还有哪些硬盘分区软件，并了解这些软件的特点及用法。

（7）找到计算机的主板说明书，查看其中的 BIOS 设置选项。

（8）在 Windows 操作系统中启动 PartitionMagic，看看能否对分区大小进行调整。

（9）查阅相关的 DOS 书籍，了解更多的 DOS 命令及其格式，扩大自己的知识面。

模块五

安装软件

组装计算机不只是安装硬件，还需要安装软件，在进行完 BIOS 设置和硬盘分区及格式化操作后，便可以进行软件的安装。软件包括操作系统、硬件驱动程序和常用软件 3 种。操作系统是计算机软件的核心，是计算机正常运行的基础，硬件驱动程序和常用软件只能安装在操作系统中。因此，软件的安装顺序是首先安装操作系统，然后安装硬件驱动程序，最后安装各种常用软件。本模块主要讲解安装操作系统、安装驱动程序和安装常用软件的相关知识。

学习目标

- 掌握操作系统的安装方法
- 掌握硬件驱动程序的安装方法
- 掌握各种常用软件的安装方法

任务一　安装操作系统

◆ 任务目标

本任务的目标是熟悉安装操作系统的基本知识，主要包括安装 Windows XP、安装 Windows 7 和安装 Windows XP 及 Windows 7 双系统。具体目标要求如下：

（1）掌握安装 Windows XP 的方法。

（2）掌握安装 Windows 7 的方法。

（3）掌握安装 Windows XP 和 Windows 7 双系统的方法。

操作一　安装 Windows XP

◆ 实例目标

本例要求在计算机中安装 Windows XP 操作系统，通过本例的操作，了解安 WindowsXP 操作系统的相关操作。

◆ 操作步骤

（1）在 BIOS 中将第一启动设备设置为光盘驱动器，并将 Windows XP 安装光盘放入光驱并重新启动计算机，当出现如图 5-1 所示界面时，快速按下“Enter”键。

（2）这时计算机将自动运行光盘中的安装程序，检测计算机的硬件设备，并自动加载安装所需要的文件，如图 5-2 所示。

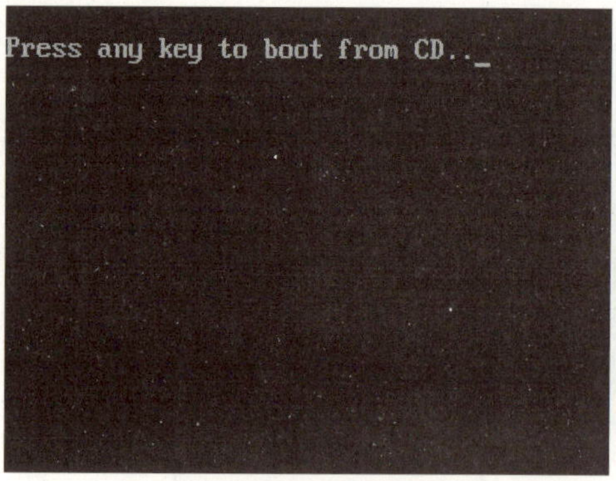

图 5-1　选择光盘安装

图 5-2　检测硬件

（3）当 Windows XP 安装程序加载完系统驱动后，将打开如图 5-3 所示的“欢迎使用安装程序”界面，按“Enter”键开始安装 Windows XP。

（4）此时安装程序开始对硬盘进行检测，在检测完毕后将打开如图 5-4 所示界面，询问用户是否接受许可协议，阅读协议后按“F8”键同意该协议，继续安装。

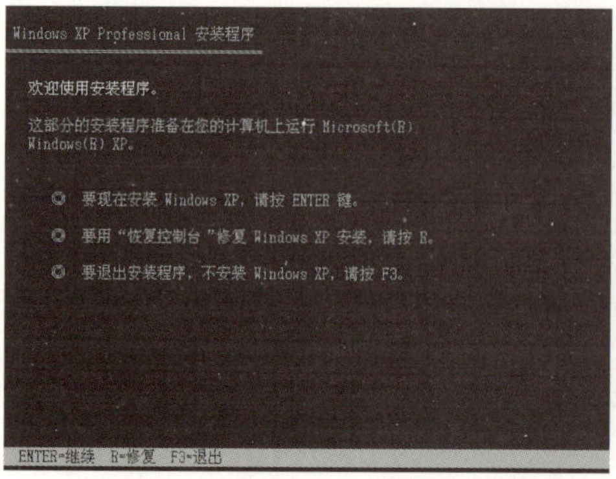

图 5-3　“欢迎使用安装程序”界面

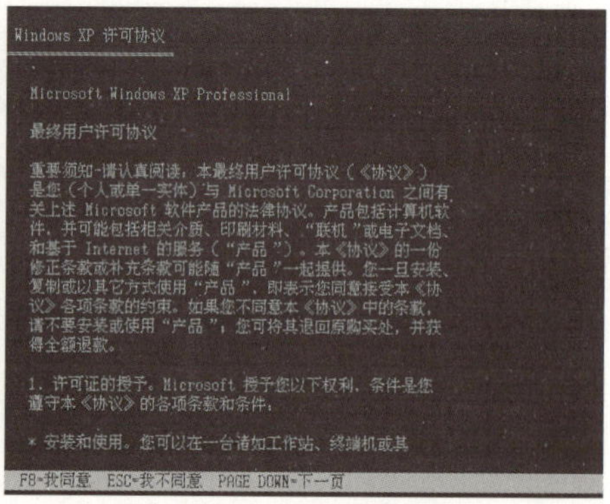

图 5-4　接受许可协议

（5）在打开的界面中，安装程序将提示选择安装 Windows XP 操作系统的分区，按方向键选择 C 分区，再按“Enter”键，如图 5-5 所示。

（6）此时安装程序将打开界面询问用户选择何种文件系统格式，这里选择“用 NTFS 文件系统格式化磁盘分区（快）”选项，按“Enter”键，如图 5-6 所示。

> **提示**　使用 NTFS 文件格式，操作系统的安全性和稳定性将会得到很大的提高。如果想保留

（7）在打开的界面中，要求用户确认是否进行格式化，按“F”键即可将 C 盘格式化为 NTFS 格式，如图 5-7 所示。

（8）此时安装程序将打开界面显示格式化进度，如图 5-8 所示。

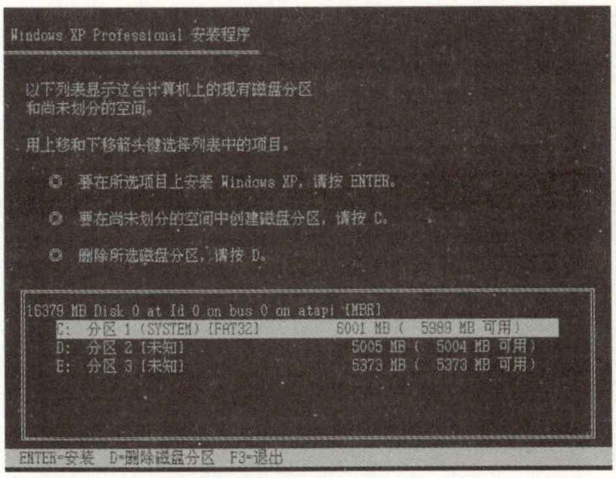

图 5-5　选择安装分区

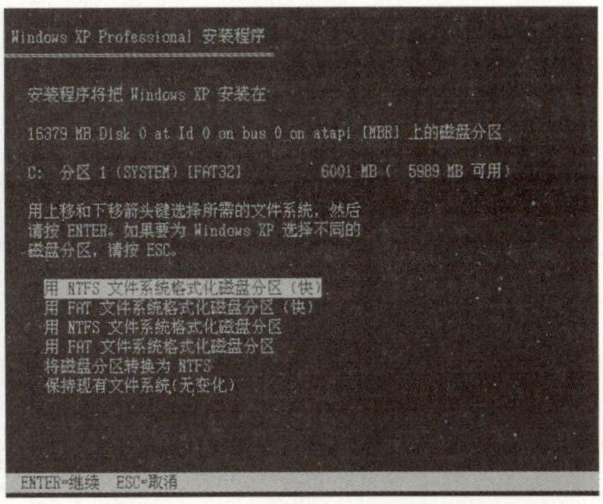

图 5-6　设置文件系统格式

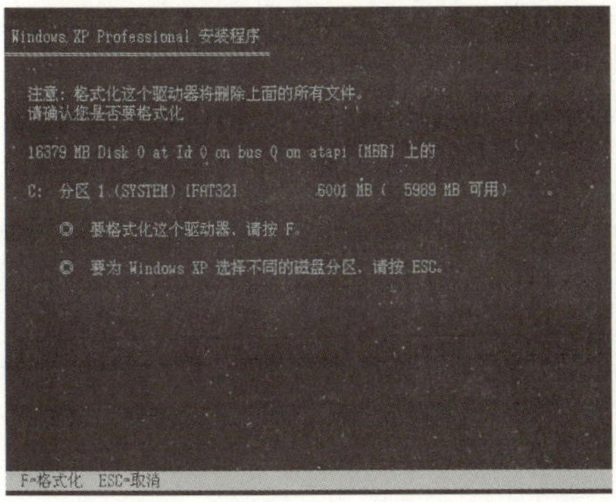

图 5-7　格式化硬盘并转换格式

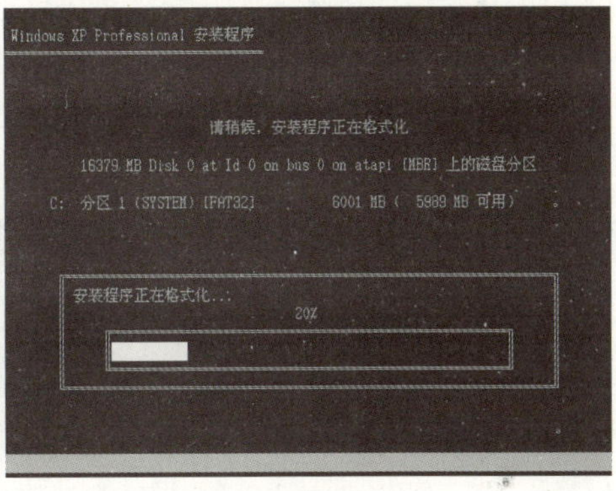

图 5-8　显示进度

（9）此后，Windows XP 安装程序会将程序文件复制到本地硬盘中，如图 5-9 所示。

（10）复制完成后，Windows XP 安装程序会自动重新启动计算机，如图 5-10 所示。

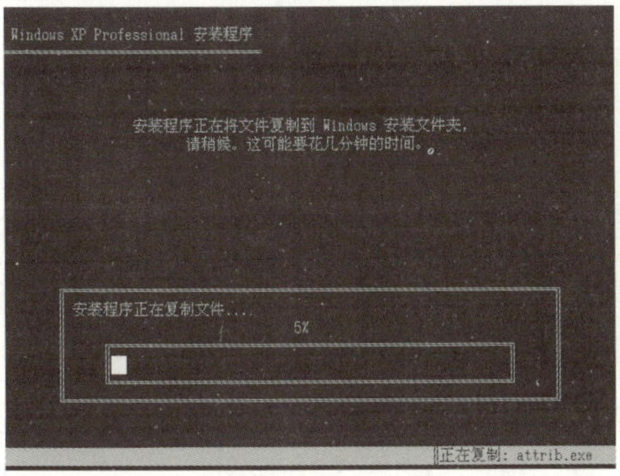

图 5-9　复制文件

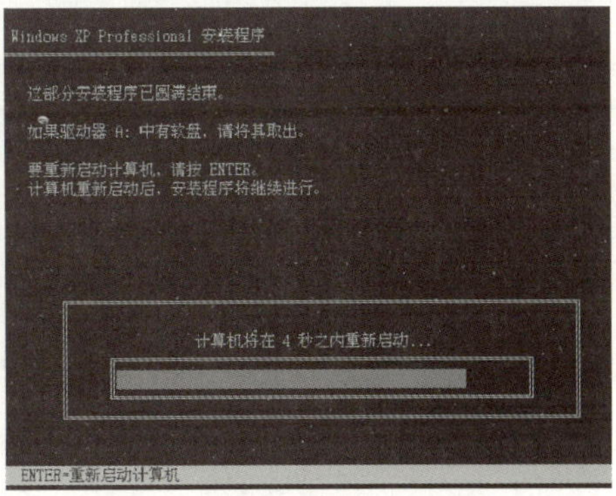

图 5-10　重新启动计算机

（11）重新启动计算机后，Windows XP 安装程序会自动进行安装，如图 5-11 所示。

（12）在安装了约几分钟后，Windows XP 安装程序将弹出一个“设置区域和语言选项”对话框，一般情况下不需要设置，采用默认设置即可，单击“下一步”按钮，如图 5-12

所示。

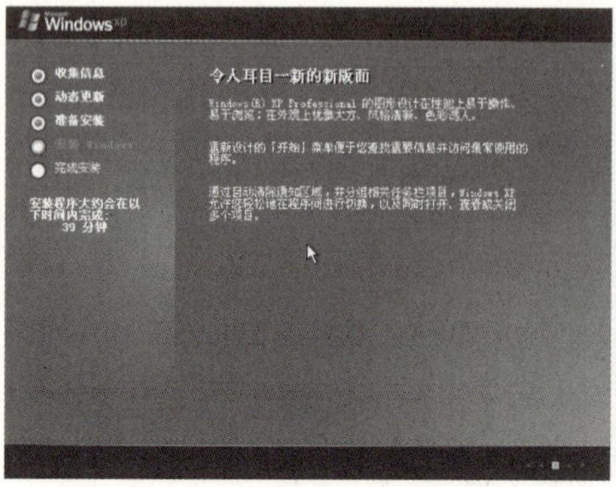

图 5-11　进入安装界面

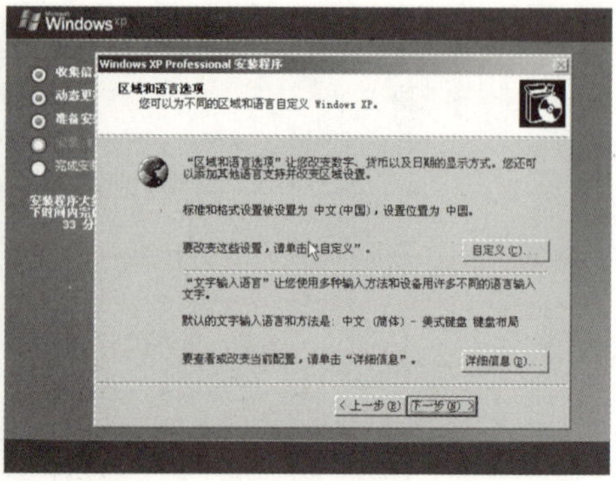

图 5-12　设置区域和语言选项

（13）在弹出的“自定义软件”对话框中，按要求分别在“姓名”和“单位”文本框中输入姓名和单位，单击“下一步”按钮，如图 5-13 所示。

（14）在弹出的“您的产品密钥”对话框中，按要求输入产品密钥，单击“下一步”按钮，如图 5-14 所示。

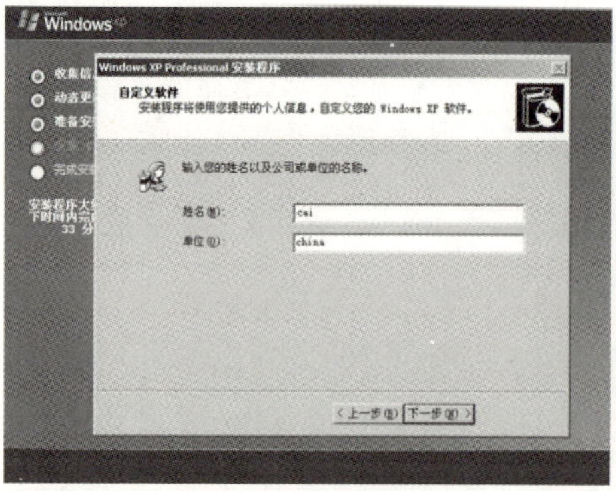

图 5-13　自定义软件

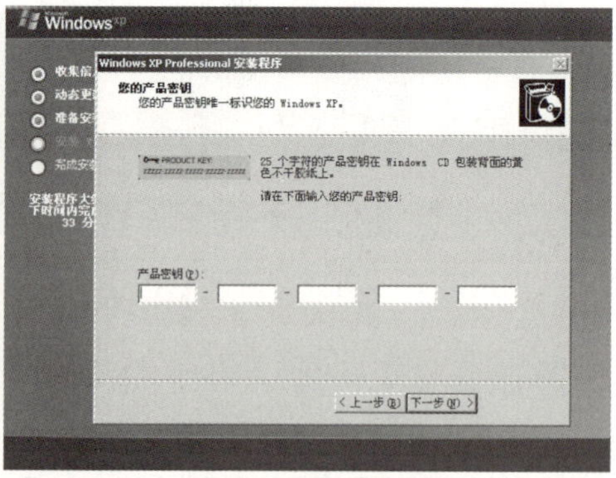

图 5-14　输入产品密钥

提示　产品密钥是软件的产品序列号，一般在光盘包装盒的背面。安装光盘背面有一张黄色的不干胶贴纸，上面的 25 位数字和字母的组合就是产品密钥。

（15）在弹出的“设置计算机名和系统管理员密码”对话框中，提示输入计算机的名称和管理员密码，单击“下一步”按钮，如图 5-15 所示。

（16）在弹出的“日期和时间设置”对话框中，提示输入计算机的时区、日期和时间。默认时间为 BIOS 内存储的时间，单击“下一步”按钮，如图 5-16 所示。

（17）在弹出的“网络设置”对话框中，提示选择网络设置类型，保持默认选中“典型设置”单选项，单击“下一步”按钮，如图 5-17 所示。

（18）在弹出的“工作组或计算机域”对话框中，提示设置网络工作模式，采用默认工作组“WORKGROUP”模式，单击“下一步”按钮，如图 5-18 所示。

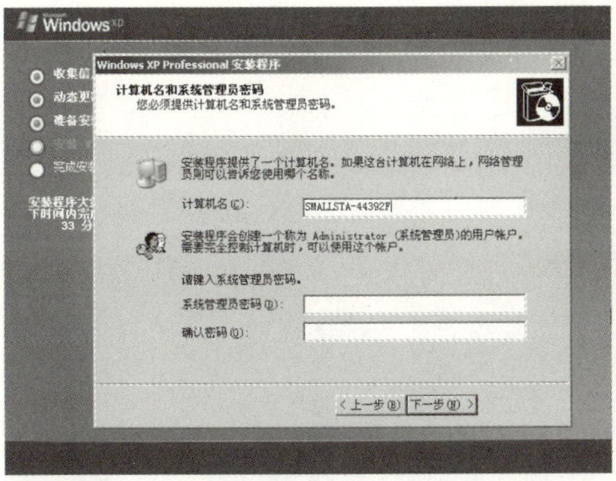

图 5-15　设置计算机名和系统管理员密码

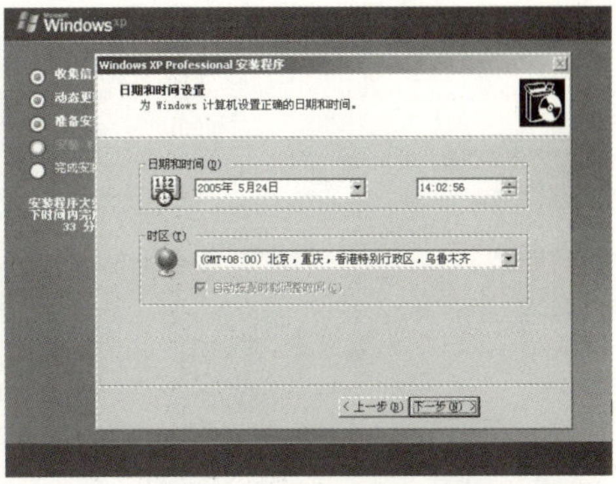

图 5-16　设置日期和时间

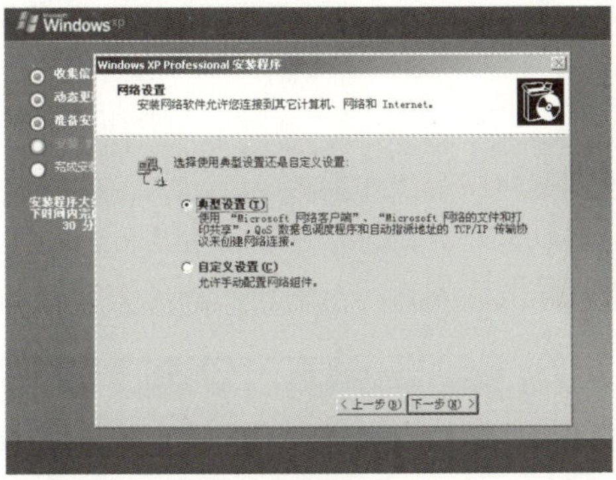

图 5-17　设置网络

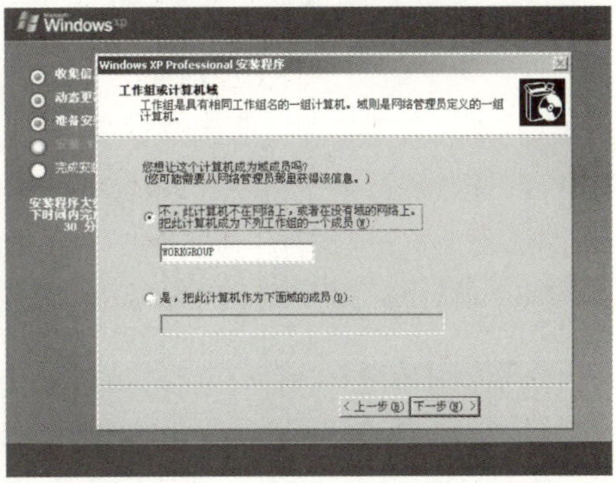

图 5-18　设置工作组或计算机域

（19）此时会继续安装 Windows XP 安装程序，如图 5-19 所示。安装完成后，安装程序会自动重新启动计算机。

（20）重新启动后 Windows XP 安装程序会要求用户设置 Windows XP 操作系统，单击按钮，如图 5-20 所示。

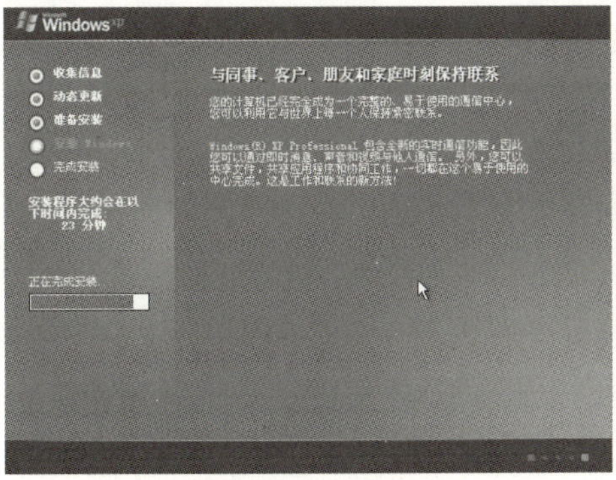

图 5-19　继续安装

图 5-20　打开欢迎界面

（21）安装程序将打开“帮助保护您的计算机”界面提示是否启动自动更新，默认为启动自动更新，单击按钮，如图 5-21 所示。

（22）安装程序将打开“正在检查您的 Internet 连接”界面检测系统与 Internet 的连接，单击按钮跳过检测，如图 5-22 所示。

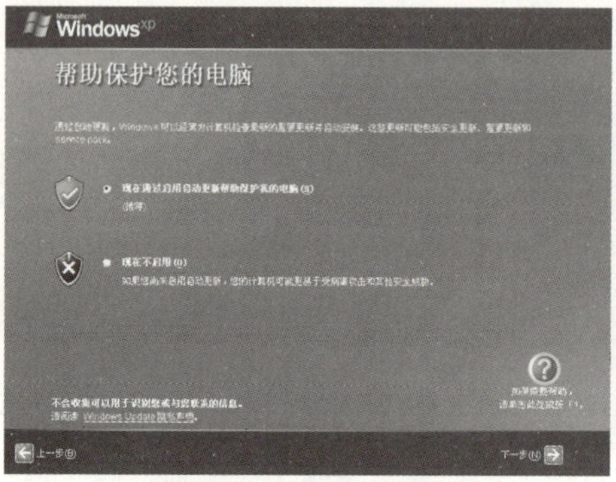

图 5-21　设置自动更新

图 5-22　跳过 Internet 连接

（23）安装程序将打开“可以激活 Windows 了吗？”界面，要求用户激活 Windows，选中“否，请每隔几天提醒我”单选项，单击按钮，如图 5-23 所示。

（24）安装程序将打开“谁会使用这台计算机？”界面，在该界面中设置计算机的用户名，单击按钮，如图 5-24 所示。

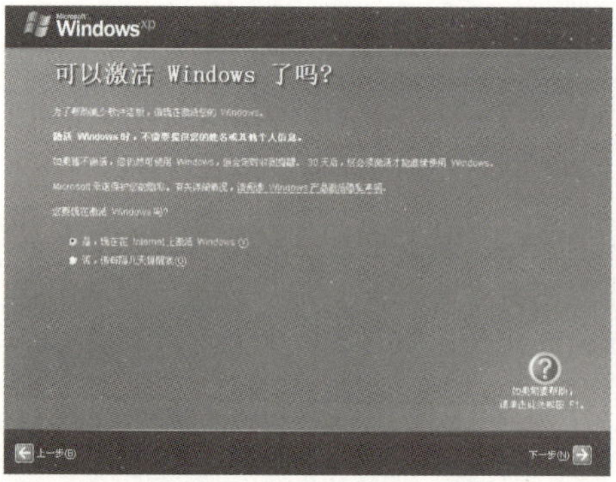

图 5-23　激活 Windows

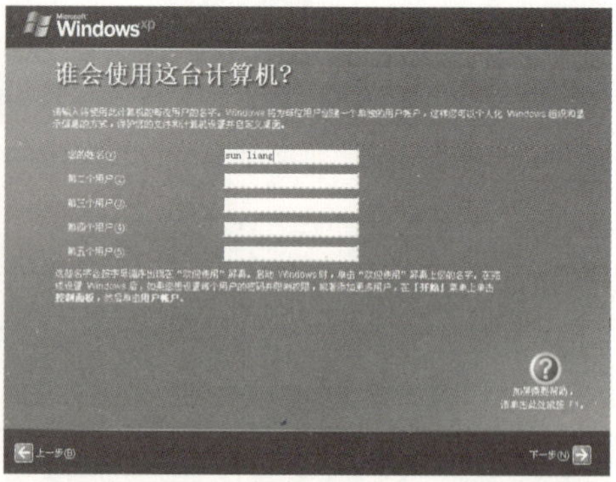

图 5-24　设置用户

提示　正版 Windows XP 有 30 天的试用期，如果没有激活 Windows XP，30 天试用期过后，除了激活功能可用之外其他所有功能都将被禁用。

（25）安装程序将打开“谢谢”界面提示设置完成，单击按钮即可完成 Windows XP 的安装，如图 5-25 所示。

（26）重新启动计算机，选择相应的用户名，即可登陆到 Windows XP 操作系统的主界面。桌面上除了背景的蓝天白云外，只有回收站图标和任务栏，如图 5-26 所示。

提示　Windows XP 的激活方式有两种，如果选择网络激活，必须使计算机连接 Internet；如果选择电话激活，则需要了解客服代表的电话，在光盘包装盒的背面可以找到。

图 5-25　完成安装

图 5-26　进入 Windows XP

操作二　安装 Windows 7

◆ 实例目标

本例要求在计算机中安装 Windows 7 操作系统，通过本例的操作，了解安装 Windows7 操作系统的相关操作。

◆ 操作步骤

（1）将 Windows 7 的安装光盘放入光驱，启动计算机后将自动运行光盘中的安装程序。这时将对光盘进行检测，屏幕中将显示安装程序正在加载安装需要的文件，如图 5-27 所示。

（2）文件复制完成后将运行 Windows 7 的安装程序，在打开的窗口中选择安装语言，这里在“要安装的语言”、“时间和货币格式”和“键盘和输入方法”下拉列表框中分别选择与中文（简体）相关的选项，单击“下一步”按钮，如图 5-28 所示。

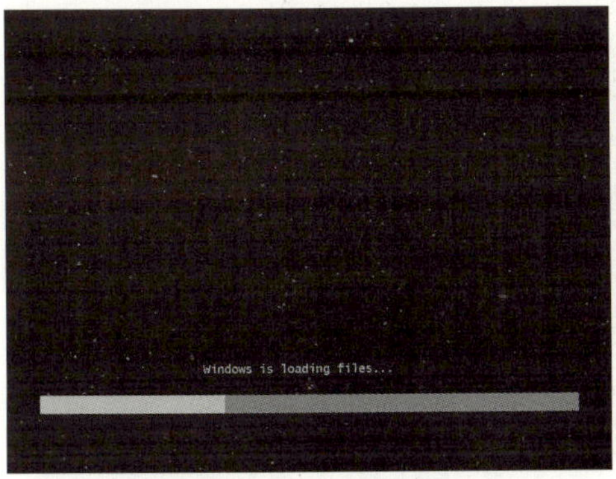

图 5-27　载入光盘文件

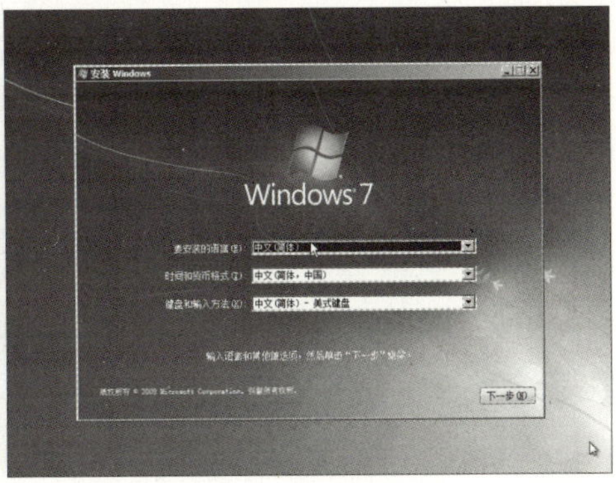

图 5-28　设置系统语言

（3）在弹出的对话框中单击“现在安装”按钮，安装 Windows 7，如图 5-29 所示。

（4）弹出“请阅读许可条款”对话框，选中“我接受许可条款”复选框，单击“下一步”按钮，如图 5-30 所示。

图 5-29　开始安装

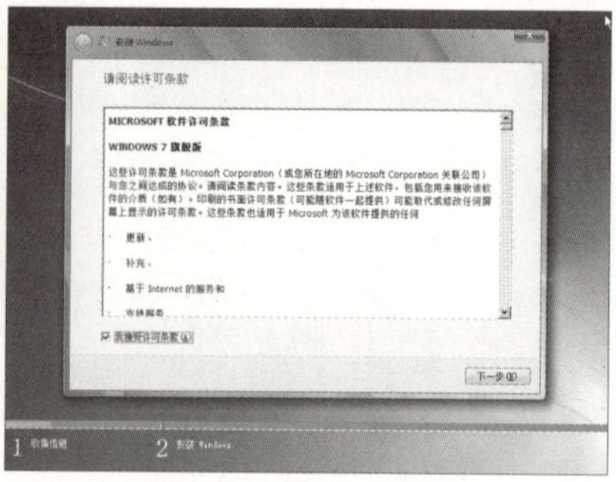

图 5-30　接受许可条款

（5）弹出“您想进行何种类型的安装？”对话框，单击相应的选项，如图 5-31 所示。

（6）在弹出的“您想将 Windows 安装在何处？”对话框中选择安装 Windows 7 的磁盘分区，单击“下一步”按钮，如图 5-32 所示。

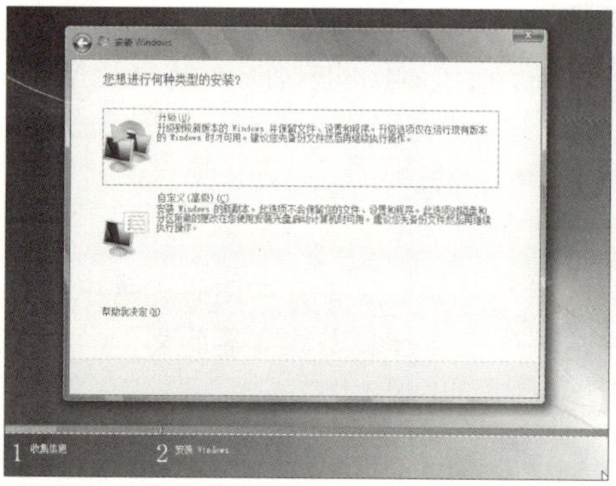

图 5-31　选择安装类型

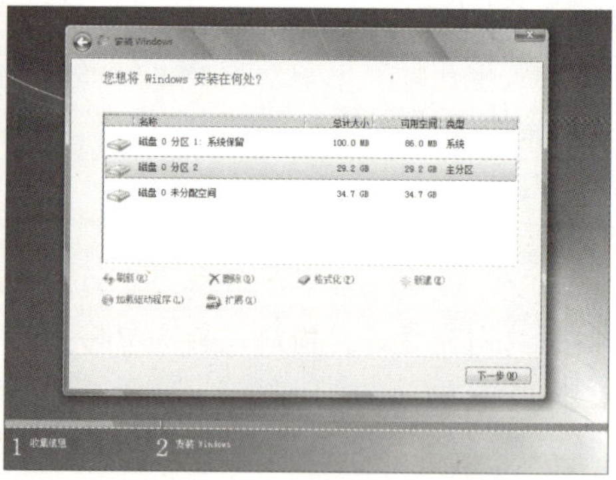

图 5-32　选择安装的磁盘分区

（7）在弹出的“正在安装 Windows...”对话框中将显示安装进度，如图 5-33 所示。

（8）在安装过程中将显示一些安装信息，包括更新注册表设置和正在启动服务等，用户只需等待自动安装即可，如图 5-34 所示。

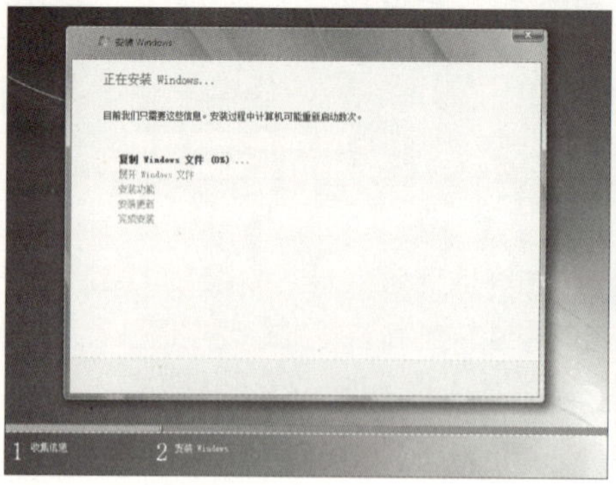

图 5-33　进行安装

图 5-34　更新注册表

（9）在安装复制文件过程中会要求重启计算机，约10秒后会自动重启。重启后将继续进行安装，如图5-35所示表示正在进行最后的安装。

（10）安装完成后将提示安装程序将在重启计算机后继续进行安装，如图5-36所示。

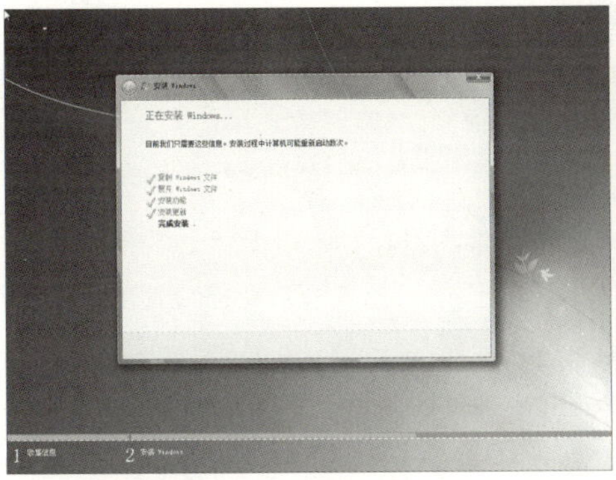

图5-35　完成安装

图5-36　重新启动计算机

（11）重启计算机后，将打开设置用户名的对话框，在“键入用户名”文本框中输入用户名，在“键入计算机名称”文本框中输入该台计算机在网络中的标识名称，单击“下一步”按钮，如图5-37所示。

（12）在弹出的“为账户设置密码”对话框的“键入密码”、“再次键入密码”和“输入密码提示”文本框中输入用户密码和密码提示，单击“下一步”按钮，如图5-38所示。

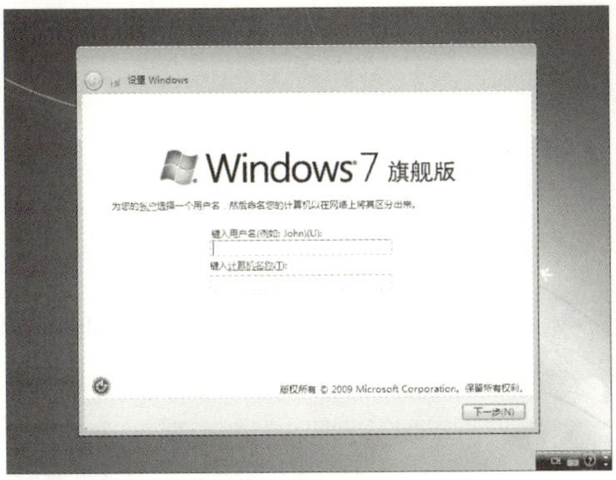

图5-37　设置用户名

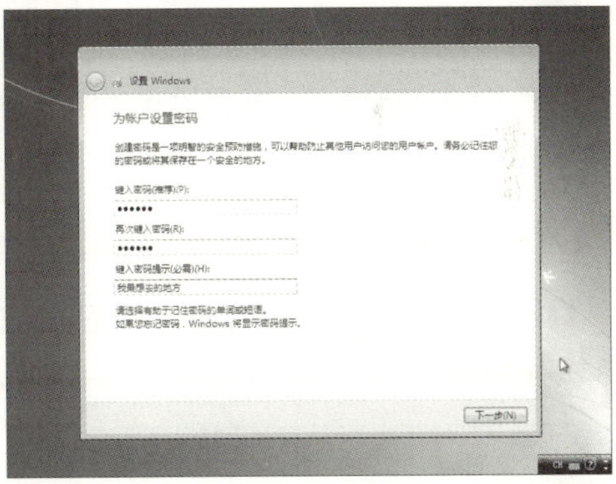

图5-38　设置密码

（13）弹出“键入您的Windows产品密钥”对话框，在“产品密钥”文本框中输入产品密钥，选中“当我联机时自动激活Windows”复选框，单击“下一步”按钮，如图5-39所示。

（14）在弹出的“帮助自动保护Windows”对话框中设置系统保护与更新，选择“使用推荐设置”选项，如图5-40所示。

（15）弹出“查看时间和日期设置”对话框，在“时区”下拉列表框中选择“(UTC+08:00)北京，重庆，香港特别行政区，乌鲁木齐”选项，然后设置正确的日期和时间，单击“下一步”按钮，如图5-41所示。

（16）在弹出的“请选择计算机当前的位置”对话框中设置计算机当前所在位置，这里选择“公共场所”选项，如图 5-42 所示。

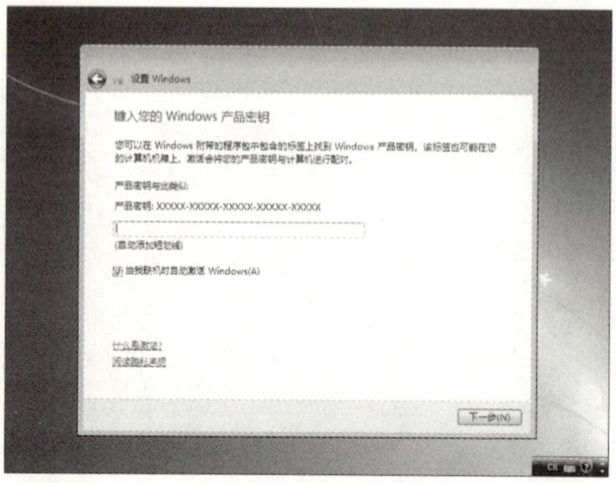

图 5-39　输入产品密钥

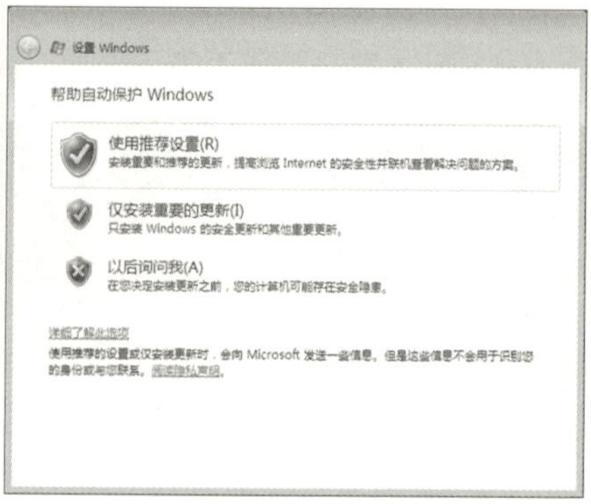

图 5-40　设置自动更新

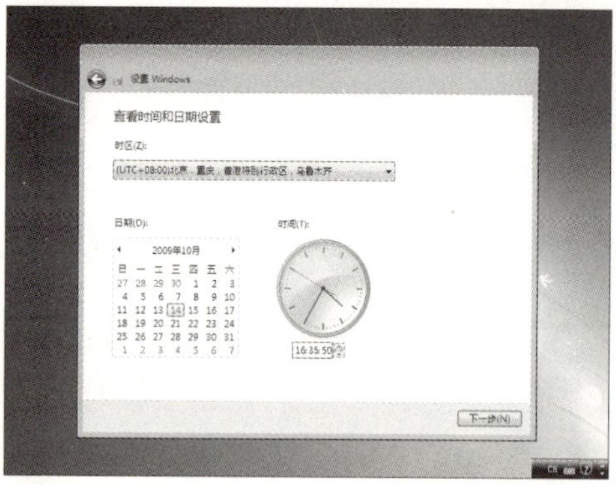

图 5-41　设置系统时间

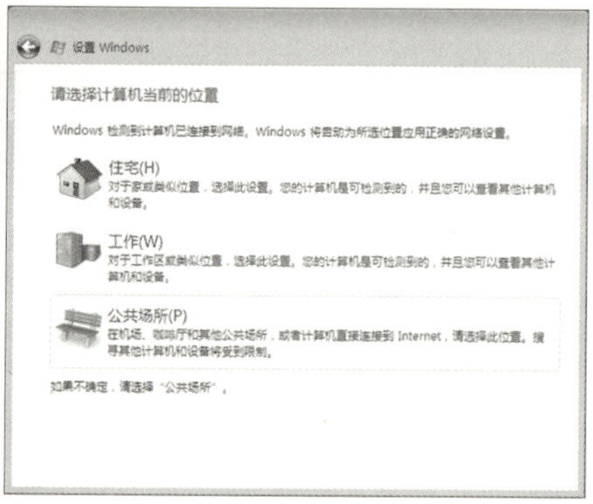

图 5-42　设置网络

（17）在弹出的“设置 Windows”对话框中进行 Windows 7 的设置，完成后，单击“开始”按钮，如图 5-43 所示为 Windows 正在完成设置。

（18）此时将登录 Windows 7 并显示正在进行个性设置，稍后即可进入 Windows 7 操作系统，如图 5-44 所示。

图 5-43　完成设置

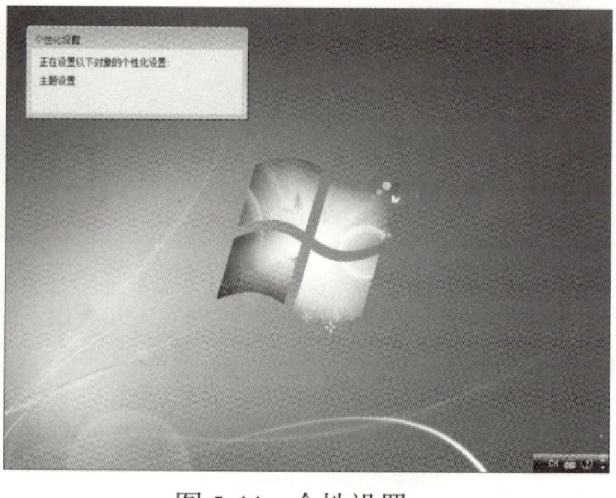

图 5-44　个性设置

（19）在登录 Windows 7 操作系统时若设置了用户密码，在登录界面中输入用户密码后，再按“Enter”键登录，如图 5-45 所示。

（20）此时将显示出 Windows 7 操作系统的桌面，至此完成 Windows 7 的安装操作，如图 5-46 所示。

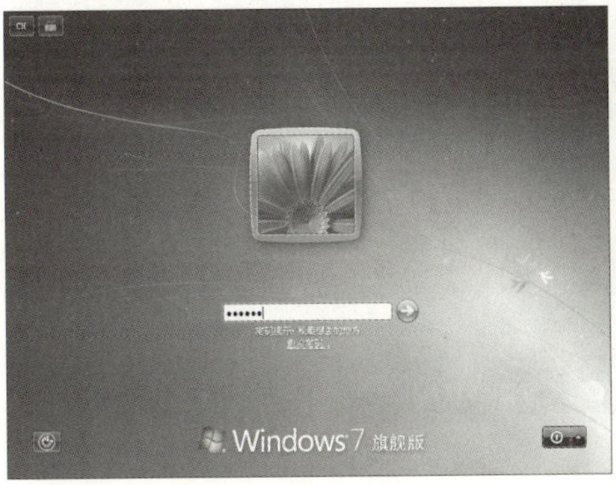

图 5-45　登录系统

图 5-46　显示桌面

操作三　安装 Windows XP 与 Windows 7 双系统

◆ 实例目标

安装双系统是指在一台计算机中安装两个操作系统，用户在启动计算机时可根据需要选择进入不同的操作系统，每个操作系统之间的启动和运行互不影响。本例要求在计算机中安装 Windows XP 和 Windows 7 双系统，通过本例的操作，了解安装双操作系统的相关操作。

提示 要安装 Windows XP 和 Windows 7 双系统，应根据由低版本到高版本的安装原则，首先将 Windows XP 安装到硬盘的 C 分区中，然后在 Windows XP 基础上安装 Windows 7 到另一个 NTFS 格式的分区中即可（Windows 7 操作系统必须安装在 NTFS 文件格式的硬盘分区中）。如果选择的分区不是 NTFS 格式，就必须先转换格式，方法是按“Win+R”键打开“运行”对话框，输入“convert D:/fs:ntfs”按后“Enter” 键即可，其中“D:”是要转换的分区的盘符。

◆ 操作步骤

（1）安装并进入 Windows XP 操作系统，打开“我的电脑”窗口，单击选择各个磁盘，在左侧下方可以查看磁盘的文件格式和可用空间大小，如这里准备将 Windows 7 安装到最后一个分区，即 G 盘中，如图 5-47 所示。

（2）将 Windows 7 的安装光盘放入光驱，在弹出的安装对话框中单击“现在安装”按钮，如图 5-48 所示。

（3）弹出“获取安装的重要更新”对话框，选择“不获取最新安装更新”选项，如图 5-49 所示。

（4）弹出“请阅读许可条款”对话框，选中“我接受许可条款”复选框，单击“下一步”按钮，如图 5-50 所示。

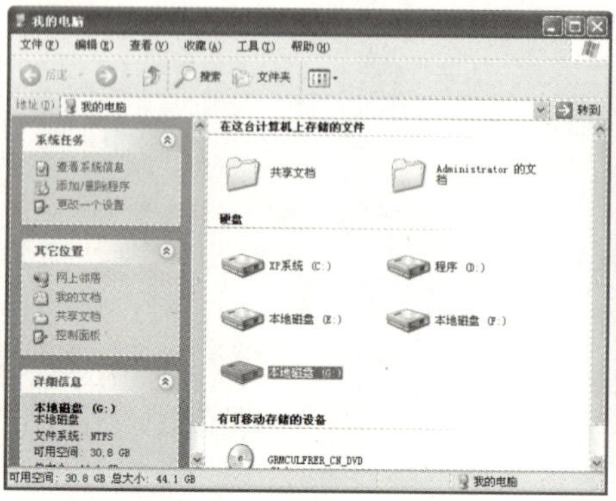

图 5-47　选择安装位置

图 5-48　开始安装

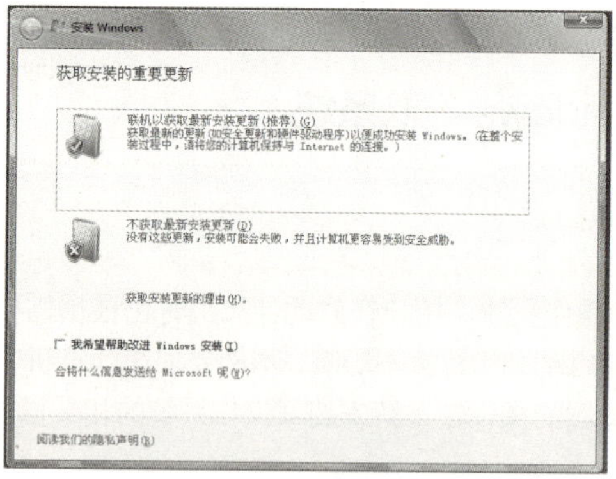

图 5-49　选择更新类型

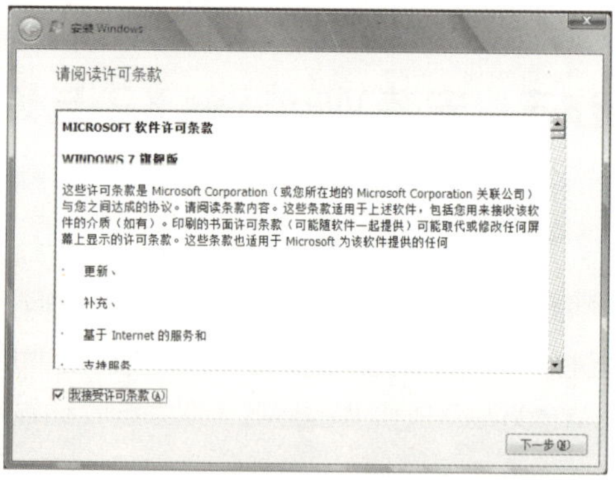

图 5-50　接受许可条款

（5）弹出“您想进行何种类型的安装？”对话框，选择“自定义（高级）”选项，如图 5-51 所示。

（6）弹出选择安装分区的对话框，选择 Windows 7 要安装的逻辑分区 5，即 G 盘，单击“下一步”按钮，如图 5-52 所示。

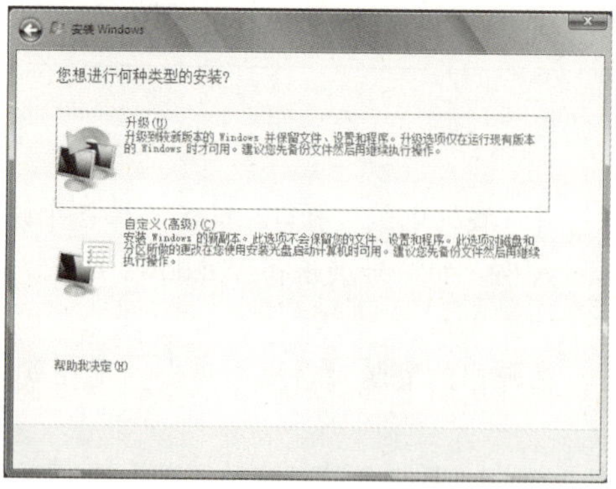

图 5-51　设置安装类型

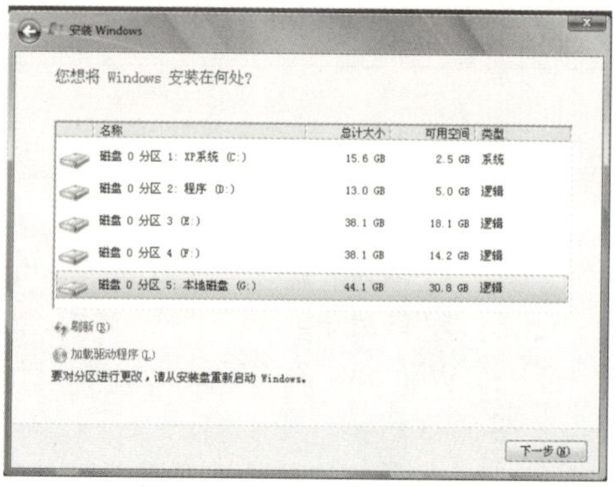

图 5-52　选择安装分区

（7）在弹出的“正在安装 Windows”对话框中将显示安装进度，如图 5-53 所示。接下来的安装过程与安装 Windows 7 的过程完全相同。

（8）完成双系统的安装后重启计算机，在启动过程中将显示如图 5-54 所示的启动菜单，选择“早版本的 Windows”选项可以启动 Windows XP，选择“Windows 7”选项就可以启动 Windows 7。

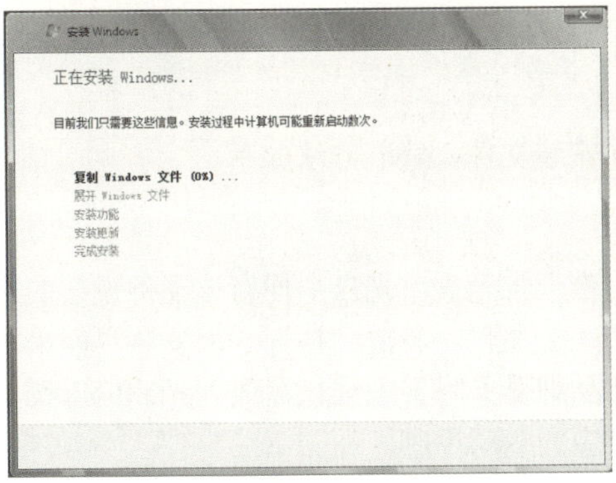

图 5-53　安装 Windows 7

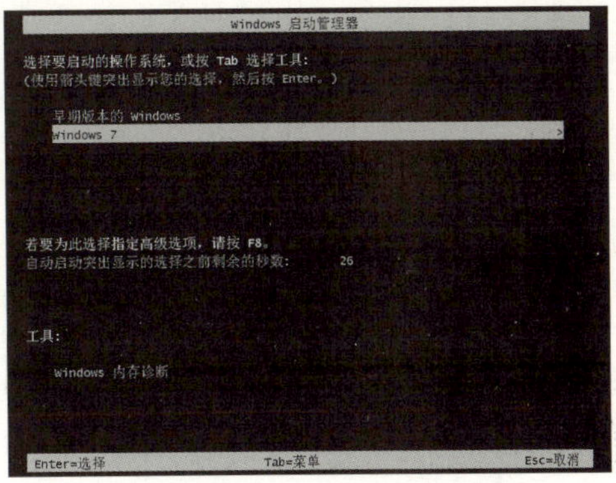

图 5-54　完成双系统安装

◆ 学习与探究

产品激活是一项可检验软件产品是否得到合理许可的反盗版技术，其目的是为了减少因为非法或不经意地复制而导致的盗版。它是通过检验一个软件程序产品的密钥是否已被用于除了软件许可用户外的更多个人计算机来进行工作的。无论是 Windows XP 还是最新的 Windows 7，在安装完成后都需要进行激活，否则过了试用期，操作系统将不能使用。

在安装 Windows XP 时，用户必须使用正版软件的产品密钥，这样它就转换成为安装所需的 ID 号码，用户可使用激活向导来提供安装 ID 号码给 Microsoft，也可通过一种安全的 Internet 传输或使用电话来提供号码，Microsoft 将有一个确认的 ID 传送回到用户的计算机中，即可激活 Windows XP。

Windows 7 的激活方式为：安装后打开“系统属性”对话框，单击“剩余 29 天可以激活，立即激活 Windows”超级链接，在打开的“现在激活 Windows”对话框中单击“现在联机激活 Windows”按钮（当然也可以采用电话激活的方式），将打开“正在激活 Windows”对话框，并显示激活的进度。此时，计算机将连接到 Internet 中，用户只需根据提示即可完成 Windows 7 的激活操作。最后打开“激活成功”对话框，提示完成 Windows 7 的激活，并打开提示对话框提示“计算机已永久激活”。

任务二　安装驱动程序和常用软件

◆ 任务目标

本任务的目标是熟悉安装驱动程序和常用软件的基本知识，主要包括获取驱动程序、安装各种硬件的驱动程序、获取常用软件和安装软件等。具体目标要求如下：

（1）了解获取驱动程序的方法。

（2）掌握安装驱动程序的方法。

（3）了解获取常用软件的方法。

（4）掌握安装软件的方法。

操作一　获取驱动程序

安装驱动程序之前，需要获得相应的程序安装文件，获取方法如下。

1．购买硬件时附带的安装光盘

在购买硬件设备时，其包装盒内通常会附带一张光盘，光盘中便有该硬件设备的驱动程序，如图 5-55 所示。一般情况下，将光盘放入光驱后，会自动打开一个安装界面来引导用户安装相应的驱动程序。如图 5-56 所示为某品牌显卡附带安装光盘放入光驱后运行的驱动程序安装界面，选择相应的选项即可安装对应的驱动程序。

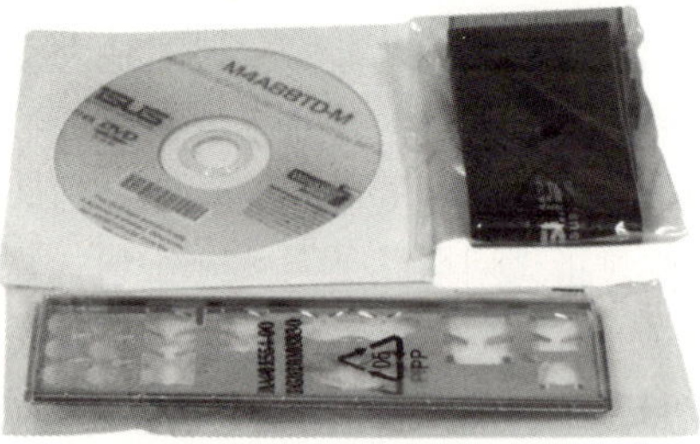

图 5-55　主板附带的安装光盘

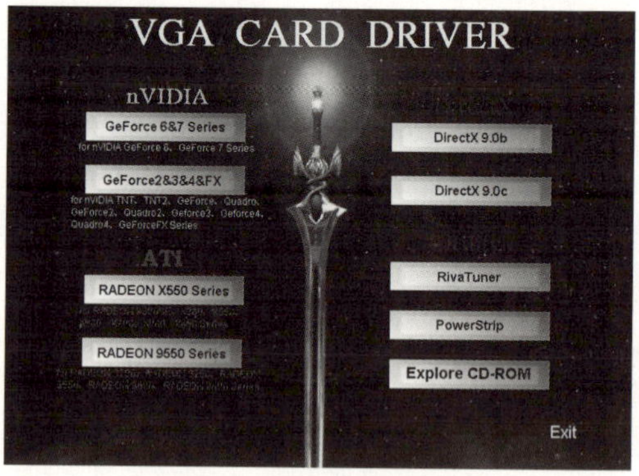

图 5-56　驱动程序安装界面

2．网上下载

网络已经成为人们工作和生活的一部分，通过网络也可找到各种硬件设备的驱动程序。在网上驱动程序获取主要有以下两种方式。

（1）访问硬件厂商的官方网站

当硬件的驱动程序有新版本发布时，在其官方网站都会第一时间发布出来。下面列举部分知名厂商的官方网站：

- 微星：http://www.microstar.com.cn/
- 华硕：http://www.asus.com.cn/
- NVIDIA：http://www.nvidia.cn/
- 七彩虹：http://tec.colorful.cn/
- 明基：http://www.benq.com.cn/

（2）访问专业的驱动程序下载网站

著名的专业驱动程序下载网站是“驱动之家”（http://www.mydrivers.com/），在其中几乎能找到所有硬件设备的驱动程序，并且有多个版本可供用户选择。

操作二　安装主板驱动程序

◆ 实例目标

本例要求在计算机中安装主板的驱动程序，通过本例的操作，了解安装各种硬件驱动程序的相关操作。

◆ 操作步骤

（1）将主板驱动程序安装光盘放入计算机光驱中，将自动启动如图 5-57 所示的安装界面。

（2）单击右侧的按钮，进入主板驱动安装界面，选择主板驱动对应的选项，如图 5-58 所示。

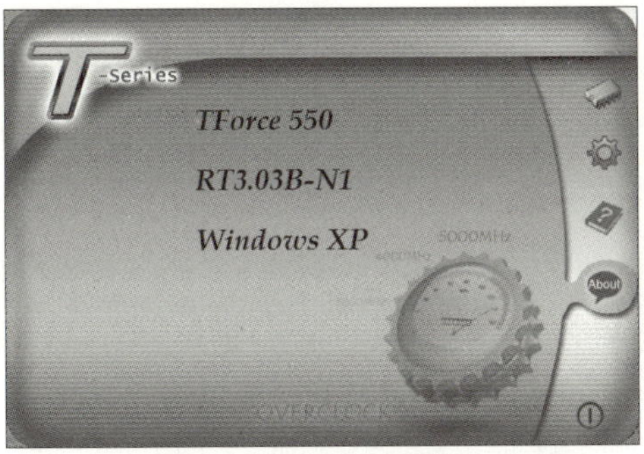

图 5-57　启动安装程序

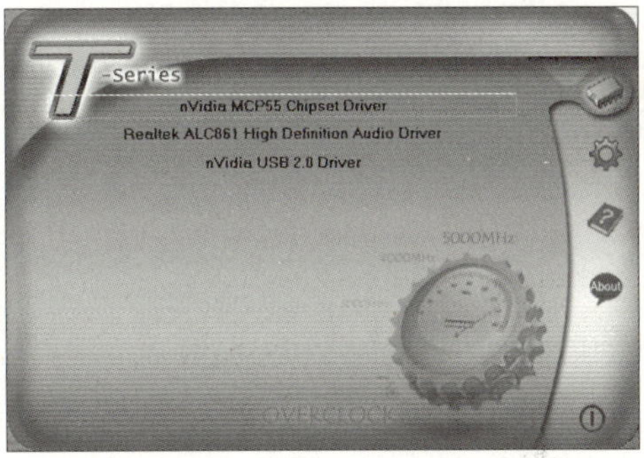

图 5-58　安装主板驱动

（3）安装程序开始测试操作系统中的硬件，主要是测试主板芯片组，如图 5-59 所示。

（4）打开主板驱动安装向导，单击“下一步”按钮，如图 5-60 所示。

图 5-59　测试硬件

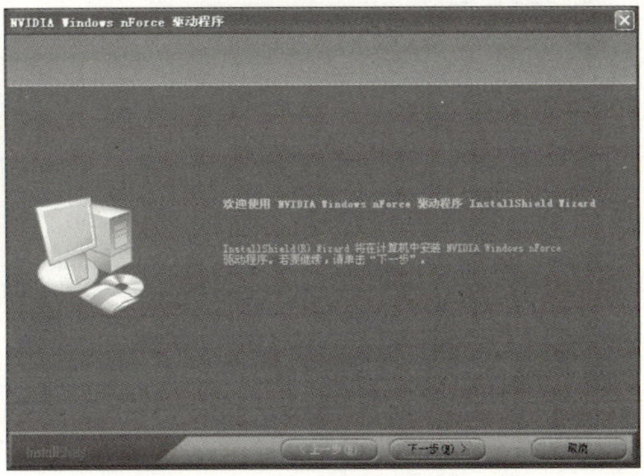

图 5-60　启动安装向导

（5）在弹出的“选择功能”对话框中选中需要安装程序前的复选框，单击“下一步”按钮，如图 5-61 所示。

（6）系统开始安装主板对应的驱动程序，并显示安装进度，完成后在弹出的对话框中可查看驱动信息，单击“下一步”按钮，如图 5-62 所示。

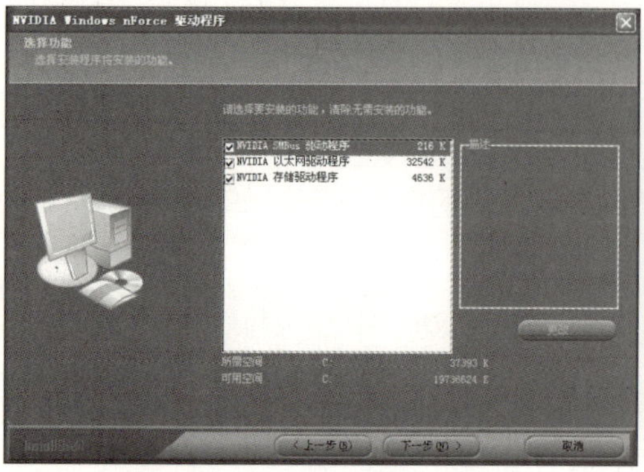

图 5-61　选择安装的驱动程序

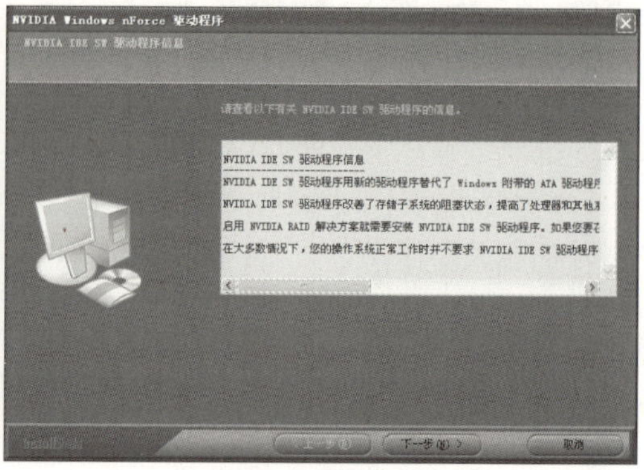

图 5-62　查看驱动信息

（7）弹出提示对话框，询问是否安装驱动程序，单击“是”按钮，如图 5-63 所示，系统继续安装驱动程序，并显示安装进度。

（8）在弹出的对话框中选中“是，立即重新启动计算机”单选项，单击“完成”按钮，重新启动计算机后，完成主板驱动程序的安装操作，如图 5-64 所示。

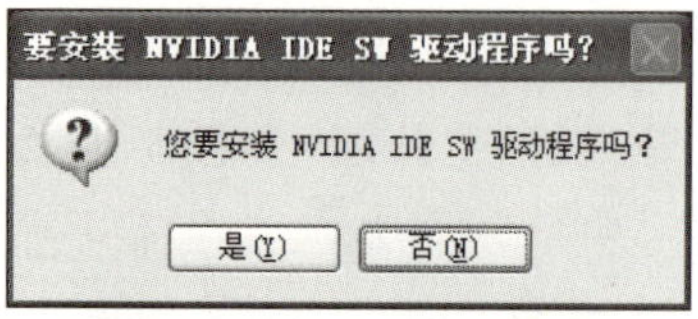

图 5-63　继续安装驱动程序

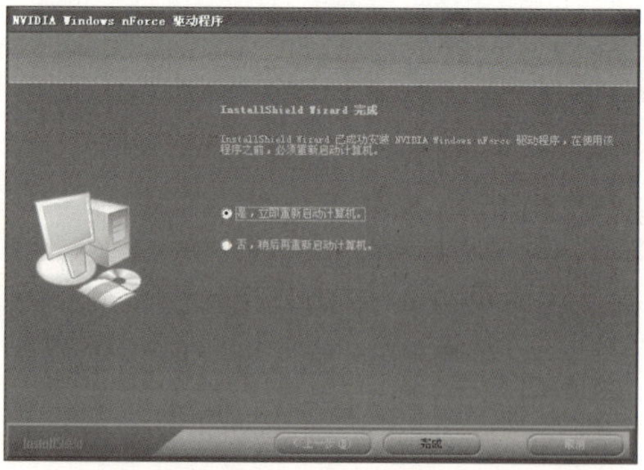

图 5-64　完成安装

提示　其他硬件的驱动程序安装方法与主板驱动程序安装方法相似，这里将不再赘述。如果需要从网上下载驱动程序，其安装方法同安装常用软件相似。

操作三　获取常用软件

◆ 实例目标

常用软件获取的途径主要有 3 种，分别为从网上下载软件安装文件、购买软件安装光盘和购买软件图书时赠送。本例要求从网上下载“WinRAR 3.90 简体中文版”压缩/解压软件，通过本例的操作，了解获取常用软件的方法。

> **提示**
>
> 获取常用软件的 3 种方法介绍如下：第一种是从网上下载安装程序，用户只需要到软件下载网站上查找并下载这些安装文件即可；第二种是购买安装光盘，到正规的软件商店购买正版的软件安装光盘，不但软件的质量有保证，还能享受升级服务和技术支持；第三种是购买软件图书时赠送，某些计算机杂志或书籍中常常附送了部分软件安装文件的光盘。

◆ 操作步骤

（1）启动 IE 浏览器，打开天空软件网站（http://www.skycn.com/index.html），在“软件搜索”栏输入需要下载的软件名称，这里输入“WinRAR 3.90 简体中文版”，如图 5-65 所示，单击“软件搜索”按钮。

（2）此时会搜索并显示出 WinRAR 下载网页，单击“下载地址”栏下相应的超级链接，如图 5-66 所示。

图 5-65　查找软件

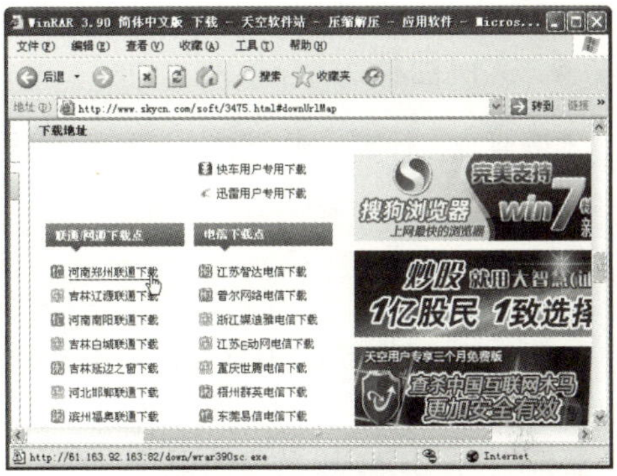

图 5-66　单击超级链接

（3）弹出“文件下载 - 安全警告”对话框，单击“保存”按钮，如图 5-67 所示。

（4）弹出“另存为”对话框，在“保存在”下拉列表框中选择存储的位置，在“文件名”文本框中输入软件名称，单击“保存”按钮，如图 5-68 所示。

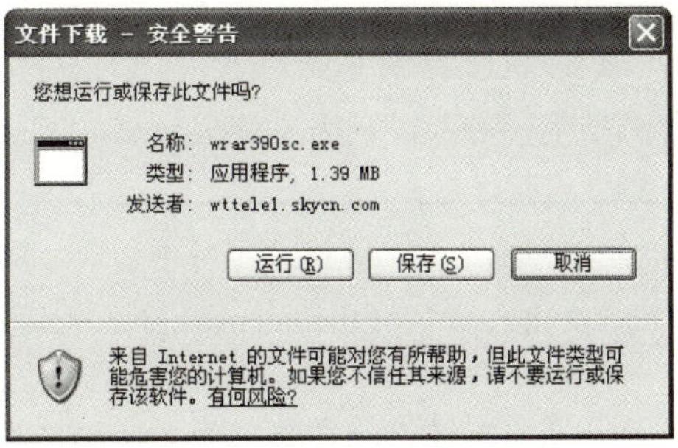

图 5-67　单击“保存”按钮

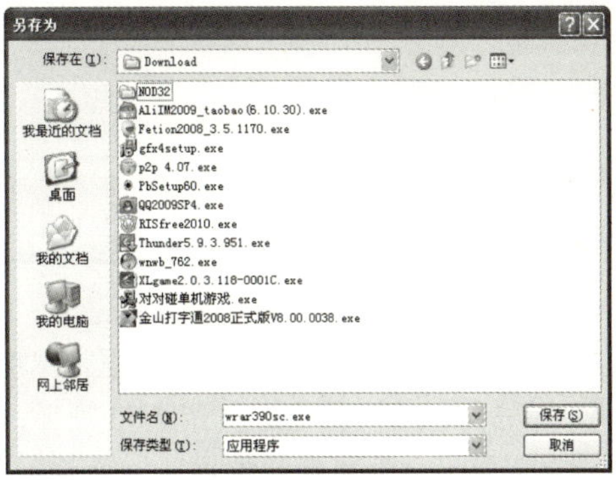

图 5-68　保存文件

（5）此时开始下载软件并显示下载进度，如图 5-69 所示。

（6）软件下载完成之后，会弹出如图 5-70 所示对话框，单击“关闭”按钮。

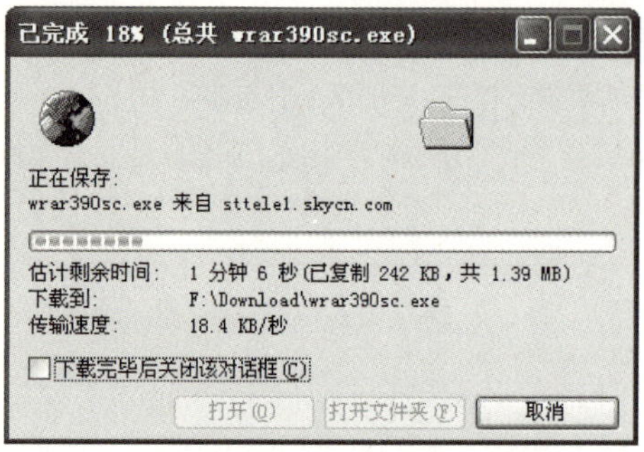

图 5-69　正在下载

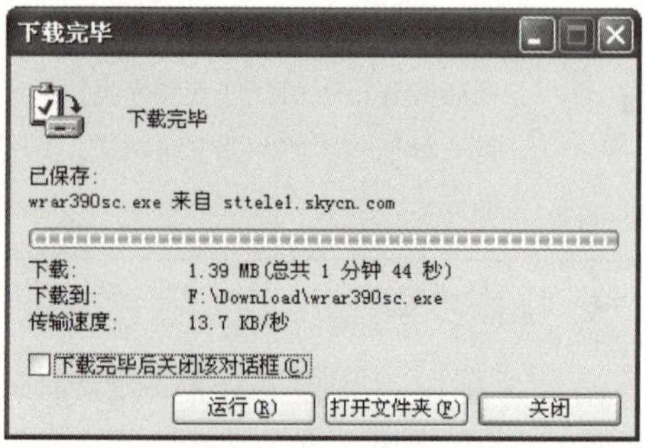

图 5-70　下载完成

操作四　安装计算机测试软件

◆ 实例目标

本例要求在计算机中安装计算机测试软件 3DMark，通过本例的操作，了解安装常用软件的相关操作。

◆ 操作步骤

（1）先从网上下载 3DMark 的安装程序，然后在计算机中找到该程序并双击，如图 5-71 所示。

（2）打开 3DMark 的安装向导，单击“Next”按钮，如图 5-72 所示。

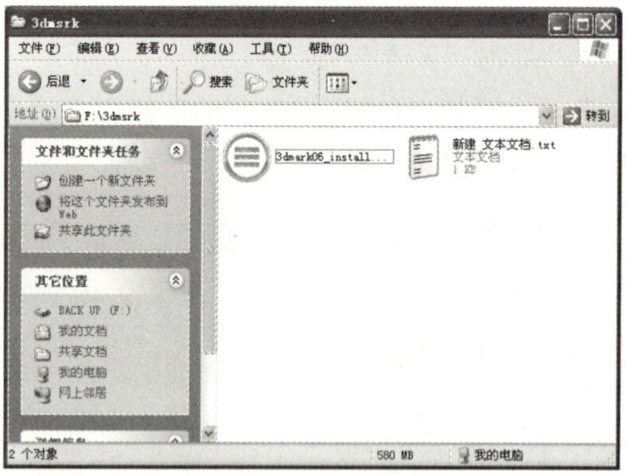

图 5-71　双击安装程序

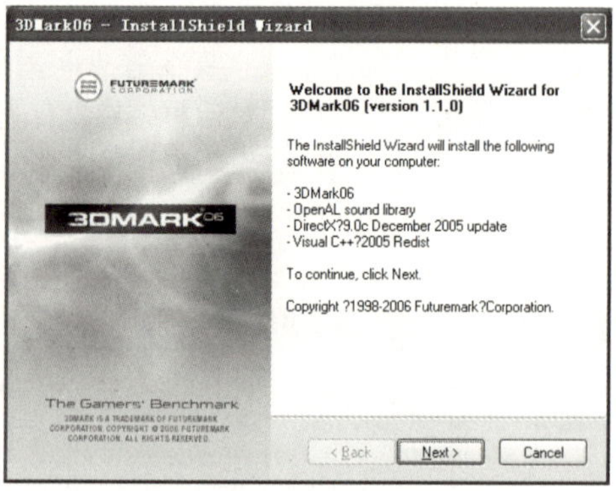

图 5-72　打开安装向导

（3）弹出“许可协议”的对话框，选中“I accept the terms of the license agreement”单选项，单击“Next”按钮，如图 5-73 所示。

（4）弹出“设置安装位置”对话框，单击“Browse”按钮，在弹出的对话框中设置程序的安装位置，单击“Next”按钮，如图 5-74 所示。

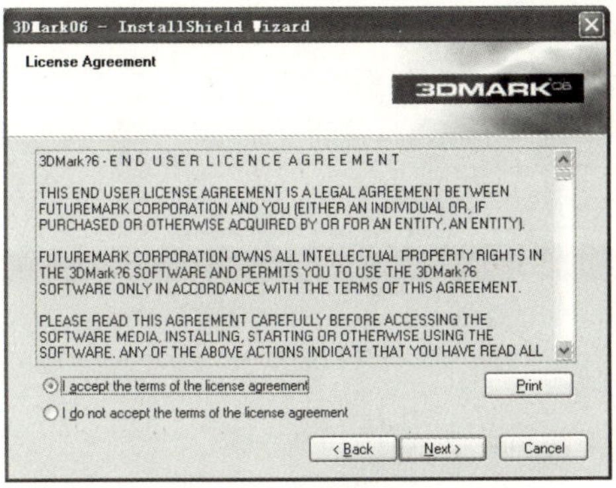

图 5-73　设置许可协议

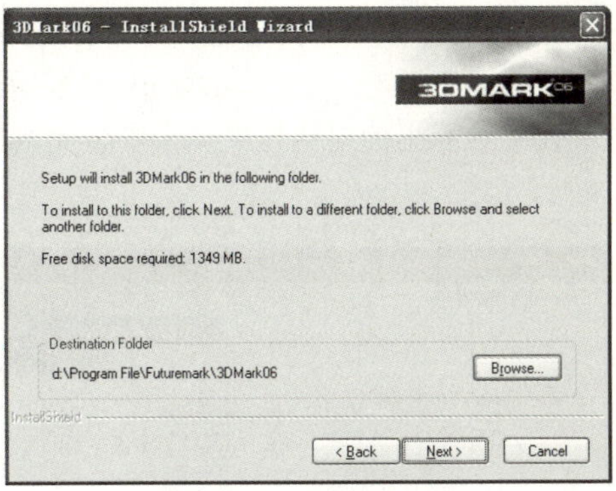

图 5-74　设置安装位置

（5）在弹出的对话框中提示准备工作已完成，单击“Install”按钮，如图 5-75 所示。

（6）开始安装 3DMark 并显示安装进度，如图 5-76 所示。

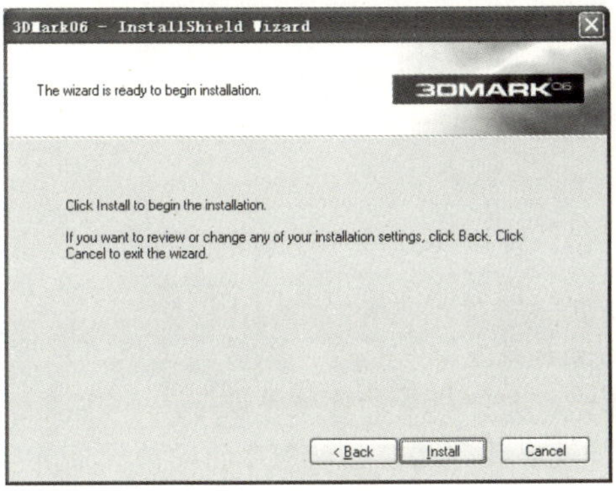

图 5-75　开始安装

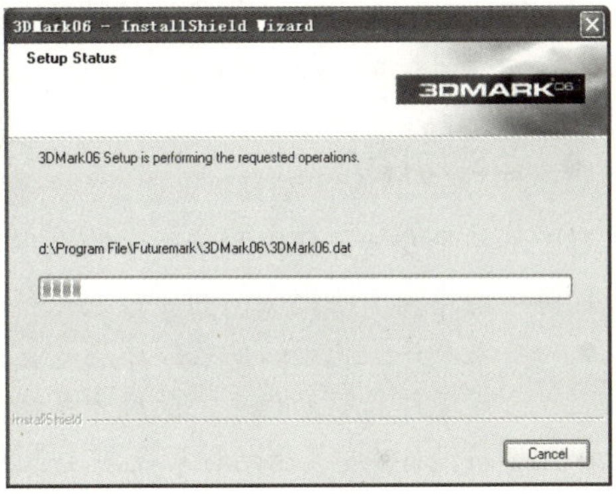

图 5-76　显示安装进度

（7）安装完 3DMark 源程序后，还需要安装一些辅助程序，如图 5-77 所示为辅助程序的安装进度。

（8）接着弹出“安装 OpenAL 程序”对话框，单击“OK”按钮，在弹出的提示框中单击“确定”按钮，如图 5-78 所示。

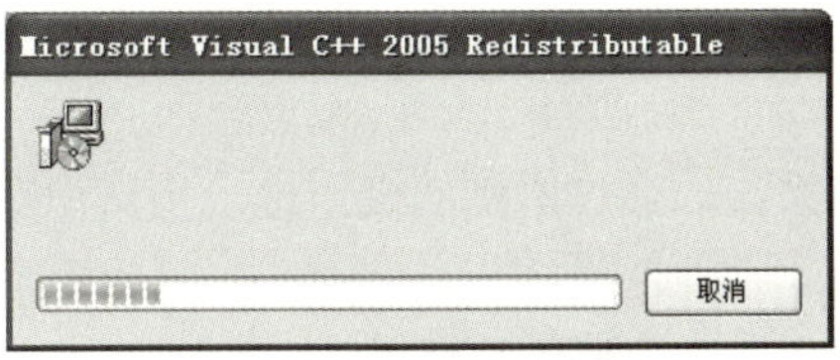

图 5-77　辅助程序的安装进度

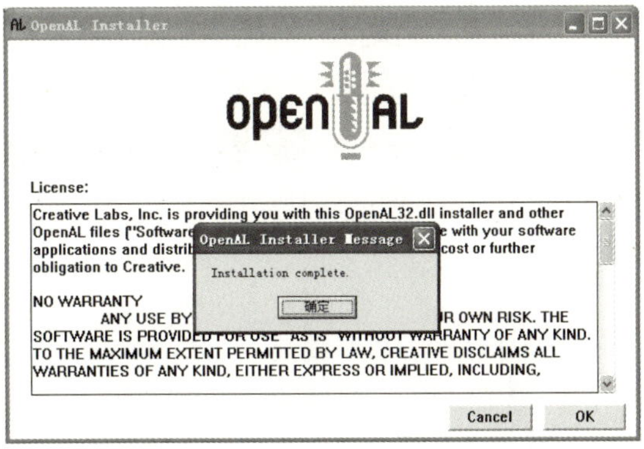

图 5-78　“安装 OpenAL 程序”对话框

（9）弹出“注册”对话框，在“Registration Code”文本框中输入软件的注册码，或者单击“Open”按钮，打开3DMark官方网站进行注册，如图5-79所示。

（10）在弹出的对话框中提示安装完成，单击“Finish”按钮完成安装，如图5-80所示。

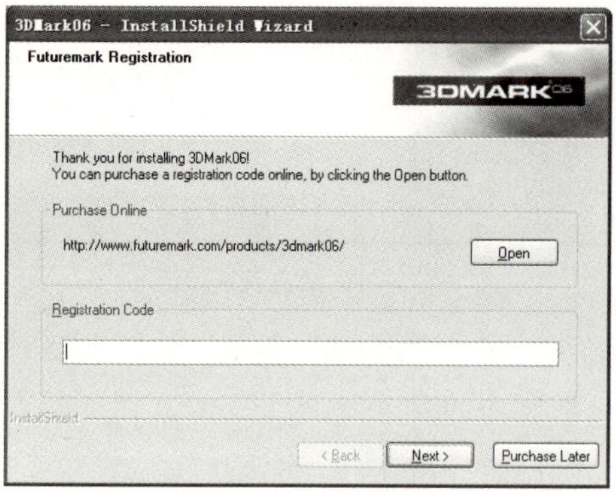

图5-79　输入注册码

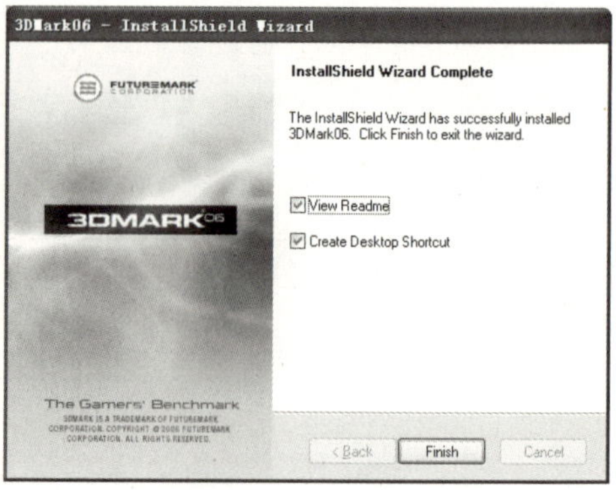

图5-80　完成安装

◆ 学习与探究

对于不熟悉安装计算机驱动程序的用户来说，使用驱动程序安装光盘进行安装比较实用，这样可避免由于错误操作而导致的系统故障，但需要注意以下两个问题：

- 安装顺序：正确的安装顺序应是首先安装显卡驱动程序，然后是主板、声卡和网卡等硬件的驱动程序，最后才是摄像头、打印机等外部硬件设备。
- 屏蔽设备：安装驱动程序之前，应该将没有找到相应驱动程序的硬件设备屏蔽掉，这样可避免发生硬件设备资源冲突的不兼容现象。

在安装软件时，要注意以下两个问题：

- 安装组件：安装软件只需要安装该软件的主程序，对于软件中捆绑的其他程序，则不需要安装，这样可以节省磁盘空间，增强系统的稳定性。对于计算机初学者，这一点特别需要注意。
- 安装路径：软件的默认安装路径为“系统分区盘符:\Program Files\”，为了增加操作系统的稳定性，一般都将软件安装到系统分区外的其他分区。

实训一　安装 Windows Vista 操作系统

◆ 实训目标

本例要求在计算机中安装Windows Vista操作系统，通过本例的操作进一步认识安装操作系统的相关操作。具体操作要求如下：

- 设置计算机为光驱启动，并将系统盘划分为至少20GB的空间。
- 利用安装光盘启动计算机，并按照安装向导提示进行安装。

- 选择安装 Windows Vista Ultimate（最终版）版本。
- 安装完成后，连接网络激活操作系统。

◆ 实训分析

本实训的操作思路如图 5-81 所示。在操作过程中需要注意，Windows Vista 要求安装在 NTFS 格式的磁盘分区中，其他分区可以为 FAT32 格式，如果要安装该系统的磁盘分区不是 NTFS 格式，必须先将其转换为 NTFS 格式。另外，系统的产品密钥和激活码在光盘包装盒中可以找到。

图 5-81　安装 Windows Vista 操作系统的操作思路

实训二　下载并安装 360 安全卫士

◆ 实训目标

本实训要求从网上下载并安装 360 安全卫士软件，通过本实训的操作以加强对获取软件和安装软件的熟悉程度。具体操作要求如下：

- 启动 IE 浏览器，在地址栏中输入“http://www.360.cn/”。
- 进入 360 安全中心，在其中选择 360 安全卫士软件。

- 单击“下载”按钮，将软件下载到计算机中相应的位置。
- 双击下载的安装程序，在打开的安装向导中根据提示安装软件。

◆ 实训分析

本例的操作思路如图 5-82 所示。利用本例的操作思路，基本上可以安装所有的软件。

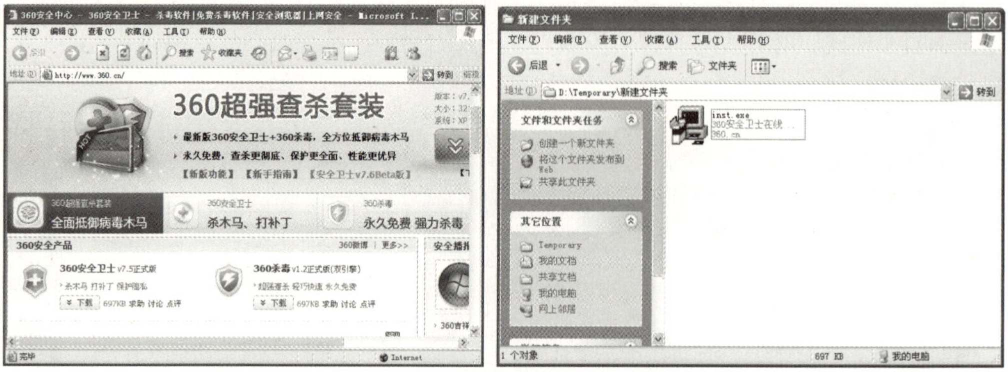

① 下载软件　　② 安装软件

图 5-82　下载并安装 360 安全卫士的操作思路

实践与提高

根据本模块所学内容，动手完成以下操作：

（1）按照本模块介绍的方法，在计算机中安装 Windows XP 操作系统。

（2）在安装完操作系统的计算机中安装相应的驱动程序。

（3）为计算机下载并安装 360 杀毒软件。

（4）在计算机中安装 Office 2007 常用软件。

（5）在安装了 Windows XP 操作系统的计算机中，尝试能否直接升级到 Windows 7。

（6）在网上搜寻安装操作系统对计算机的硬件有什么要求，如果有，分别了解安装 Windows XP 和 Windows 7 的硬件要求有什么不同。

（7）测试用同一台计算机安装 Windows XP 和 Windows 7 的安装时间，然后使用两台不同的计算机（最好是 CPU 性能和内容容量有较大区别的计算机）测试安装 Windows 7 的时间，并找出时间差别的原因。

（8）用两台组装时间相差 3 年的计算机，分别安装 Windows XP 和 Windows 7 操作系统，并安装相应的驱动程序，看看有什么差别，并找出差别的原因。

模块六

操作系统的优化、备份与还原

对计算机操作系统进行优化、备份与还原的目的是为了减少计算机出现故障的几率并提高运行效率。一台进行了系统备份与优化的计算机，会一直处于较好的工作状态，一旦出现重大系统故障时，也能迅速还原；而一台从未维护的计算机，重要的数据可能会无缘无故地丢失，操作系统也可能会时常出错。本模块主要讲解计算机系统的优化、备份与还原的相关知识。

学习目标

- 了解计算机整体性能测试的知识
- 掌握操作系统优化的方法
- 掌握操作系统备份与还原的方法
- 掌握恢复删除数据的方法

任务一　计算机整机性能测试

◆ 任务目标

本任务的目标是熟悉计算机整体性能测试的基本知识，主要包括使用 PCMark 和 3DMark 两种软件对计算机进行测试。具体目标要求如下：

（1）掌握 PCMark 测试计算机整机性能的方法。

（2）掌握 3DMark 测试计算机显示性能的方法。

操作一　使用 PCMark 程序测试计算机整机性能

◆ 实例目标

本例要求在计算机中使用 PCMark 测试计算机的整机性能，通过本例的操作，了解使用 PCMark 程序测试计算机整机性能的相关操作。

◆ 操作步骤

（1）选择“开始”→“所有程序”→“Futuremark”→“PCMark05”→“PCMark05”菜单命令，弹出“PCMark05”对话框，如图 6-1 所示。

（2）单击“Run PCMark”按钮，PCMark05 程序将开始对计算机进行测试，并弹出测试进程对话框，这一过程可能会花费很长一段时间。

（3）完成测试后将弹出“PCMark Score”对话框，在其中可查看到计算机整机的性能测试结果和评分，如图 6-2 所示。

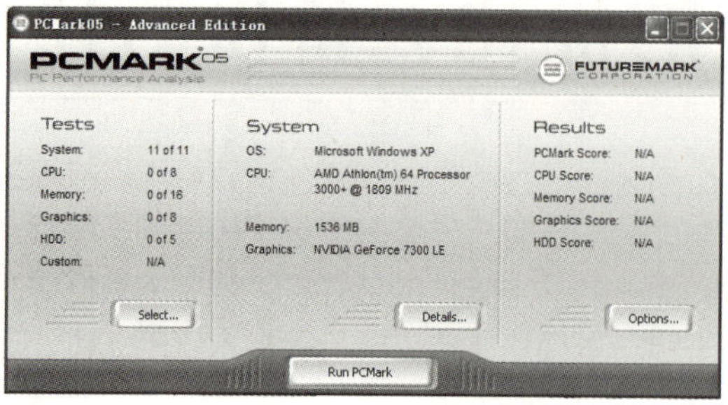

图 6-1　运行 PCMark05 程序

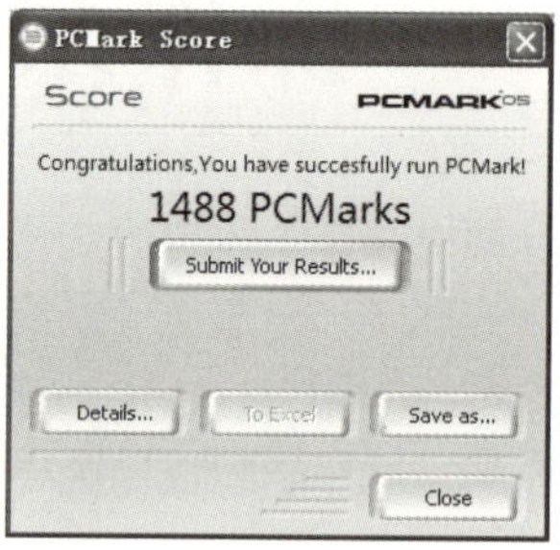

图 6-2　得出测试结果

提示　PCMark05 是 Futuremark 推出的整机综合性能测试软件，包括 HD 录影自动译码、数字式音乐内码、先进穿线和基于追踪的硬盘性能测试，通过评分展示计算机的性能。

操作二　使用 3DMark 程序测试计算机整机性能

◆ 实例目标

本例要求在计算机中使用 3DMark 测试计算机的整机性能，通过本例的操作，了解使用 3D Mark 程序测试计算机整机性能的相关操作。

◆ 操作步骤

（1）选择“开始”→“所有程序”→“Futuremark”→“3DMark06”→“3DMark06”菜单命令，弹出“3DMark06”对话框，单击“Run 3DMark”按钮开始测试

（2）3DMark06 程序开始对显卡进行测试，待完成测试后，弹出“3DMark Score”对话框，用户可在其中看到测试结果，如图 6-3 所示。

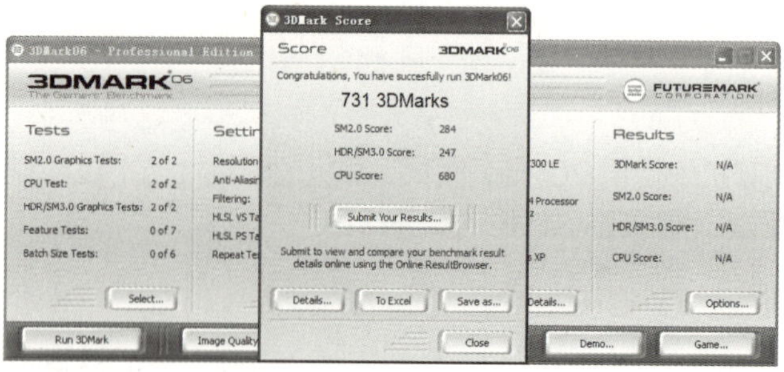

图 6-3　运行 3DMark05 程序

> **提示**　3DMark 是 futuremark 公司的一款专为测量显卡性能的软件，随着软件的发展，不仅能衡量显卡性能，还能衡量整机性能。

任务二　操作系统的优化

◆ 任务目标

本任务的目标是对 Windows XP 操作系统进行优化设置的基本知识，主要包括优化开机速度和用 Windows 优化大师对系统进行优化等的相关操作。具体目标要求如下：

（1）掌握设置操作系统启动项的方法。

（2）掌握关闭多余服务的方法。

（3）掌握使用 Windows 优化大师优化系统的方法。

操作一　取消多余的启动项

◆ 实例目标

某些软件在安装之后会默认随操作系统的启动而自动运行（病毒程序和恶意破坏程序也是），这样会使操作系统启动的速度变慢。为了加快操作系统的启动速度，可以减少开机自动运行的程序。本例要求在计算机中取消多余的启动项，通过本例的操作，了解通过取消多余的启动项优化系统的相关操作。

◆ 操作步骤

（1）选择“开始”→“运行”菜单命令，弹出“运行”对话框，在“打开”下拉列表框中输入“msconfig”，单击“确定”按钮，如图 6-4 所示。

（2）在弹出的“系统配置实用程序”对话框中切换到“启动”选项卡，在“启动项目”列表框中取消选中取消启动程序前面的复选框，设置完成后单击“确定”按钮，如图 6-5 所示。

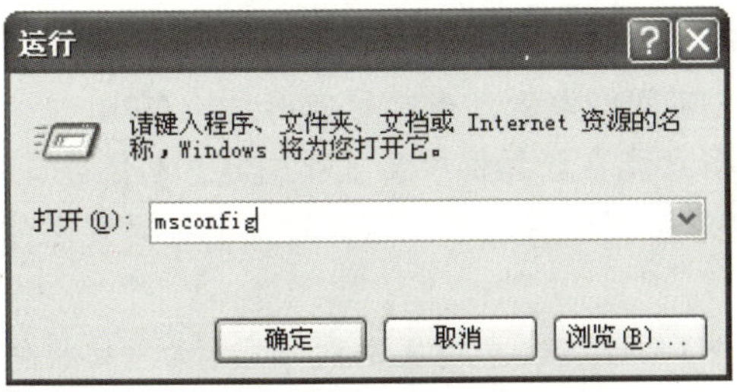

图 6-4　输入命令

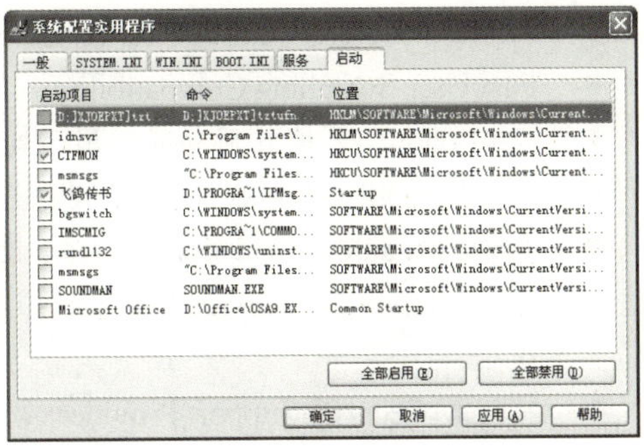

图 6-5　取消启动项

（3）弹出提示重新启动计算机的对话框，单击“重新启动”按钮重新启动计算机后，取消选中的程序将不会随系统的启动而自动运行。

操作二　关闭多余的服务

◆ 实例目标

Windows XP 操作系统启动时会自动加载许多服务，这些服务在系统和网络中发挥着很大的作用。不过也有些服务对普通用户无意义，而且启用这些服务后会占有不少的计算机资源，因此可以通过关闭不需要的服务来提高计算机的性能。本例要求在计算机中关闭多余的服务，通过本例的操作，了解通过关闭多余的服务来优化系统的相关操作。

◆ 操作步骤

（1）选择“开始”→“运行”菜单命令，弹出“运行”对话框，在“打开”下拉列表框中输入“Services.msc”，单击“确定”按钮。

（2）打开“服务”窗口，如图 6-6 所示，在右侧的列表框中双击需要关闭的服务项。

（3）弹出该服务项的属性对话框，在“启动类型”下拉列表框中选择“已禁用”选项，单击“确定”按钮，如图 6-7 所示。

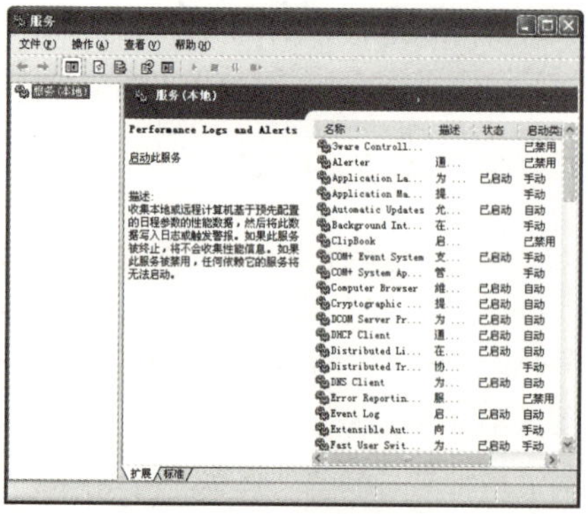

图 6-6　“服务”窗口

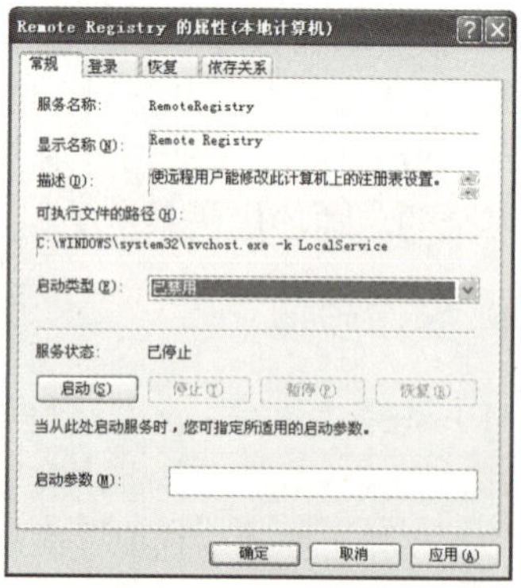

图 6-7　禁用服务项

在 Windows XP 操作系统中，部分可关闭的服务如下：

- Printer Spooler：指打印机后台处理程序。
- Fast User Switching Compatibility：指快速用户切换兼容性。
- Net Logon：网络注册功能，用于处理注册信息等网络安全功能。
- Uninterruptible Power Supply：指 UPS 不间断电源，用于管理用户的 UPS。
- Task Scheduler：指任务调度程序，使用户能在计算机中配置和制定自动任务日程。
- Error Reporting Service：指系统服务和应用程序在非正常环境下运行时发送错误报告。
- NT LM Security Support Provider：指 NT LM 安全支持提供商，用于为网络提供安全保护。

- Remote Registry：指远程注册表，可使网络中的远程用户能修改本地计算机中的注册表设置。
- Windows Image Acquisition：指 Windows 图像获取功能，用于为扫描仪和照相机提供图像捕获。
- Remote Desktop Help Session Manager：指远程桌面帮助会话管理器，用于网络中的远程通信。
- Network DDE 和 Network DDE DSDM：主要用于动态数据交换，用户可在网上共享自己的文件。

操作三 用 Windows 优化大师优化系统

◆ 实例目标

Windows 优化大师是一款具有系统检测、系统优化、系统清理和系统维护 4 大功能模块的专业系统优化软件。本例要求在计算机中使用 Windows 优化大师优化操作系统，通过本例的操作，了解使用 Windows 优化大师优化操作系统的相关操作。

◆ 操作步骤

（1）选择“开始”→“所有程序”→“Windows 优化大师”→“Windows 优化大师”菜单命令，启动 Windows 优化大师，在“开始”窗口中单击“一键优化”按钮，如图 6-8 所示。

（2）启动自动优化，并在窗口下面显示优化进程，如图 6-9 所示。

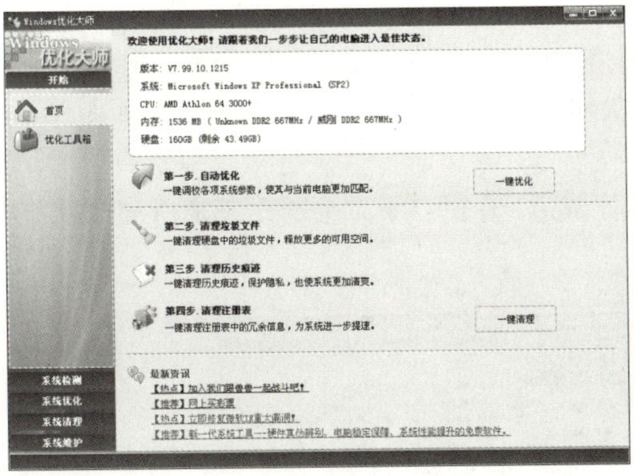

图 6-8 启动 Windows 优化大师

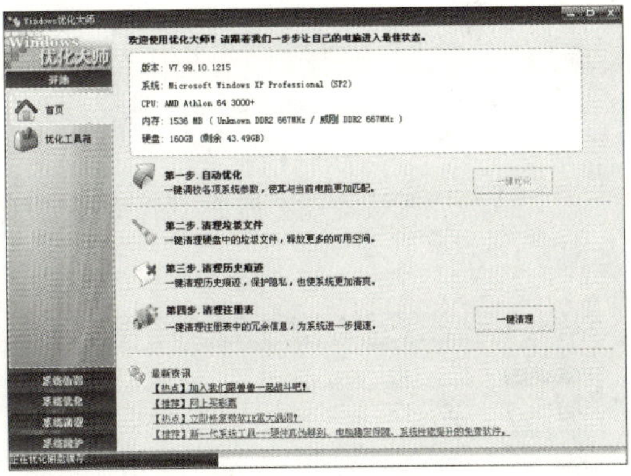

图 6-9 开始优化

（3）返回到 Windows 优化大师窗口，单击“一键清理”按钮，开始对系统的垃圾文件、历史痕迹和注册表进行清理，在一定时间后会弹出提示对话框，提示是否删除一些垃圾文件，单击“确定”按钮，如图 6-10 所示。

（4）将这些文件放入回收站，在弹出的提示框中单击“是”按钮，如图 6-11 所示。

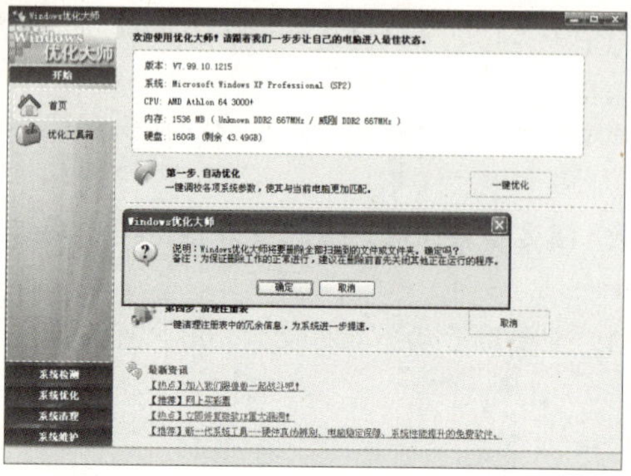

图 6-10　删除垃圾文件

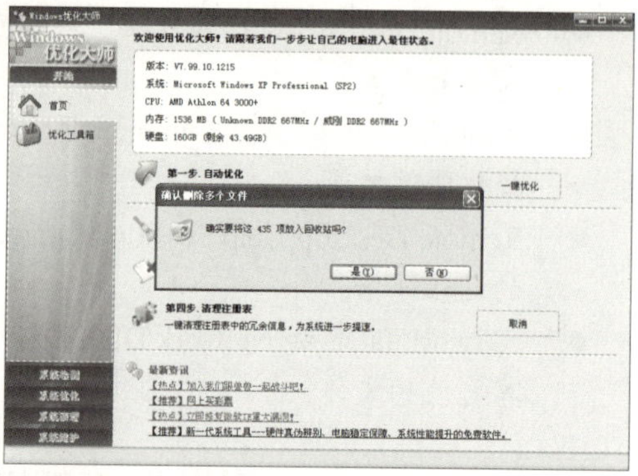

图 6-11　确认操作

（5）接着开始扫描历史记录，弹出提示对话框，单击“确定”按钮，如图 6-12 所示。

（6）然后开始清理注册表，弹出提示对话框，要求对注册表进行备份，单击“是”按钮，如图 6-13 所示。

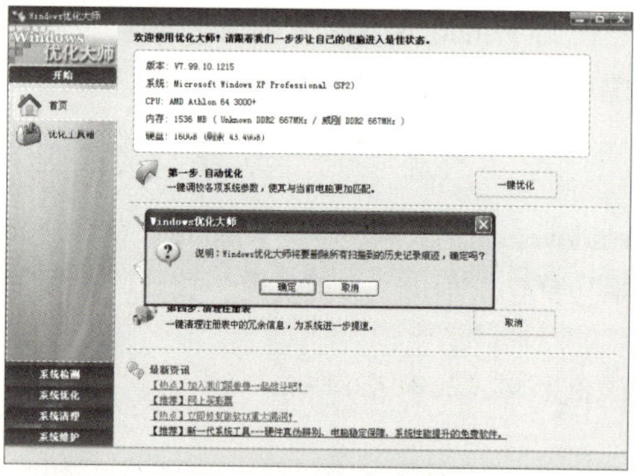

图 6-12　清理历史记录

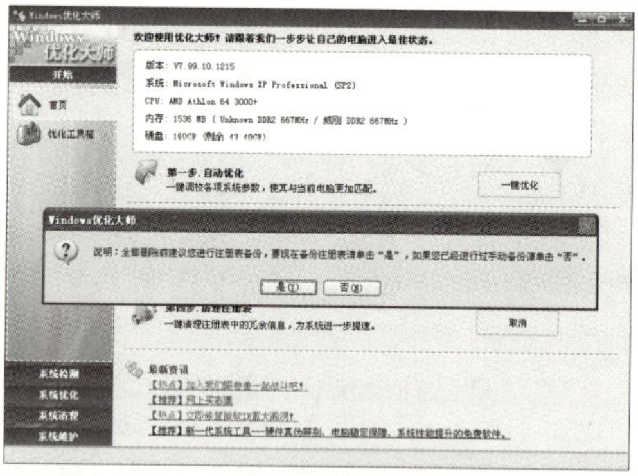

图 6-13　备份注册表

（7）接着开始扫描注册表信息，并弹出提示对话框，单击“确定”按钮，如图 6-14 所示。

（8）然后开始清理注册表中的垃圾信息，完成后，在窗口下方会提示完成所有的操作，如图 6-15 所示。

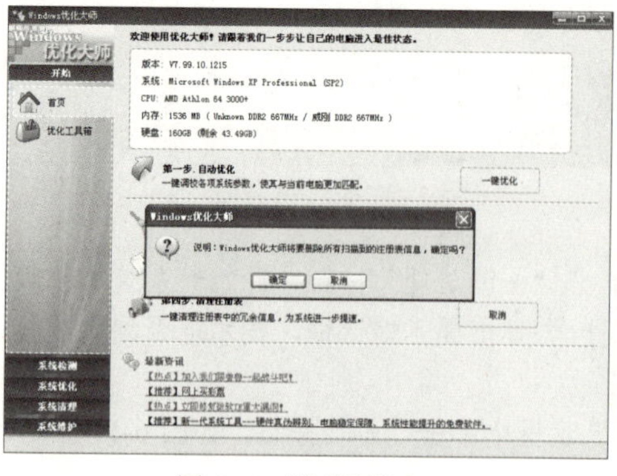

图 6-14　清理注册表

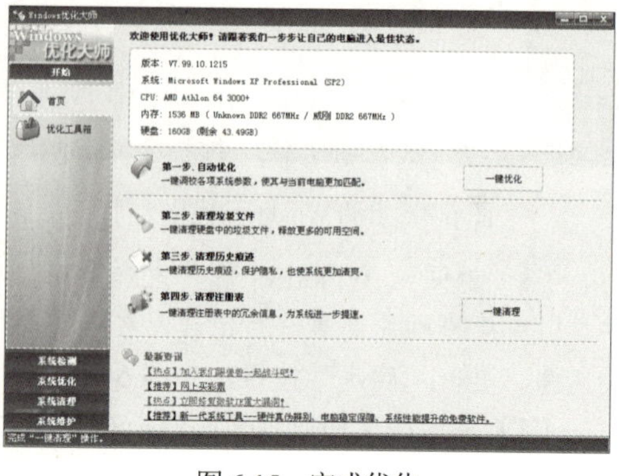

图 6-15　完成优化

任务三　操作系统的备份与还原

◆ 任务目标

本任务的目标是熟悉操作系统备份与还原的基本知识，主要包括使用 Ghost 备份与还原、使用 MS Backup 备份与还原和使用 EasyRecovery 恢复删除的数据等相关操作。具体目标要求如下：

（1）掌握使用 Ghost 备份与还原的方法。

（2）掌握使用 MS Backup 备份与还原的方法。

（3）掌握使用 EasyRecovery 恢复数据的方法。

操作一　使用 Ghost 备份与还原

◆ 实例目标

Ghost 是一款专业的系统备份和还原软件，使用它可以将某个磁盘分区或整个硬盘上的内容完全镜像复制到另外的磁盘分区和硬盘上。本例要求在计算机中使用 Ghost 备份与还原操作系统，通过本例的操作，了解使用 Ghost 备份与还原操作系统的相关操作。

◆ 操作步骤

（1）启动计算机，当出现多系统选择菜单时，按“↓”键选择“MaxDOS v5.7s”选项，再按“Enter”键，如图 6-16 所示。

（2）打开 MaxDOS v5.7s 的界面，保持默认选择的“运行 MaxDOS v5.7s!”选项，按“Enter”键，如图 6-17 所示。

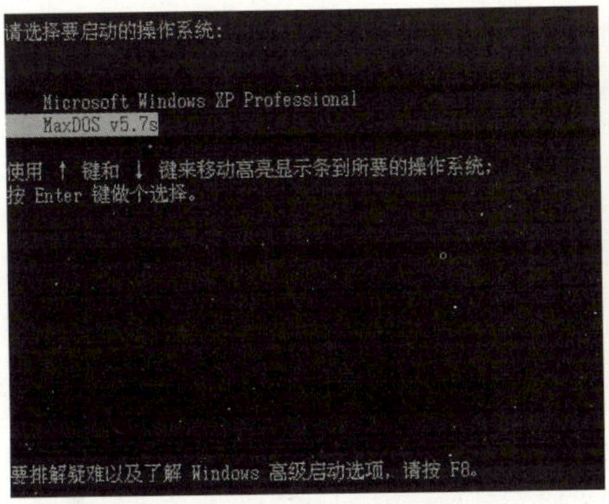

图 6-16　选择用 MaxDOS 启动

图 6-17　运行 MaxDOS

（3）启动 Maxdos，在光标闪烁处输入安装 Maxdos 时设置的密码，然后按“Enter”键，如图 6-18 所示。

（4）在打开的界面中选择启动模式，这里保持默认的“MAXDOS 工具集+PACRET

网卡驱动网刻”选项，按“Enter”键，如图 6-19 所示。

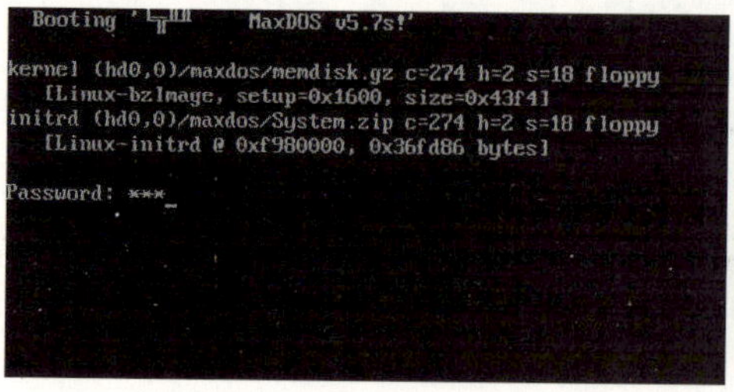

图 6-18　输入登录密码

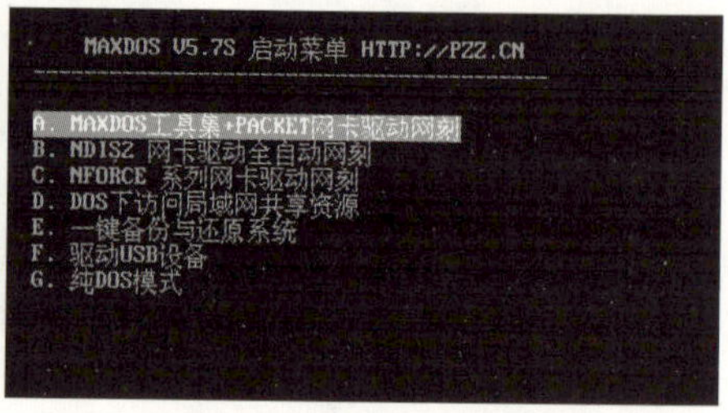

图 6-19　选择启动模式

（5）在打开的“MaxDOS 5.7 菜单”界面中选择操作任务，这里按“4”键启动 GHOST V8.3 企业版，如图 6-20 所示。

（6）在打开的 Ghost 主界面中显示了软件的基本信息，按“Tab”键激活“OK”按钮，按“Enter”键，如图 6-21 所示。

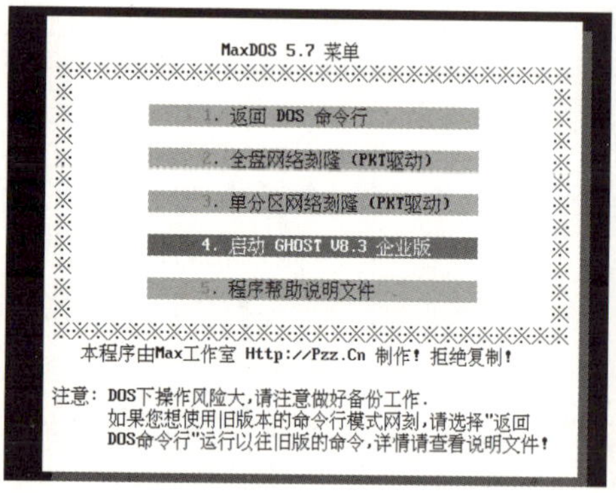

图 6-20　启动 GHOST V8.3 企业版

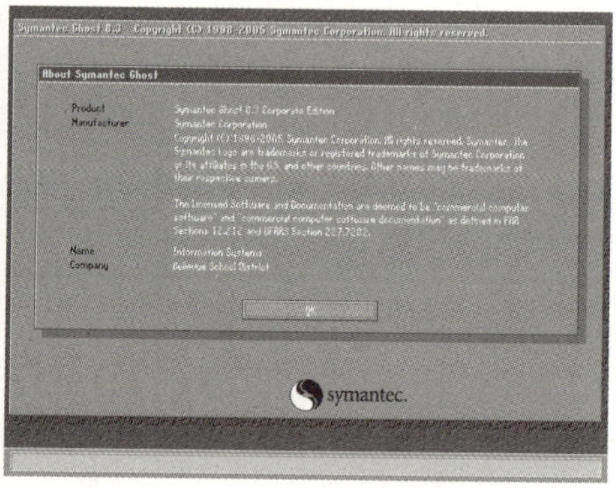

图 6-21　打开 Ghost 主界面

（7）在的打开 Ghost 界面中按“↓”和“→”键选择“Local”→“Partition”→“To Image”菜单命令，如图 6-22 所示。

（8）在弹出的对话框中选择硬盘（在有多个硬盘的情况下需慎重选择），这里直接按“Enter”键，如图 6-23 所示。

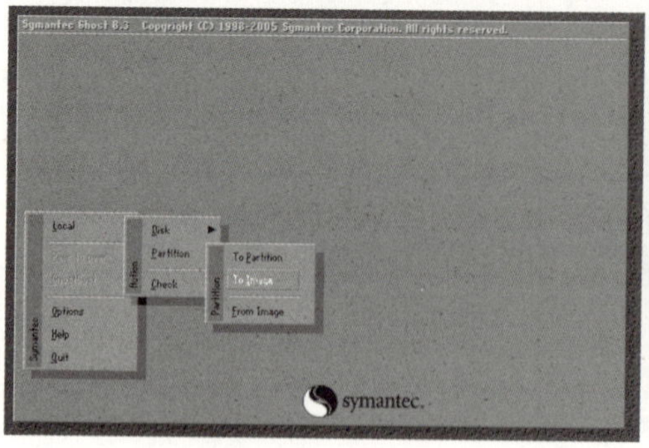

图 6-22　选择操作任务

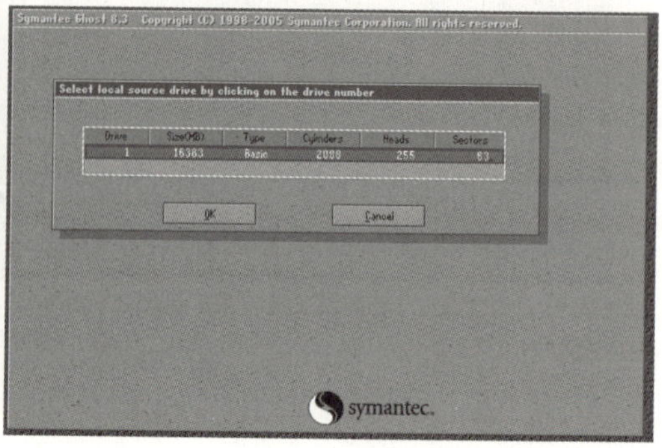

图 6-23　选择硬盘

提示　在 Ghost 界面中主要是通过方向键、“Enter”键和“Tab”键来进行操作，方向键和“Enter”键这里不必赘述，“Tab”键主要用于在界面中各个项目间的切换，当按“Tab”键激活某个项目后，该项目将呈高亮显示状态。

（9）在弹出的对话框中选择要备份的分区，这里选择系统盘所在的第 1 分区，按“Tab”键激活“OK”按钮，再按“Enter”键确认，如图 6-24 所示。

（10）在弹出的对话框中按“Tab”键激活“Lock in”下拉列表框，按“↓”键弹出下拉列表，选择 E 盘，再按“Enter”键确认，如图 6-25 所示。

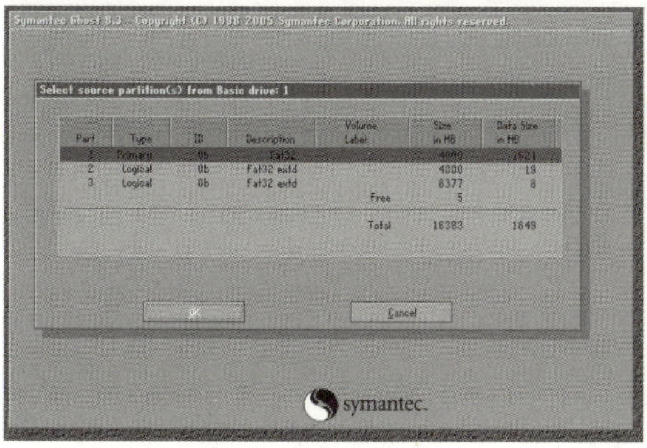

图 6-24　选择分区

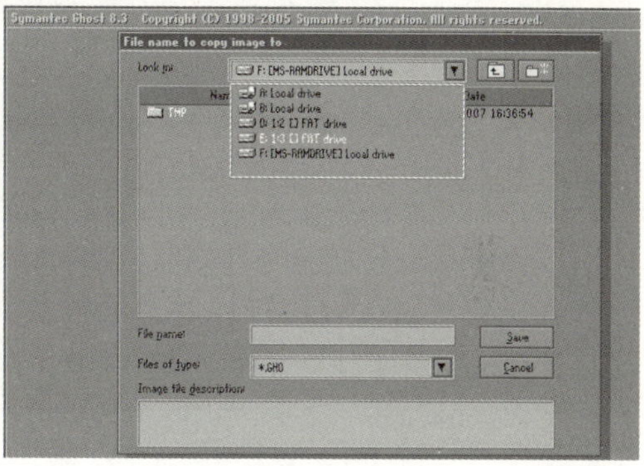

图 6-25　选择保存位置

（11）按“Tab”键激活“File name”文本框，输入镜像文件的名称“WINXP604”，再按“Tab”键激活“Save”按钮，按“Enter”键确认保存，如图 6-26 所示。

（12）在弹出的对话框中选择压缩方式，这里按“→”键激活“High”按钮，再按“Enter”键，如图 6-27 所示。

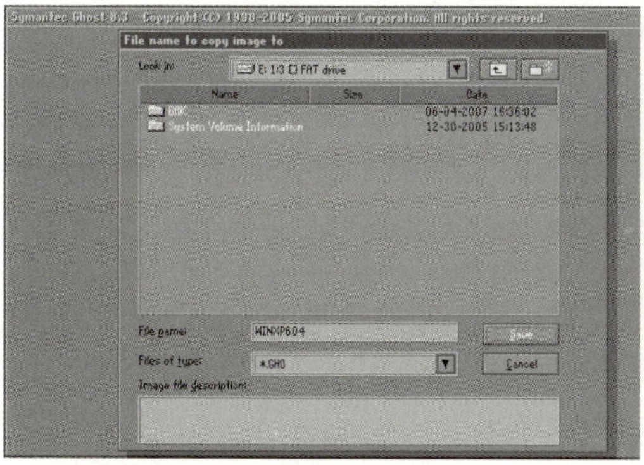

图 6-26　命名镜像文件

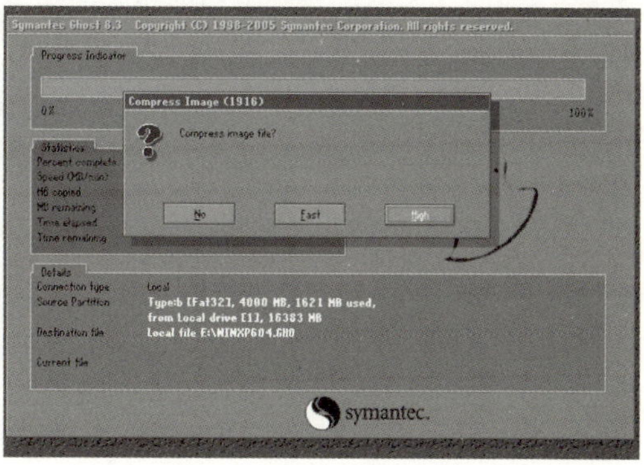

图 6-27　选择压缩方式

（13）在弹出的对话框中询问是否确认要创建镜像文件，按“←”键激活“Yes”按钮，然后按“Enter”键确认，如图 6-28 所示。

（14）Ghost 开始备份第 1 分区，并显示备份进度、速度与剩余时间等相关信息，如图 6-29 所示。

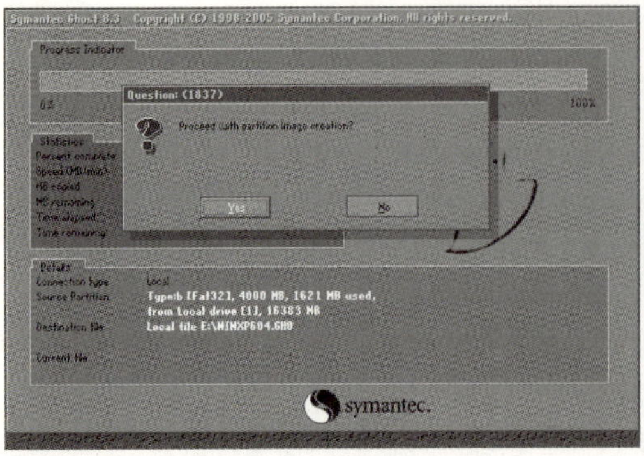

图 6-28　确认创建镜像文件

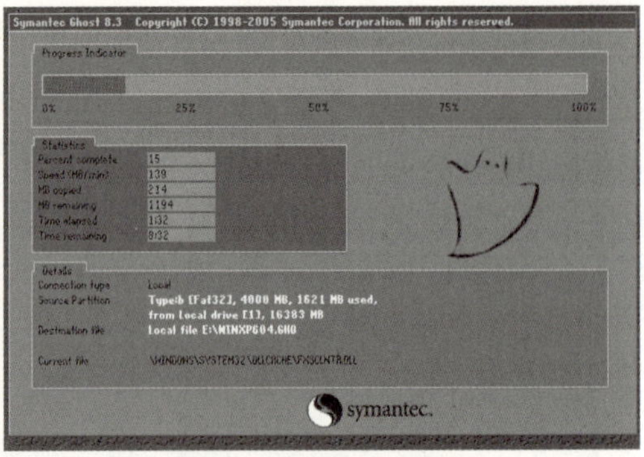

图 6-29　开始备份系统

（15）备份完成后，将弹出一个对话框提示备份成功，按“Enter”键返回 Ghost 主界面即可完成系统备份，如图 6-31 所示。

提示　如果在备份过程中自动弹出如图 6-30 所示的对话框，表示要备份的分区上的文件总量小于 Ghost 软件最初报告的总量（一般是由虚拟内存文件造成的），激活“Yes”按钮，再按“Enter”键确认即可继续进行备份操作，如图 6-30 所示。

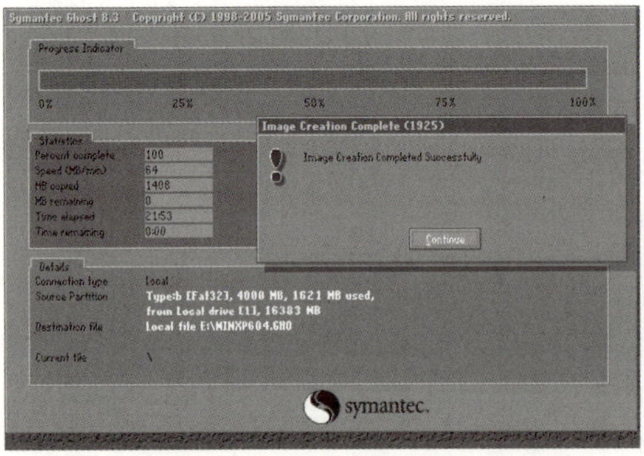

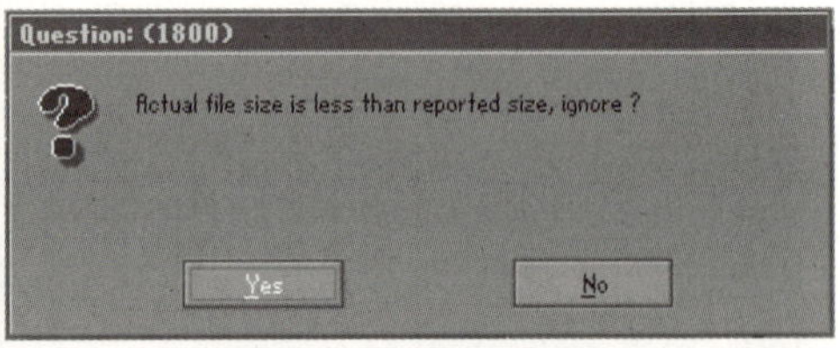

图 6-30　确认创建镜像文件

图 6-31　开始备份系统

（16）如果需要还原操作系统，可通过 MaxDOS 启动 GHOST V8.3 企业版，在打开的 Ghost 主界面中激活“OK”按钮，按“Enter”键，如图 6-32 所示。

（17）在弹出的 Ghost 界面中通过按“↓”和“→”键选择“Local”→“Partition”→“From Image”菜单命令，如图 6-33 所示。

（18）在打开的对话框中选择前面备份到 E 盘下的镜像文件“WINXP604”，按“Tab”键激活“Open”按钮，再按“Enter”键，如图 6-34 所示。

（19）在打开的对话框中显示了该镜像文件的大小及类型等相关信息，按“Enter”键确认，如图 6-35 所示。

提示　用 Ghost 还原系统时会改写整个磁盘分区，相当于重新安装了一次操作系统，并已配置好了各种系统设置并安装好了备份前的软件和硬件，这些只需在短短的几分钟内（具体时间根据计算机配置）即可完成。

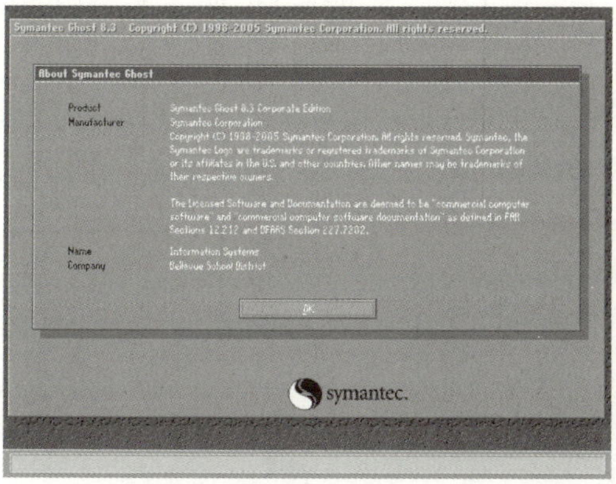

图 6-32　启动 GHOST V8.3 企业版

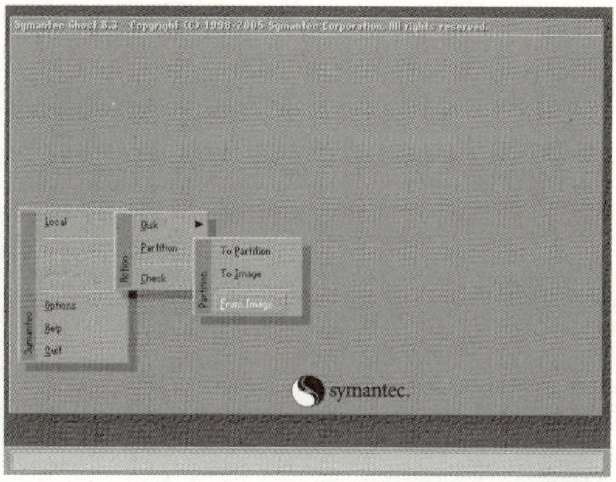

图 6-33　打开 Ghost 主界面

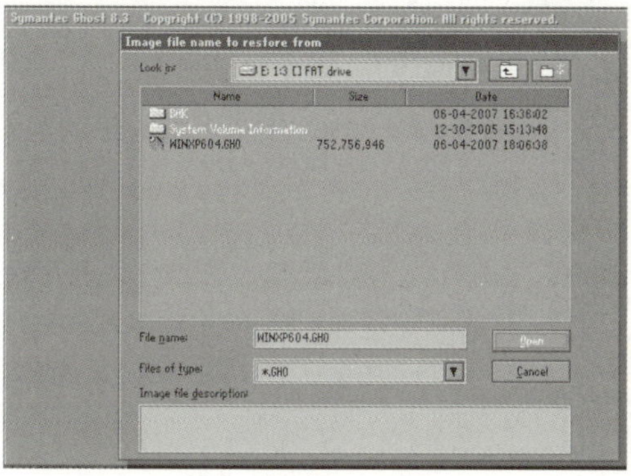

图 6-34　选择要还原的镜像文件

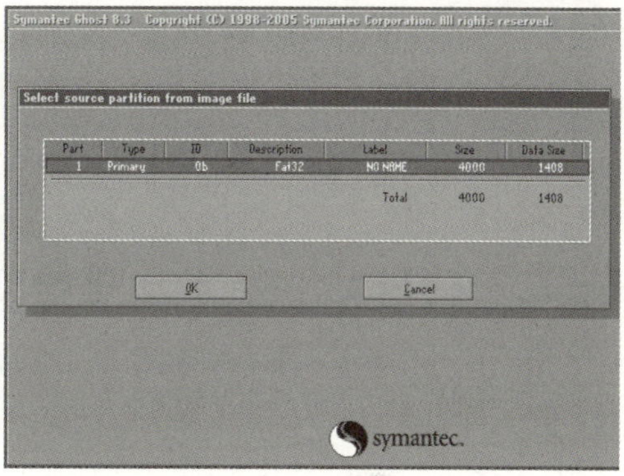

图 6-35　显示镜像文件信息

（20）在弹出的对话框中选择需要恢复到的硬盘，这里只有一个硬盘，因此直接按“Enter”键即可，如图 6-36 所示。

（21）在弹出的对话框中选择需要恢复到的磁盘分区，这里选择恢复到第 1 分区，按“Tab”键激活“OK”按钮，再按“Enter”键，如图 6-37 所示。

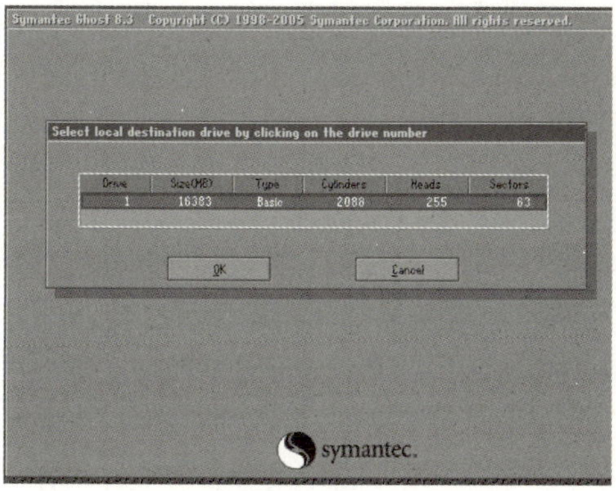

图 6-36　选择要还原到的硬盘

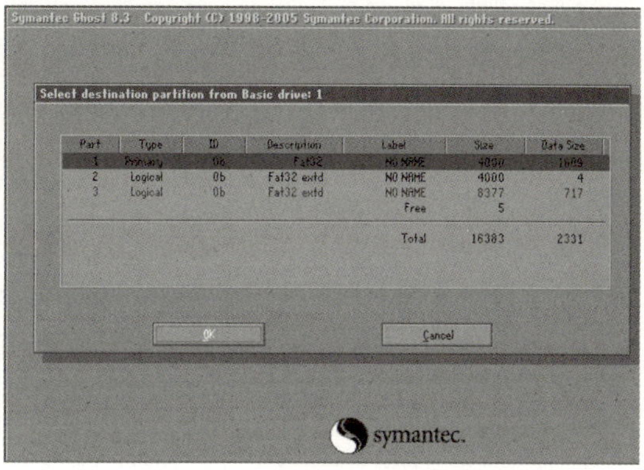

图 6-37　选择要还原到的分区

（22）在弹出的对话框中询问是否确定需要恢复，按“←”键激活“Yes”按钮，再按“Enter”键，如图 6-38 所示。

（23）此时 Ghost 开始恢复该镜像文件到系统盘，并显示恢复速度、进度和时间等信息，恢复完毕后，在弹出的对话框中激活“Reset Computer”按钮，按“Enter”键重启计算机，完成系统的恢复，如图 6-39 所示。

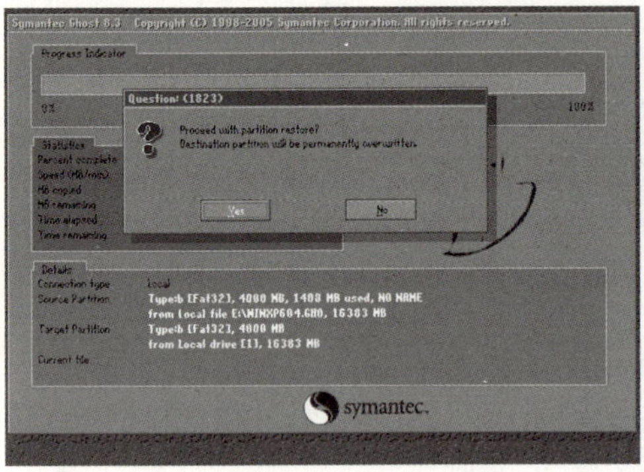

图 6-38　确认还原

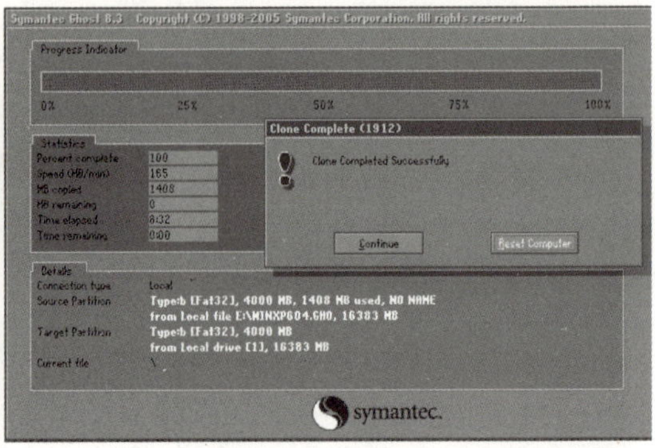

图 6-39　还原完毕

操作二　使用 MS Backup 备份工具

◆ 实例目标

MS Backup（Microsoft Backup）是 Windows XP 操作系统中自带的备份还原程序，使用该程序可备份硬盘中的文件和注册表。本例要求在计算机中使用 MS Backup 备份和还原注册表，通过本例的操作，了解使用 MS Backup 备份工具的相关操作。

◆ 操作步骤

（1）选择“开始”→“所有程序”→“附件”→“系统工具”→“备份”菜单命令，打开“备份或还原向导”对话框，单击其中的“高级模式”超级链接，如图 6-40 所示。

（2）弹出“备份工具 -〖无标题〗”对话框，切换到“备份”选项卡，在左侧的列表框中选中“System State”（系统状态）复选框，如图 6-41 所示。

（3）单击 C 盘旁的⊞号，选中“Documents and Settings”复选框，在该文件夹中包含了注册表文件，如图 6-42 所示。

（4）选择“工具”→“选项”菜单命令，弹出“选项”对话框，切换到“常规”选项卡，选中“完成备份后，验证数据。”复选框，如图 6-43 所示。

（5）切换到“备份类型”选项卡，在“默认备份类型”下拉列表框中选择“正常”选项，然后单击“确定”按钮，如图 6-44 所示。

（6）在左下角单击“浏览”按钮，在弹出的“另存为”对话框中设置备份文件的保存位置和文件名，然后单击“保存”按钮，如图 6-45 所示。

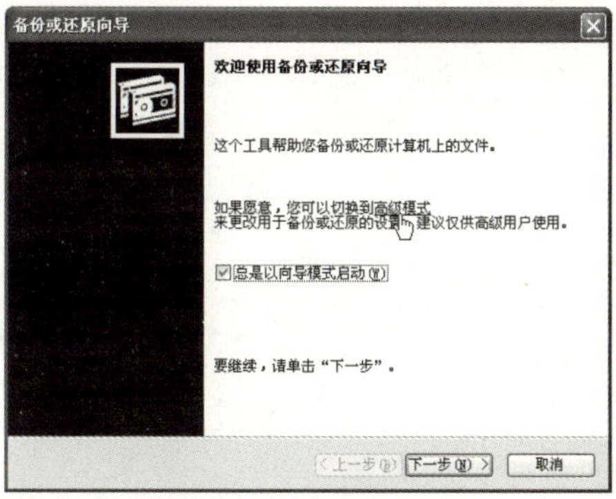

图 6-40 选择操作

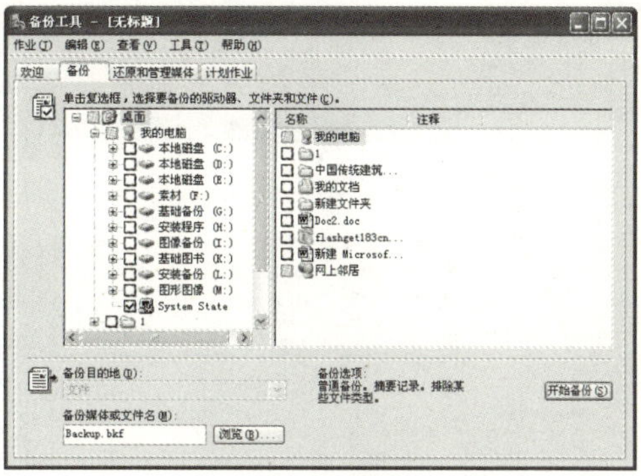

图 6-41 选择备份

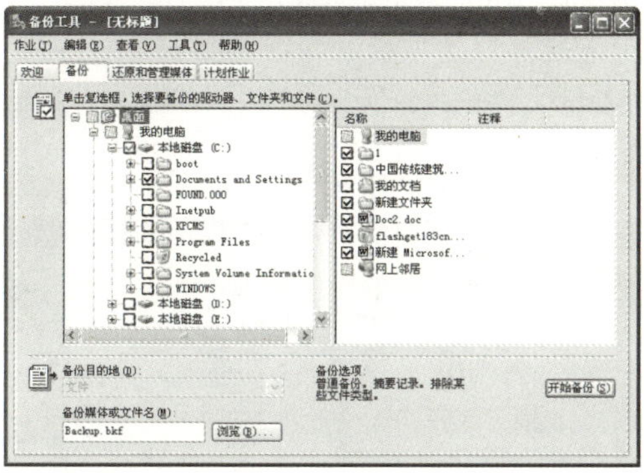

图 6-42 选择备份文件夹

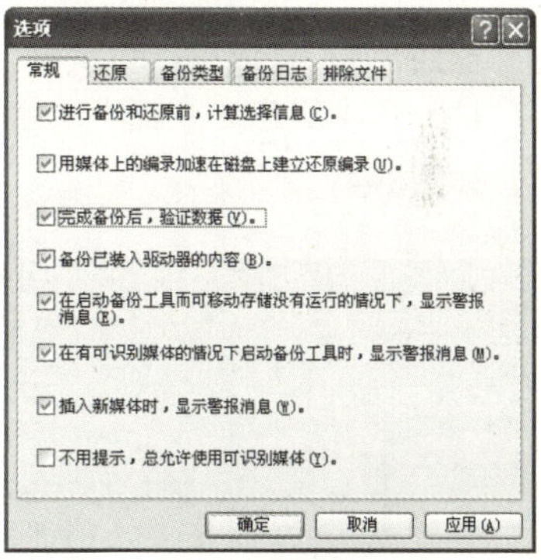

图 6-43 备份设置

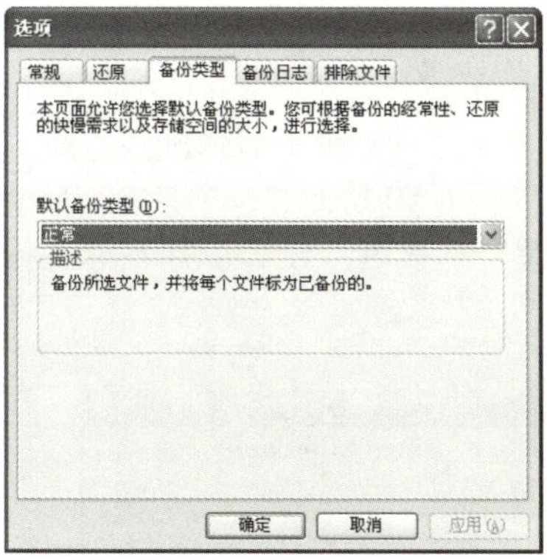

图 6-44 选择备份类型

图 6-45 设置备份位置

（7）完成后单击“开始备份”按钮，弹出“备份作业信息”对话框，在该对话框中可设置备份作业的相关信息，如图 6-46 所示。

（8）稍后将弹出“备份进度”对话框，并显示导入文件的进度，如图 6-47 所示。

（9）备份结束时单击对话框中的“报告”按钮，可以查看备份情况报告，也可以直接单击“关闭”按钮完成整个备份操作。

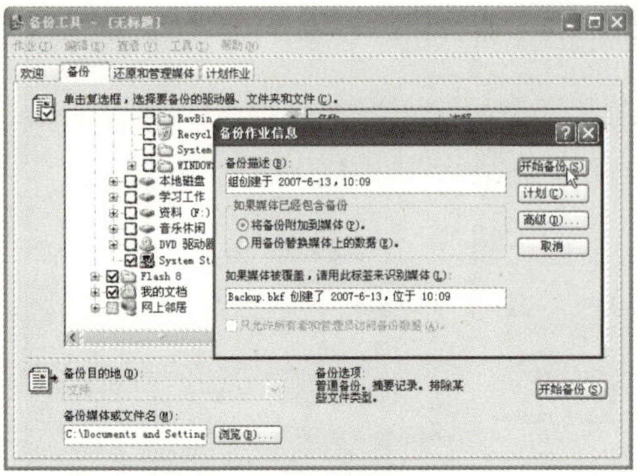

图 6-46　设置备份作业

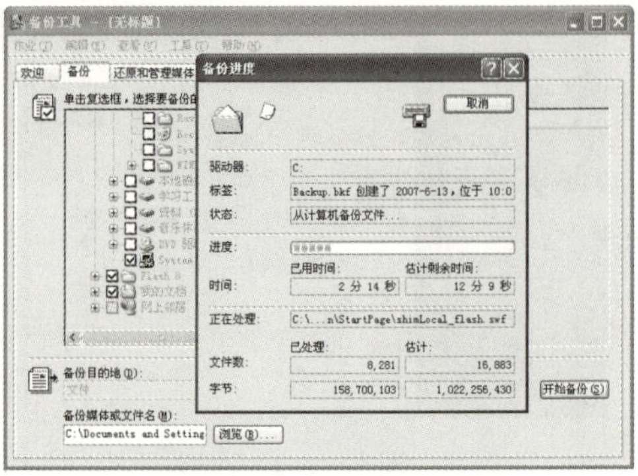

图 6-47　显示备份进度

（10）当需要恢复注册表时，还可使用 MS Backup 还原注册表，弹出“备份工具 -〖还原和管理媒体〗”对话框，切换到“还原和管理媒体”选项卡，如图 6-48 所示。

（11）在左侧的列表框中单击刚创建的备份文件前的⊞号，再选中“System State”复选框，如图 6-49 所示。

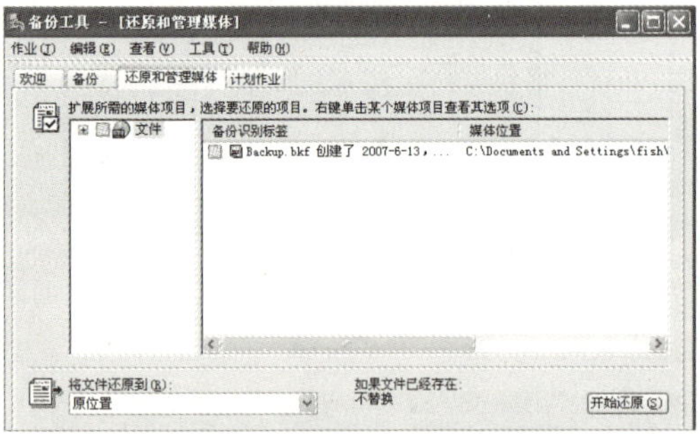

图 6-48　切换到“还原和管理媒体”选项卡

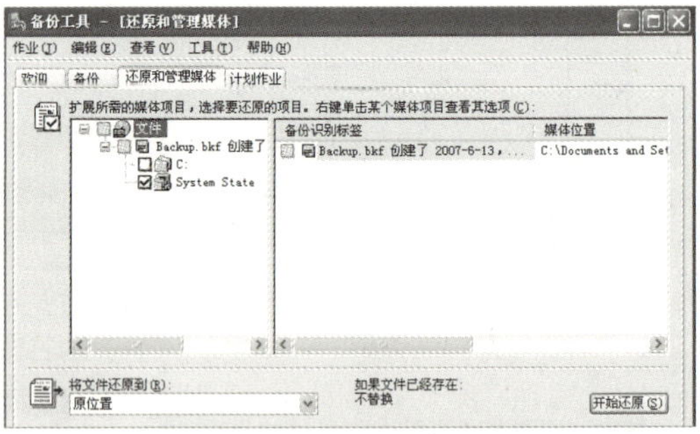

图 6-49　选中复选框

（12）选择“工具”→“选项”菜单命令，弹出“选项”对话框，切换到“还原”选项卡，然后选中“无条件替换本机上的文件”单选项，如图 6-50 所示。

（13）切换到“备份日志”选项卡，选中“详细数据”单选项，如图 6-51 所示，然后单击“确定”按钮返回到“备份工具”对话框。

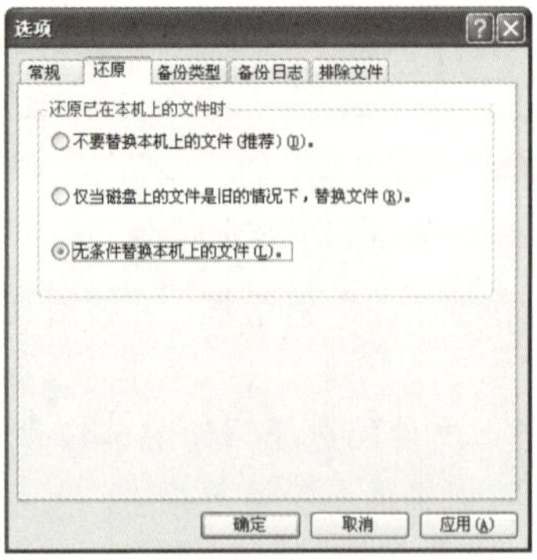

图 6-50　设置还原

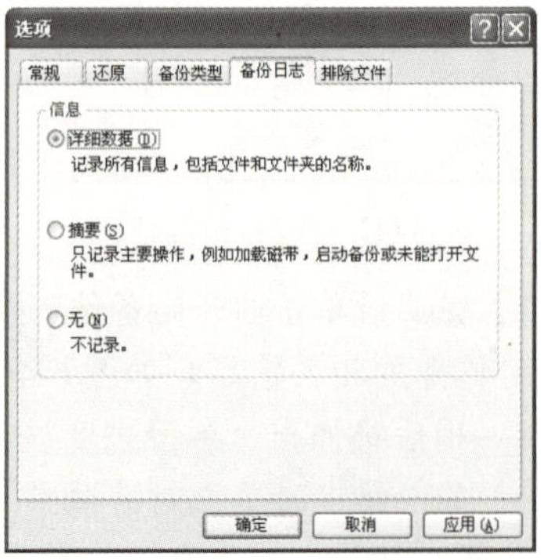

图 6-51　设置备份日志

（14）在“将文件还原到”下拉列表框中选择“原位置”选项，单击“开始还原”按钮，然后在弹出的“警告”对话框中单击“确定”按钮，如图 6-52 所示。

（15）在弹出的“确认还原”对话框中再单击“确定”按钮，程序将开始进行还原操作，并显示还原进度，如图 6-53 所示。还原操作完成后程序将提示重新启动计算机，单击“确定”按钮重启计算机即可。

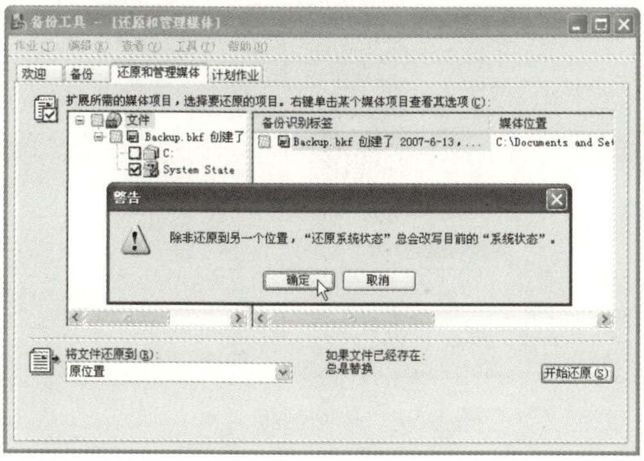

图 6-52　开始还原

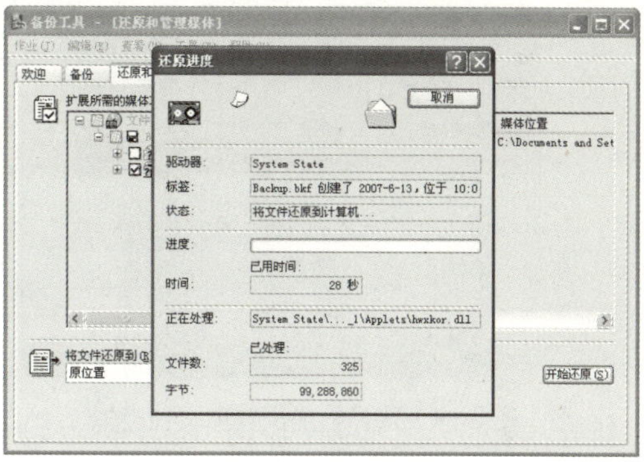

图 6-53　显示还原进度

操作三　使用 EasyRecovery 恢复数据

◆ 实例目标

EasyRecovery 是一款可以恢复硬盘中被删除的数据的软件。本例要求在计算机中使用 EasyRecovery 恢复被删除的文件，通过本例的操作，了解使用 EasyRecovery 恢复数据的相关操作。

◆ 操作步骤

（1）选择“开始”→“所有程序”→“EasyRecovery”→“EasyRecovery”菜单命令启动软件，如图 6-54 所示。

（2）在左侧列表中选择“数据恢复”选项，在右侧窗格中单击“删除恢复”按钮，如图 6-55 所示。

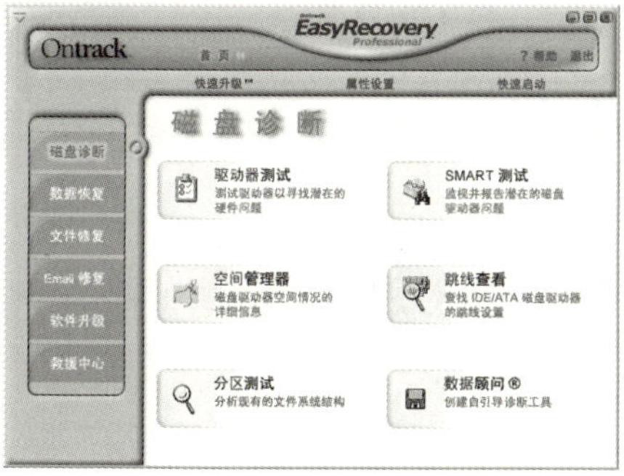

图 6-54　启动软件

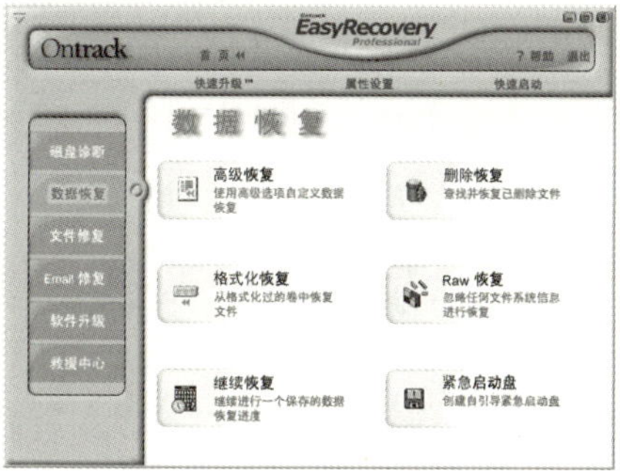

图 6-55　选择恢复方式

（3）在打开的“数据恢复－删除恢复”界面中的磁盘列表框中选择要扫描的磁盘分区，在“文件过滤器”下拉列表框中选择要扫描的文件类型，单击“下一步”按钮，如图 6-56 所示。

（4）此时软件将根据所做的设置对指定磁盘分区进行扫描，在弹出的“正在扫描文件”对话框中将显示扫描进度和结果，如图 6-57 所示。

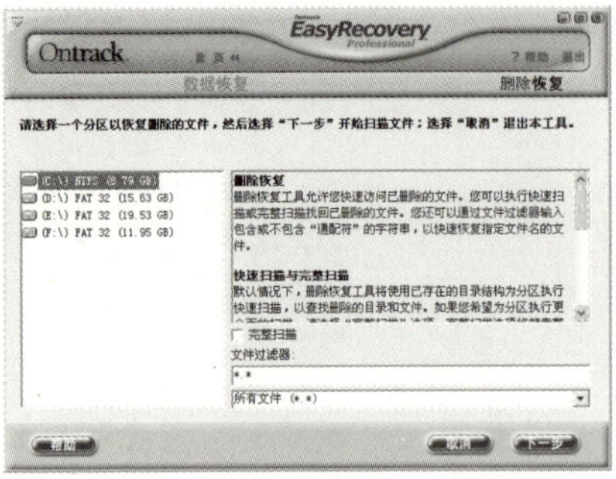

图 6-56　选择扫描位置和文件类型

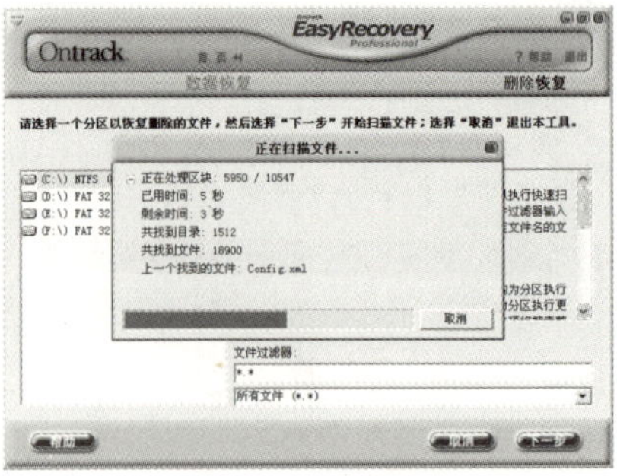

图 6-57　开始扫描

（5）扫描完成后，EasyRecovery 软件将在左侧的列表框中列出当前驱动器中的文件夹列表，选择要恢复的文件所在文件夹，在右侧窗格中将显示出可以恢复的文件，单击“下一步”按钮，如图 6-58 所示。

（6）在弹出的对话框中的“恢复目标选项”选项区域选中“恢复至本地驱动器”单选项，单击“浏览”按钮弹出“浏览文件夹”对话框，指定文件保存位置，单击“确定”按钮后再单击“下一步”按钮，如图 6-59 所示。

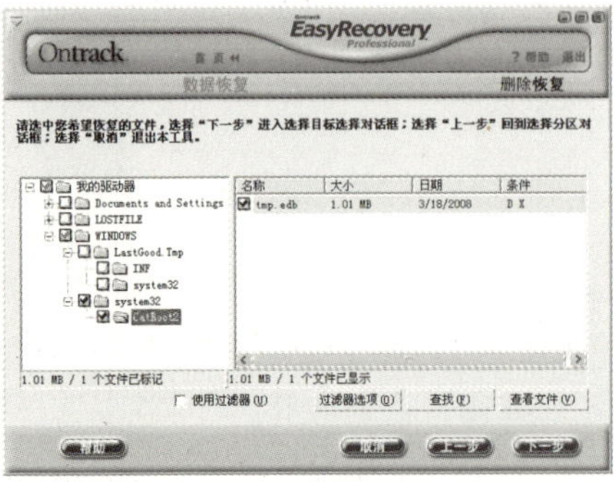

图 6-58　选择扫描位置和文件类型

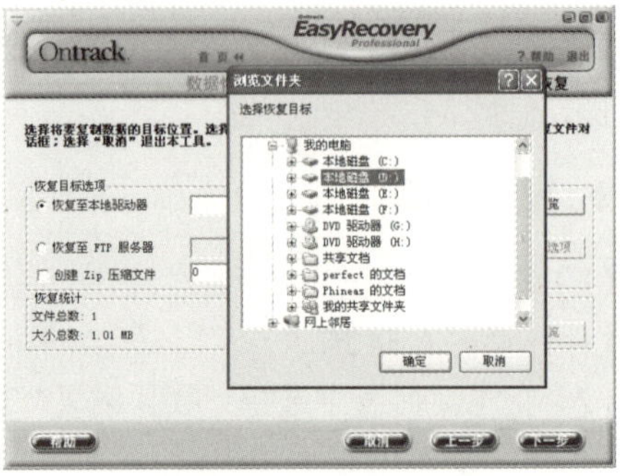

图 6-59　设置恢复选项

（7）软件将开始恢复指定文件，完成后在弹出的对话框中显示恢复结果，单击“完成”按钮完成文件恢复操作，即可在保存目录查看已恢复的文件。

实训一　备份与还原操作系统

◆ 实训目标

本实训要求使用 Windows XP 操作系统提供的系统备份和还原功能备份与还原操作系

统。通过本实训的操作进一步认识备份与还原操作系统的相关知识。具体操作要求如下：

- 利用系统附带的系统工具和系统还原功能，并根据向导提示对系统进行备份。
- 备份时，选中“创建一个还原点”单选项。
- 还原时，选中“恢复我的计算机到一个较早的时间”单选项。

◆ 实训分析

本实训的操作思路如图 6-60 所示。在操作过程中需要注意，由于计算机将自动根据设置的参数创建还原点，因此会占用越来越多的磁盘空间。如果要节省硬盘的空间，可以在“我的电脑”图标上单击鼠标右键，在弹出的快捷菜单中选择“属性”命令，弹出“系统属性”对话框，在其中选择“系统还原”选项卡，选中“在所有驱动器上关闭系统还原”复选框，单击“确定”按钮关闭系统还原功能。

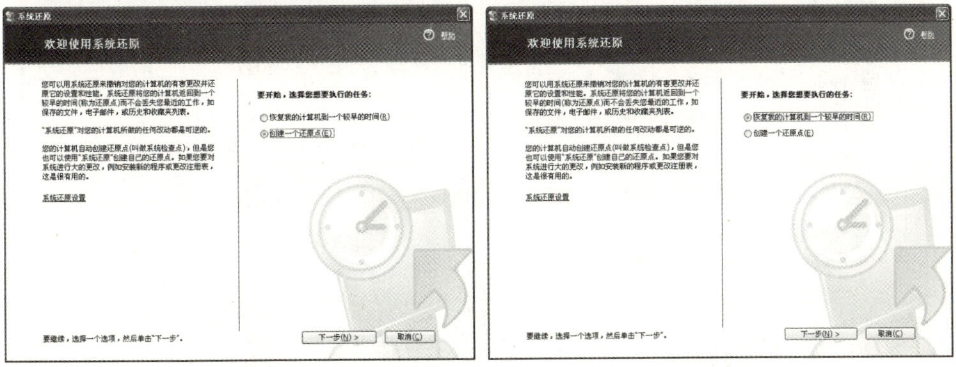

① 备份系统　　② 还原系统

图 6-60　备份和还原操作系统的操作思路

实训二　使用 MS Backup 备份文件

◆ 实训目标

本实训要求使用 MS Backup 备份硬盘中的文件。通过本实训的操作进一步学习备份文件的相关知识。具体操作要求如下：

- 启动 MS Backup 软件，选中“备份文件和设置”单选项。
- 在打开的对话框中选择要备份的项目，选中“让我选择要备份的内容”单选项。
- 在“要备份的项目”列表框中展开目录树，选中 F 盘下的“档案”文件夹。
- 弹出“另存为”对话框，将其以“档案备份”为名备份到 E 盘的“资料备份”文件夹中。

◆ 实训分析

本实训的操作思路如图 6-61 所示。

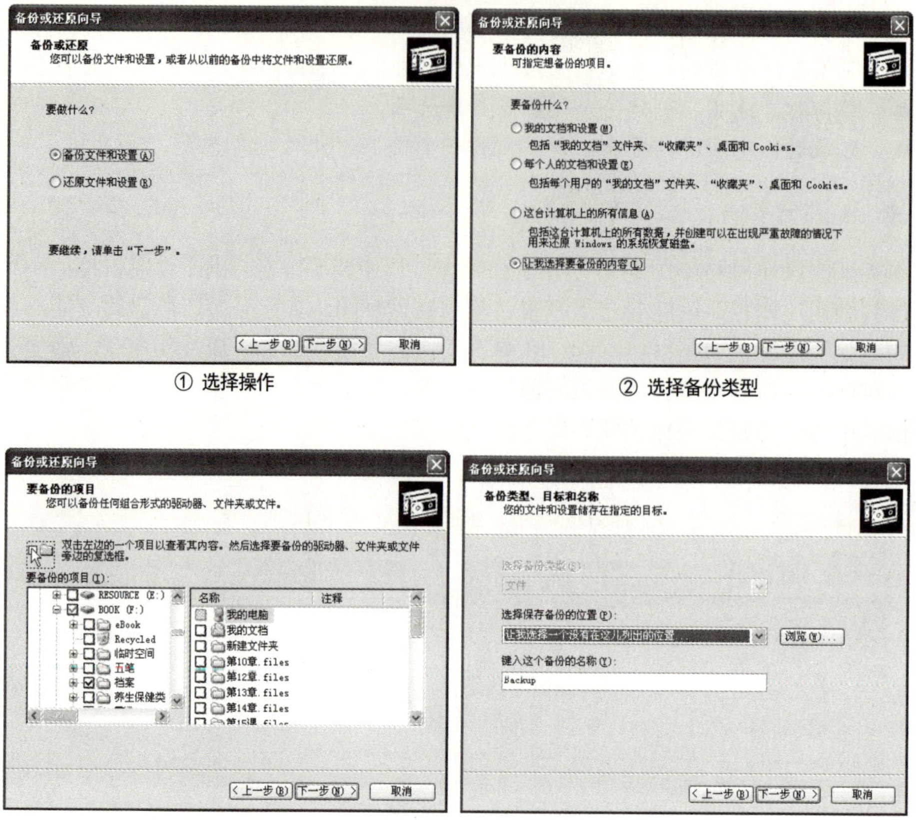

① 选择操作　② 选择备份类型

③ 选择备份内容　④ 设置备份内容

图 6-61　使用 MS Backup 备份文件的操作思路

实践与提高

根据本模块所学内容，动手完成以下操作：

（1）安装 3DMark，测试计算机的性能。

（2）按照本模块所讲知识，在计算机中减少开机启动程序。

（3）使用 Windows 优化大师的自动优化功能优化计算机。

（4）使用 MS Backup 对计算机的注册表进行备份。

（5）使用 Ghost 对计算机系统分区进行备份。

（6）使用 PartitionMagic 对计算机系统分区进行格式化，然后使用 Ghost 还原分区内容，试试安装在其他分区中的程序能不能运行。

（7）在网上搜索相关资料，尝试使用 Ghost 备份和还原的方法对相同容量的两块硬盘进行分区。

（8）为自己的计算机制作一个镜像文件（硬盘分为 3 个分区，一个主分区，两个逻辑分区，在主分区中安装 Windows 7 操作系统，不安装驱动和激活），然后将这个文件还原到另一个容量相同的硬盘中，看看这个硬盘能否启动计算机。

模块七

计算机维护与安全防范

计算机是硬件和软件的结合，其中任何一部分出现故障计算机都不能正常工作。对计算机进行日常维护和优化，不但可减少计算机出现故障的几率，还可在一定的程度上延长计算机的使用寿命和提高计算机的运行效率。除此之外，为了防御木马、病毒和黑客的攻击，还需对计算机进行安全保护，从而保证计算机的正常运行。本模块主要讲解计算机维护与安全防范的相关知识。

学习目标

- 学习计算机日常维护的知识
- 学习查杀病毒的相关知识
- 掌握计算机安全防范的相关知识

任务一　计算机日常维护

◆ 任务目标

本任务的目标是熟悉计算机日常维护的基本知识，主要包括保持良好的工作环境、清理磁盘、整理磁盘碎片和各种硬件的维护等。具体目标要求如下：

（1）了解如何保持良好的工作环境。

（2）掌握清理磁盘的方法。

（3）掌握整理磁盘碎片的方法。

（4）掌握各种硬件维护的方法。

操作一　保持良好的工作环境

使计算机工作在正常状态并延长使用寿命，必须有一个良好的工作环境，并注意安放位置。

1. 工作环境

使计算机保持良好的工作环境，应注意以下几点：

- 湿度：湿度不能过高，计算机在工作状态下应保持通风良好，否则主机内的线路板容易腐蚀，使板卡过早老化。
- 温度：计算机应工作在 20℃~25℃的环境中，过高的温度会使计算机在工作时产生的热量散不出去，轻则缩短使用寿命，重则烧毁芯片或其他部件。因此最好在放置计算机的房间安装空调，以保证计算机正常运行时所需的环境温度。

- 防止震动和噪音：震动和噪音会造成计算机内部件的损坏（如硬盘损坏或数据丢失等），因此不能工作在震动和噪音很大的环境中。如确实需要将其放置在震动和噪音大的环境中，应考虑安装防震和隔音设备。
- 做好防尘工作：由于计算机各部件非常精密，如果在较多灰尘的环境中工作，就可能堵塞计算机的各种接口，使其不能正常工作。因此，不要将计算机置于灰尘过多的环境中，如果不能避免，应做好防尘工作。另外，最好每月清理一次机箱内部的灰尘，做好计算机的清洁工作，以保证计算机正常运行。
- 做好防静电工作：静电有可能造成计算机中各种芯片的损坏，为防止静电造成的损害，在打开机箱前应当用手接触暖气管或水管等可以放电的物体，将身体的静电放掉后再接触计算机中的部件。另外，在安装计算机时应该将机壳用导线接地，也可起到很好的防静电效果。
- 电源要求：电压不稳容易对计算机的电路和部件造成损害。由于市电供应存在高峰期和低谷期，电压经常波动，特别是在离城镇比较远的地区，在这样的环境下，最好配备稳压器，以保证计算机正常工作所需的稳定电源。另外，如果突然停电，则有可能会造成计算机内部数据的丢失，严重时还会造成系统不能启动等故障。因此，要想对计算机进行电源保护，推荐配备一个小型的家用 UPS（不间断电源供应设备），以保证计算机的正常使用。

2. 安放位置

计算机的安放应注意以下几个问题：

- 计算机主机的安放应当平稳，并保留必要的工作空间，用于放置磁盘、光盘等常用配件。
- 要调整好显示器的高度，位置应保持显示器上边与视线基本平行，太高或太低都容易使操作者疲劳。
- 当计算机停止工作时最好能盖上防尘罩，防止灰尘对计算机的侵袭，但在计算机正常使用的情况下，一定要将防尘罩拿下来，以保证散热。

提示 温度过高或过低、湿度较大等都容易使计算机的板卡变形而产生接触不良等故障。尤其是南方的梅雨季节更应该注意，保证计算机每个月通电一二次，每一次的通电时间应不少于两个小时，避免潮湿的天气使板卡变形导致计算机不能正常工作。

操作二　清理磁盘

◆ 实例目标

Windows 中自带的磁盘清理程序可以方便地对 Internet 临时文件、脱机网页和脱机文件等进行清理。本例将在计算机中清除 Internet 临时文件，通过本例的操作，了解清理磁盘的基本方法。

◆ 操作步骤

（1）选择“开始”→“所有程序”→“附件”→“系统工具”→“磁盘清理”菜单命令，弹出“选择驱动器”对话框，在“驱动器”下拉列表框中选择需要清理的磁盘，如图7-1所示，单击“确定”按钮。

（2）弹出“磁盘清理”对话框，在“要删除的文件”列表框中选择要清理的文件类型，如图7-2所示，单击“确定”按钮。

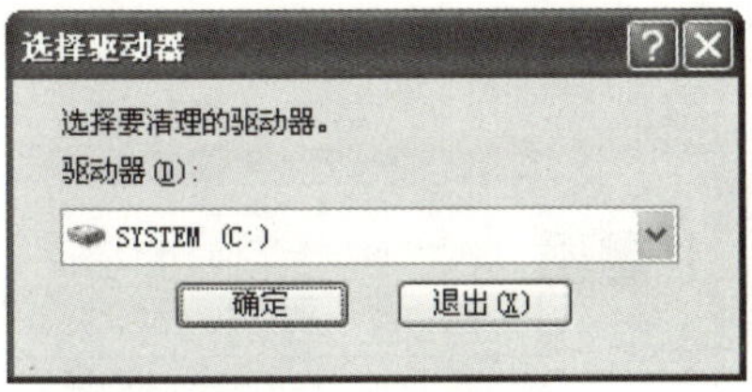

图7-1　选择磁盘

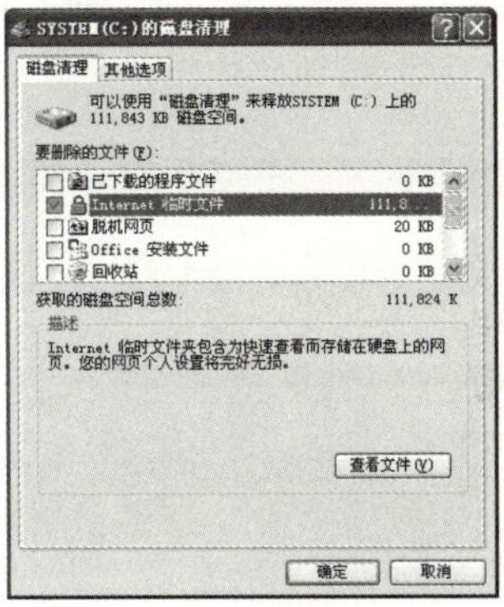

图7-2　选择要清理的文件

（3）弹出提示对话框，单击“是”按钮确认清理，如图7-3所示。

（4）系统开始对选择的文件进行清理，并显示进度，如图7-4所示。清理完成后将自动退出磁盘清理程序。

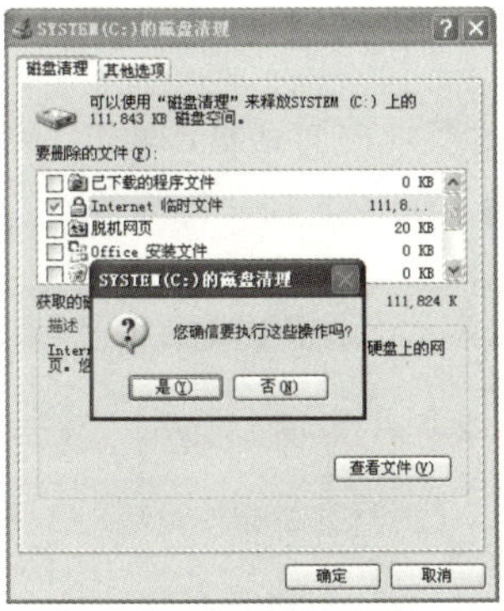

图7-3　确认清理操作

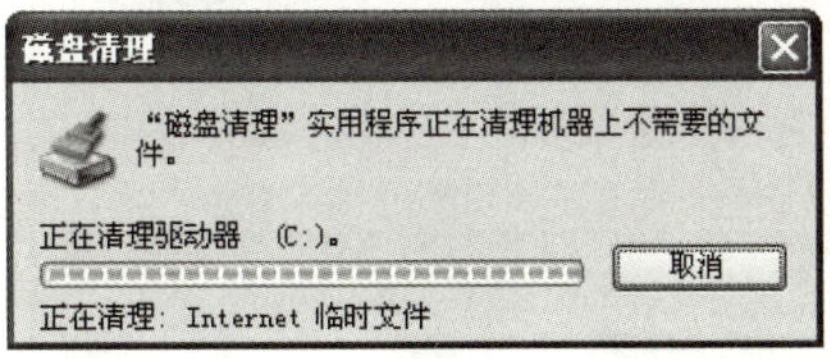

图7-4　开始清理

操作三　整理磁盘碎片

◆ 实例目标

对计算机频繁地进行存储和删除操作，会使完整的文件以不连续的碎片形式存储在磁盘上，它不仅影响文件打开的速度，严重时还将导致存储的文件丢失。通过 Windows 自带的磁盘碎片整理工具，可以将文件碎片收集起来形成连续的整体储存在磁盘中。本例将在计算机中整理磁盘碎片，通过本例的操作，了解整理磁盘碎片的方法。

◆ 操作步骤

（1）选择“开始”→“所有程序”→“附件”→“系统工具”→“磁盘碎片整理程序”菜单命令，打开“磁盘碎片整理程序”窗口，在上方的列表中选择需要进行整理的盘符，单击“分析”按钮，如图 7-5 所示。

（2）系统分析完成后提示进行碎片整理，在弹出的“磁盘碎片整理程序”对话框中单击“碎片整理”按钮，如图 7-6 所示。

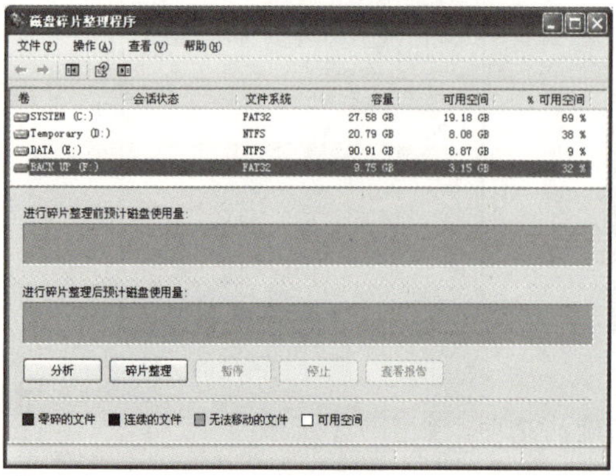

图 7-5　分析磁盘

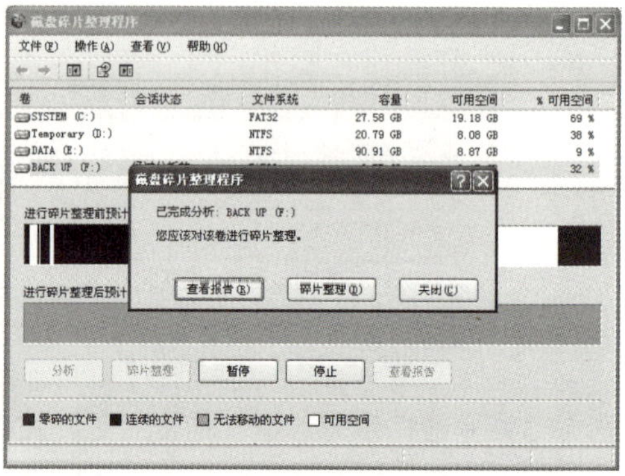

图 7-6　准备碎片整理

（3）系统开始进行磁盘碎片清理，此时可以在“磁盘整理碎片程序”窗口中查看当前的进度，如图 7-7 所示。

（4）完成磁盘碎片整理后，将弹出提示已完成碎片整理的对话框，单击“关闭”按钮，如图 7-8 所示。返回到“磁盘整理程序”对话框中单击“关闭”按钮完成操作。

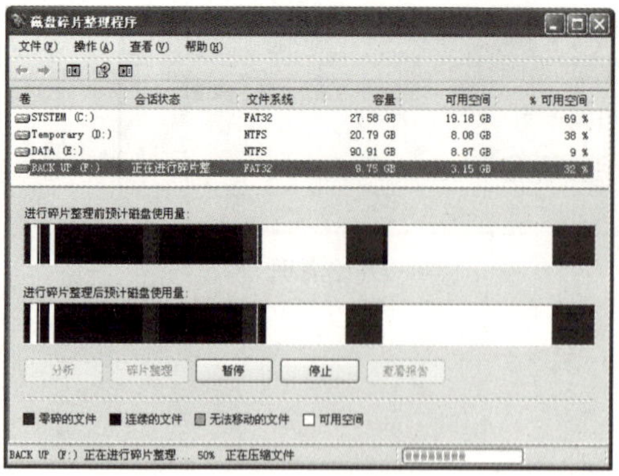

图 7-7　碎片整理

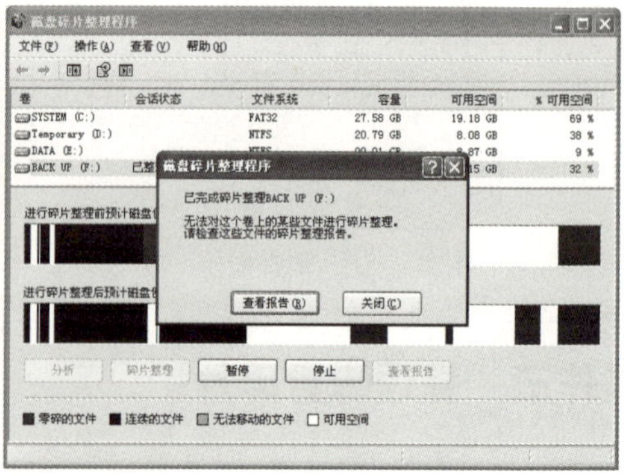

图 7-8　完成碎片整理

（5）使用相同方法选择其他磁盘并进行碎片整理。

操作四　硬件的维护

计算机是由软件和硬件共同组成的，在日常工作中，对于各种硬件，同样需要进行维护，以保证计算机的正常工作。

1. CPU 的日常维护

CPU 是计算机的“大脑”，其日常维护主要包括以下几项：

- 保证良好的散热：CPU 的正常工作温度为 50℃以下，具体工作温度根据不同 CPU 的主频而定。另外，CPU 风扇散热片质量要好，最好带有测速功能，这样可与主板监控功能配合监测风扇工作情况；而且，散热片的底层以厚为佳，这样有利于主动散热，保障机箱内外的空气流通。
- 减压和避震：如果 CPU 和散热风扇安装过紧，可能导致 CPU 的 DIE 被压损，因此在安装 CPU 和散热风扇时应该注意用力要均匀，扣具的压力亦要适中。
- 超频要合理：现在主流的 CPU 频率都在 1GHz 以上，此时超频的意义已经不大了，更多考虑的应是如何延长 CPU 的寿命。如确实需要超频，可考虑调整电压超频。
- 用好硅脂：硅脂在使用时要涂于 CPU 表面内核上，薄薄的一层就可以，过量使用会有可能渗漏到 CPU 表面相接口处。而且，硅脂使用一段时间会干燥，这时可以除净后再重新涂上硅脂。

2. 主板的日常维护

主板的日常维护应该注意以下几项：

- 防范高压：停电时应立刻拔掉主机电源，避免突然来电产生的瞬间高压击坏主板。
- 防尘：对于主板来说，最重要的日常维护就是清理灰尘，在清理时可以使用比较柔软的毛刷清除主板上的灰尘。另外，在平时使用时不要将机箱盖打开使用，那样会导致更多的灰尘积聚在主板中。
- 不要带电拔插：除了支持即插即用的设备外（即使是这种设备，最好也要减少进行带电拔插），在计算机运行时，禁止带电拔插各种控制板卡和连接电缆，因为在拔插瞬间产生的静电放电和信号电压的不匹配等现象容易损坏芯片。

3. 硬盘的日常维护

硬盘是计算机中主要的数据存储设备，其日常维护应该注意以下几项：

- 不能私自拆开硬盘：因为如果灰尘进入到了硬盘内部，那么磁头组件在高速旋转时就可能带动灰尘将盘片划伤或将磁头自身损坏，这时势必就会导致数据的丢失，硬盘也极有可能完全损坏，因此拆开硬盘需要在无尘的环境下进行。
- 正确地开、关计算机电源：硬盘处于工作状态时(读或写盘时)，尽量不要强行关闭主机电源，因为硬盘在读写过程中如果突然断电容易造成硬盘物理性损伤或丢失各种数据等，尤其是正在进行高级格式化时。
- 工作时一定要防震：必须将计算机放置在平稳、无震动的工作平台上，尤其是在硬盘处于工作状态时要尽量避免移动硬盘，而且在硬盘启动或停机过程中更不要移动硬盘。

- 保证硬盘的散热：硬盘温度直接影响着其工作的稳定性和使用寿命，硬盘在工作中的温度以 20～25℃为宜。
- 尽量不要对硬盘进行压缩：不要使用 Windows 操作系统自带的“磁盘空间管理”所进行的压缩。在把硬盘用该程序进行压缩之后只要当压缩卷文件逐渐增大时，硬盘读写数据的速度就会大大减慢，而且读盘次数也会因此变得频繁。这会对硬盘的发热量和稳定性产生影响，也可缩短使用寿命。

4. 显示器的日常维护

目前主要使用的是液晶显示器，其日常维护应该注意以下两项：

- 保持干燥的工作环境：最好准备一些干燥剂（药店有售），保持显示器周围环境的干燥；或者准备一块干净的软布，随时保持显示屏的干燥。如果水分已经进入液晶显示器里面，就需要将显示器放置到干燥的地方，让水分慢慢地蒸发掉。千万不要贸然地打开电源，否则显示器的液晶电极会被腐蚀掉。
- 回避有关挥发性化学品的侵害：无论是何种显示器，液体对其都有一定的危害，特别是化学药剂，其中又以具有挥发性的化学品对液晶显示器的侵害最大。比如经常使用的发胶、夏天频繁使用的灭蚊剂等都会对液晶分子乃至整个显示器造成损伤，从而导致整个显示器寿命的缩短。

5. 电源的日常维护

电源是计算机的“心脏”，其日常维护应该注意以下两项：

- 保持散热正常：如发现电源的风扇停止工作，必须马上关机以防止电源烧毁甚至造成其他更大的损坏。而且应该定期检查电源风扇是否正常工作，一般为 3 ～ 6 个月检查一次。
- 注意除尘：电源在长时间工作中，会积累很多灰尘，造成散热不良。同时灰尘过多，在潮湿的环境中也会造成电路短路的现象。因此，为了系统能正常稳定地工作，电源应定期进行除尘。电源在使用一年左右时，最好打开电源，用毛刷清除电源内部的灰尘，同时为电源风扇加润滑油。

提示　对于其他计算机硬件来说，日常维护最重要的就是除尘、保持散热和防止震动，只要注意了这几点，计算机发生故障的几率就会很低。

任务二　查杀病毒

◆ 任务目标

本任务的目标是熟悉病毒查杀的基本知识，主要包括病毒的表现、病毒的特点和类型、病毒的防治和使用软件查杀病毒等。具体目标要求如下：

（1）了解病毒的各种表现。

（2）了解病毒的特点和类型。

（3）掌握病毒的防治方法。
（4）掌握使用软件查杀病毒的方法。

操作一　病毒的表现

病毒已成为威胁计算机安全的主要因素之一，而且随着网络的不断普及，这种威胁也变得越来越严重。因此，防范病毒是保障计算机安全的首要任务，及时发现病毒，从而做好必要的防范措施。下面就来讲解如何发现计算机中的病毒。

1. 病毒的直接表现

虽然病毒入侵计算机的过程通常在后台，并在入侵后潜伏在计算机系统中等待机会。但这种入侵和潜伏的过程并不是毫无踪迹，因此当计算机出现异常现象时，就应该使用杀毒软件扫描计算机，确认是否感染病毒。这些异常现象包括如下几方面：

- 资源消耗加剧：硬盘中的存储空间急剧减少，系统中基本内存发生变化，CPU 的使用率保持在 80%以上。
- 启动速度变慢：计算机启动的速度变得异常缓慢，启动后在一段时间内系统对用户的操作无响应或响应变慢。
- 文件丢失或被破坏：计算机中的文件莫名丢失、文件图标被更换、文件的大小和名称被修改及文件内容变成乱码，原本可正常打开的文件无法打开。
- 性能下降：计算机运行速度明显变慢，运行程序时经常提示内存不足或出现错误；计算机经常在没有任何征兆的情况下突然死机；硬盘经常出现不明的读写操作，在未运行任何程序时，硬盘指示灯不断闪烁甚至长亮不熄。
- 其他异常现象：系统的时间和日期无故发生变化；自动打开 IE 浏览器链接到不明网站；突然播放不明的声音或音乐，经常收到来历不明的邮件；部分文档自动加密；计算机的输入/输出端口不能正常使用等。

2. 病毒的间接表现

某些病毒会以“进程”的形式出现在系统内部，这时我们可以通过打开系统进程列表来查看哪些进程正在运行，通过进程名称及路径判断是否产生病毒。如果有则记下它的进程名，结束该进程，然后删除病毒程序即可。

（1）查看进程的方法

在 Windows XP 操作系统中，按“Ctrl+Alt+Delete”键，打开“Windows 任务管理器”对话框，在“进程”选项卡的列表框中即可查看系统中的进程。

（2）判断哪些是正常进程

计算机的进程一般包括基本系统进程和附加进程，了解这些进程所代表的含义，可以很好地判断是否存在可疑进程，进而判断计算机是否感染病毒。基本系统进程对计算机的正常运行起着至关重要的作用，因此不能随意将其结束。它主要包括如下几项：

- Explorer.exe：用于显示系统桌面上的图标及任务栏图标。
- System：指 Windows 系统进程。
- winlogon.exe：用于管理用户登录系统。

- Spoolsv.exe：用于管理缓冲区中的打印和传真作业。
- Smss.exe：指会话管理子系统，负责启动用户会话。
- Servi.exe：指系统服务的管理工具，包含很多系统服务。
- Lsass.exe：用于管理 IP 安全策略及启动 ISAKMP/Oakley（IKE）和 IP 安全驱动程序。
- Csrss.exe：指子系统进程，负责控制 Windows 创建或删除线程及 16 位的虚拟 DOS 环境。
- System Idle Process：该进程是作为单线程运行的，并在系统不处理其他线程时分派处理器的时间。
- Svchost.exe：系统启动时，Svchost.exe 将检查计算机中的位置来创建需要加载的服务列表，如果多个 Svchost.exe 同时运行，则表明当前有多组服务处于活动状态，或者是多个.dll 文件正在调用它。

提示 除了基本系统进程，其他便是附加进程，如 Wuauclt.exe（自动更新程序）、Systray.exe（系统托盘中的声音图标）、Ctfmon.exe（输入法）及 Mstask.exe（计划任务）等。

操作二 病毒的特点和类型

下面介绍病毒的特点和类型。

1．病毒的特点

计算机病毒通常都有相同的特点，如寄生性、传染性、潜伏性、隐蔽性和破坏性等。

- 顽固性：计算机病毒一般很难一次性清除，被其破坏的操作系统、文件和数据等更是难以恢复。
- 寄生性：计算机病毒通常寄生于其他程序之中，在未执行该程序时，不易被发觉。当执行该程序时，病毒也将被激活。
- 破坏性：计算机若感染病毒，可能会出现系统瘫痪、无法正常启动计算机或擅自删除用户计算机磁盘中的数据等症状，造成无法挽回的损失。
- 潜伏性：有些病毒在感染后并不会马上激活，而是隐藏在合法文件中，并对其他系统进行传染，当满足触发条件时，就会同时激活，产生破坏。
- 隐蔽性：计算机病毒具有很强的隐蔽性，有的可以通过病毒软件检查出来，有的不易察觉，有的时隐时现、变化无常，这类病毒处理起来通常较困难。
- 诱惑性：计算机病毒为了更好地传播和复制，一般都有较富诱惑性的名称。因此用户在网络中查看资源时，应特别注意不要单击一些自动弹出来的、极具有诱惑性的超级链接。
- 传染性：计算机病毒是一段人为编制的程序代码，这段程序代码一旦进入计算机系统并得以执行，就会搜索其他符合传染条件的程序或存储介质，确定目标后再将自身代码插入其中，达到自我繁殖的目的。计算机病毒一旦被复制或产生变种，其速度相当快。一般来说，是否具有传染性是辨别一个程序是否是计算机病毒的最重要条件。

2．病毒的分类

按照计算机病毒的传染方式对病毒进行分类，可分为以下几种：

- 网络型病毒：通过网络传播并感染网络中的可执行文件。
- 引导型病毒：这种病毒隐藏在硬盘的启动扇区和硬盘的系统引导扇区，在每次开机时，操作系统还没有被运行时就将其加载到内存中。
- 混合型病毒：感染多个目标对象，它既会感染磁盘的引导扇区，也会感染可执行文件，这样的病毒通常具有比较复杂的算法，使用非常规的途径侵入系统。
- 文件型病毒：文件型病毒一般只传染磁盘上的可执行文件（如 EXE、COM 等）。在用户调用染毒的可执行文件时，病毒首先被运行，然后病毒驻留内存伺机传染其他文件或直接传染其他文件。

操作三　病毒的防治

对于计算机来说，必须做好必要的防范病毒的措施。对于病毒的防治主要有以下一些知识。

1．病毒的预防

计算机病毒固然猖獗，但只要用户加强病毒防范意识和防范措施，就可以降低计算机被病毒感染的几率和破坏的程度。计算机病毒的预防主要包括以下几个方面：

- 安装杀毒软件：计算机中应安装杀毒软件，开启软件的实时监控功能，并定期升级杀毒软件的病毒库。
- 及时获取病毒信息：通过登录杀毒软件的官方网站、计算机报刊和相关新闻，获取最新的病毒预警信息，学习最新病毒的防治和处理方法。
- 备份重要数据：使用备份工具软件备份系统，以便在计算机感染病毒后可以及时恢复。同时，重要数据和文件应利用移动存储设备或光盘进行备份，以减少病毒造成的损失。
- 杜绝再次传播：当计算机感染病毒后应及时使用杀毒软件清除和修复，注意不要将计算机中感染病毒的文件复制到其他计算机中。若局域网中的某台计算机感染了病毒，应及时断开网线，以免其他计算机被感染。
- 严堵病毒传播渠道：应使用正版软件，不使用盗版和来历不明的软件；网上下载的文件要先杀毒再打开；使用移动存储设备时也应先杀毒再使用；同时注意不要随便打开来历不明的电子邮件和 QQ 好友传送的文件。

2．病毒的检测与消除

目前，计算机病毒的检测和消除办法主要有以下两种：

- 人工方法：是指借助于一些 DOS 命令和修改注册表等来检测与清除病毒。这种方法要求操作者对系统与命令十分熟悉，且操作复杂，容易出错，有一定的危险性，一旦操作不慎就会导致严重的后果。这种方法常用于消除自动方法无法消除的新病毒。

- 自动方法：该方法是针对某一种或多种病毒使用专门的反病毒软件或防病毒卡自动对病毒进行检测和消除处理。它不会破坏系统数据，操作简单，运行速度快，是一种较为理想、也是目前较为通用的检测和消除病毒的方法。

3. 病毒查杀的注意事项

对于普通用户来说，一般都是使用自动方法即使用反病毒软件查杀计算机病毒。为了得到更好的杀毒效果，在使用反病毒软件时需注意如下几个方面：

- 不可频繁操作：对计算机不可频繁进行查杀病毒操作，这样不但不能取得很好的效果，有时可能会导致硬盘损坏。
- 在多种模式下杀毒：当发现计算机病毒后，一般情况下都是在操作系统的正常登录模式下杀毒，当杀毒操作完成后，还需启动到安全模式下再次查杀，以便能彻底清除病毒。
- 选择全面的反病毒软件：指软件不仅应包括常见的查杀病毒功能，还应该同时包括有实时防毒功能，能实时地监测和跟踪对文件的各种操作，一旦发现病毒，立即报警，只有这样才能最大程度地减少被病毒感染的几率。

操作四　使用 360 杀毒软件查杀病毒

◆ 实例目标

通常在使用杀毒软件查杀病毒前，最好先升级软件的病毒库，再进行病毒查杀。本例将在计算机中使用 360 杀毒软件查杀病毒，通过本例的操作，了解病毒查杀的操作方法。

◆ 操作步骤

（1）选择“开始”→“所有程序”→“360 杀毒”→“360 杀毒”菜单命令，或者在桌面上单击 360 杀毒实时防护图标，打开其主界面窗口，切换到“产品升级”选项卡，单击“检查更新”按钮，如图 7-9 所示。

（2）360 杀毒软件将自动升级病毒库，并显示升级进度，如图 7-10 所示。

图 7-9　开始升级

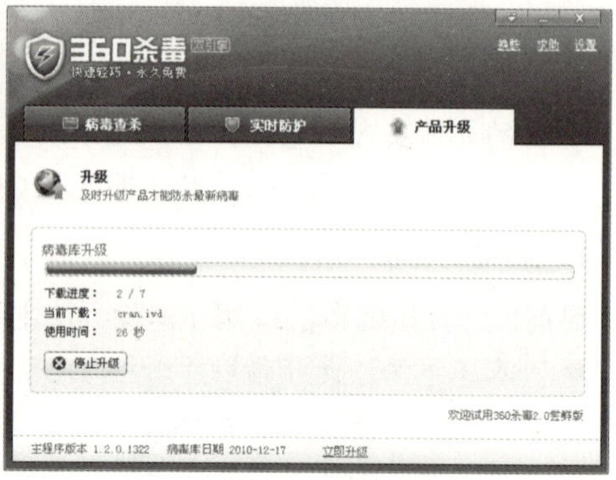

图 7-10　显示升级进度

（3）升级完成后提示已成功升级到最新的病毒库，完成病毒库的升级操作，如图 7-11 所示。

> **提示**　升级完毕，在 360 杀毒软件的实时防护图标上将弹出提示框，提示升级新增的病毒特征数量，如图 7-12 所示。

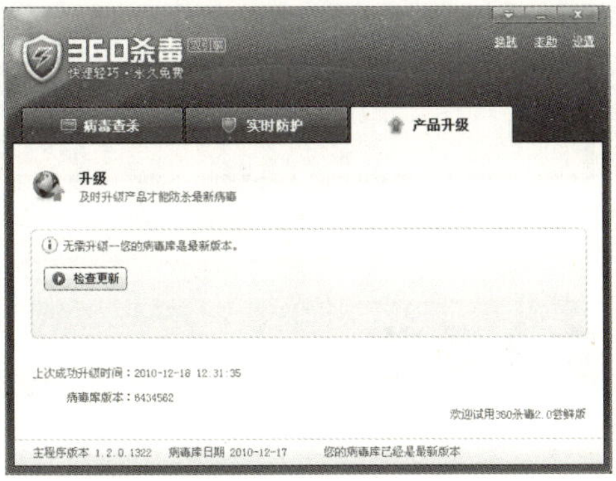

图 7-11　完成升级

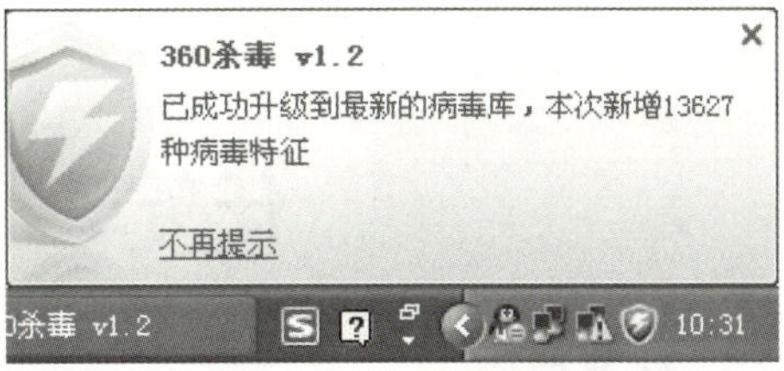

图 7-12　升级提示框

（4）在 360 杀毒软件主界面中切换到“病毒查杀”选项卡，单击“快速扫描”按钮，如图 7-13 所示。

（5）360 杀毒软件开始扫描计算机中的相关文件，并显示进度，可以在其中选中“自动处理扫描出的病毒威胁”复选框，如图 7-14 所示。

图 7-13　查杀病毒

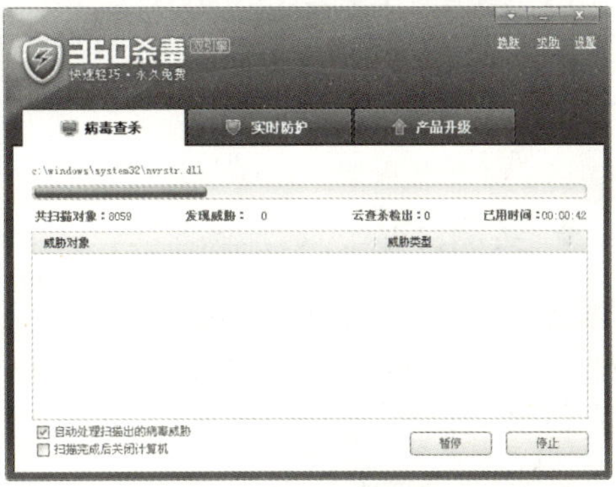

图 7-14　显示查杀进度

> **提示**　单击“全盘扫描”按钮，则会对整个硬盘进行病毒查杀，需要花费较长的时间；单击“指定位置扫描”按钮，则需要指定病毒查杀的位置。

（6）扫描完成后，如果发现可疑的程序或者病毒，软件将自动处理，并显示处理结果，单击“确定”按钮即可返回 360 杀毒软件主界面，如图 7-15 所示。

> **提示**　如果没有发现病毒，则在如图 7-16 所示的窗口中单击“完成”按钮即可。

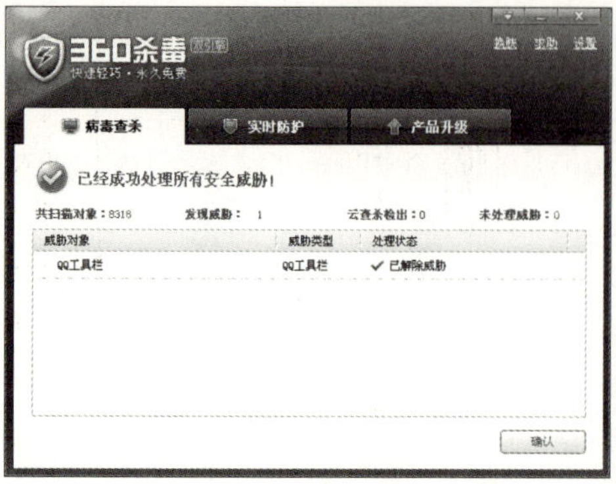

图 7-15　发现病毒

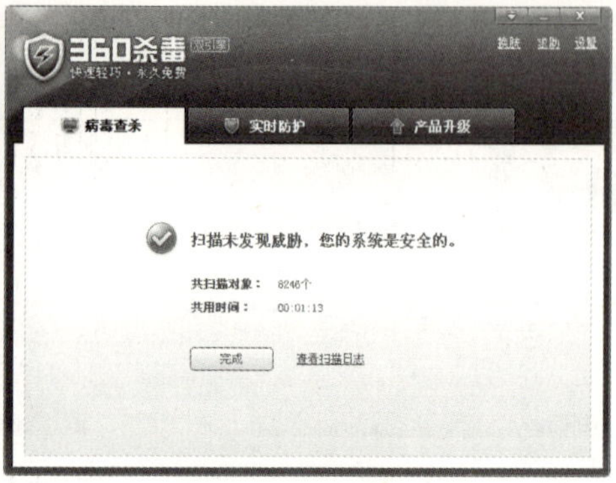

图 7-16　没有病毒

任务三　安全防范

◆ 任务目标

本任务的目标是熟悉计算机安全防范的基本知识，主要包括查杀木马、修复操作系统漏洞和防止黑客攻击等。具体目标要求如下：

（1）掌握使用 360 安全卫士查杀木马的操作方法。

（2）掌握使用 360 安全卫士修复系统漏洞的操作方法。

（3）掌握防止黑客攻击的方法。

操作一　查杀木马

◆ 实例目标

木马是一种用于窃取用户的密码资料、破坏硬盘内的程序或数据的软件，对于计算机的安全有很大的破坏性。本例将在计算机中使用360安全卫士查杀木马，通过本例的操作，了解查杀木马的操作方法。

◆ 操作步骤

（1）启动 360 安全卫士，在桌面右下角单击其活动图标，打开主界面，单击“木马防火墙”按钮，如图 7-17 所示。

> **提示**　查杀木马前，最好先在 360 安全卫士中设置木马防火墙，用于对计算机的日常工作进行木马的安全防范。

（2）打开“360 木马防火墙”主界面，在“系统防护”选项卡中开启需要的各种网络防火墙，如图 7-18 所示。

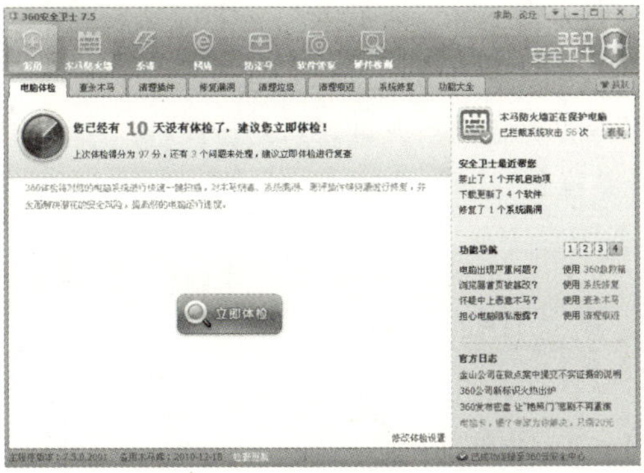

图 7-17　启动 360 安全卫士

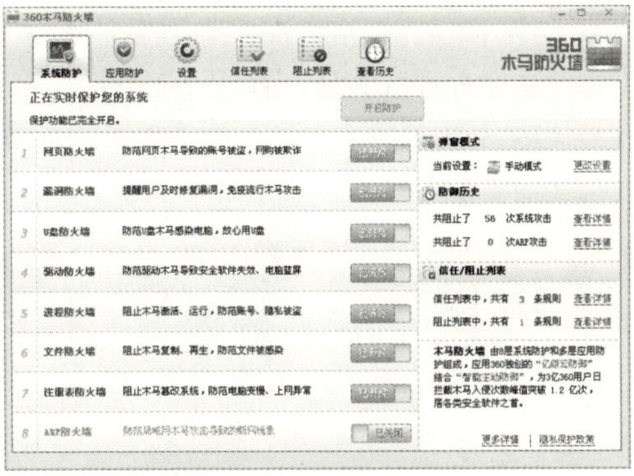

图 7-18　设置系统防护

（3）切换到“应用防护”选项卡，在“功能设置”选项区域选择不同的选项，在右侧设置桌面图标、输入法和浏览器的防护选项，如图 7-19 所示。

（4）切换到“设置”选项卡，在其中设置木马防火墙的弹窗模式、免打扰模式和驱动拦截修复，单击“保存”按钮，如图 7-20 所示。

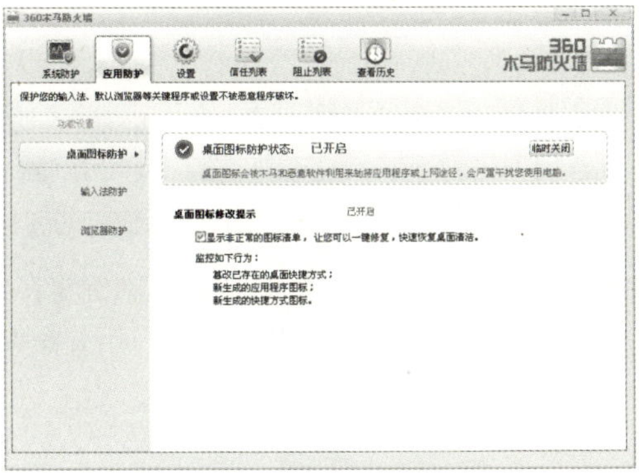

图 7-19　设置应用防护

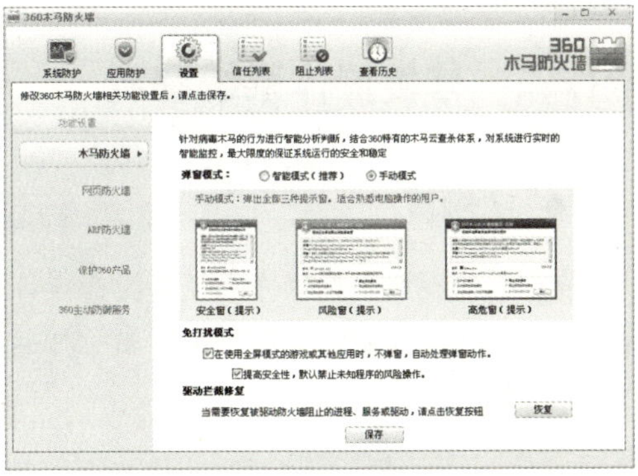

图 7-20　设置木马防火墙

（5）单击 × 按钮返回到“360 安全卫士”主界面，切换到“查杀木马”选项卡，然后单击“快速扫描”按钮，如图 7-21 所示。

（6）360 安全卫士开始进行木马扫描，并显示扫描进度和扫描结果，如图 7-22 所示。

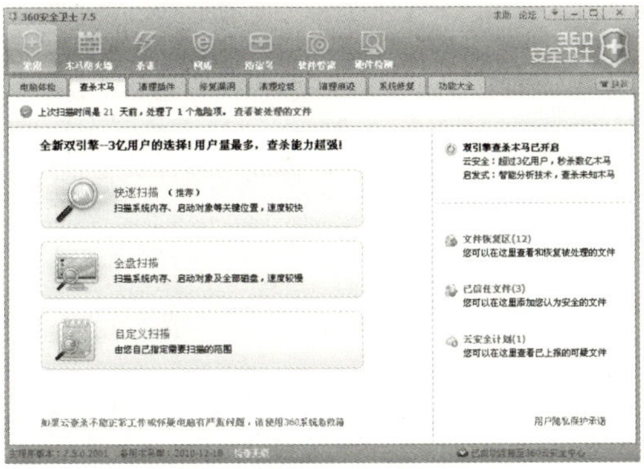

图 7-21　查杀木马

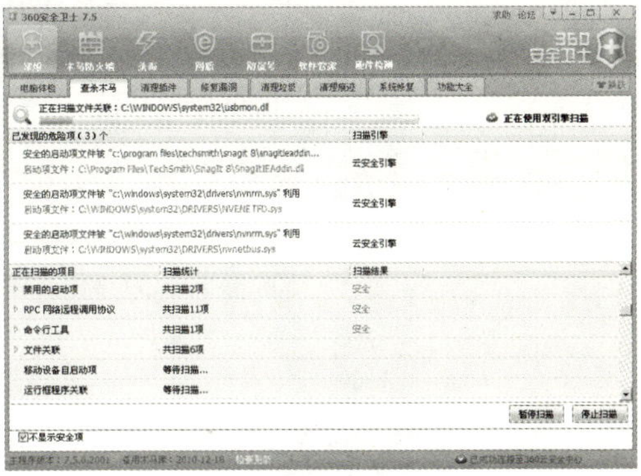

图 7-22　扫描进度和结果

（7）扫描完成后，360 安全卫士将显示扫描到的木马或危险项，并提供了处理方法，单击“立即处理”按钮，如图 7-23 所示。

（8）360 安全卫士将自动处理木马或危险项，并提示用户重新启动计算机，单击“好的，立即重启”按钮，重启计算机后，完成查杀操作，如图 7-24 所示。

图 7-23　显示结果

图 7-24　完成查杀

操作二　修复操作系统漏洞

◆ 实例目标

操作系统漏洞是指操作系统本身在设计上的缺陷或在编写时产生的错误。本例将在计算机中使用 360 安全卫士修复操作系统漏洞，通过本例的操作，了解修复漏洞的相关操作。

◆ 操作步骤

（1）打开 360 安全卫士的主界面窗口，切换到“修复漏洞”选项卡，程序将自动检测系统中存在的各种漏洞，并将漏洞按照不同的危险程度和功能进行分类，选中需要修复的漏洞前的复选框，然后单击“立即修复”按钮，如图 7-25 所示。

（2）此时 360 安全卫士开始下载漏洞补丁程序，并显示修复进度，如图 7-26 所示。

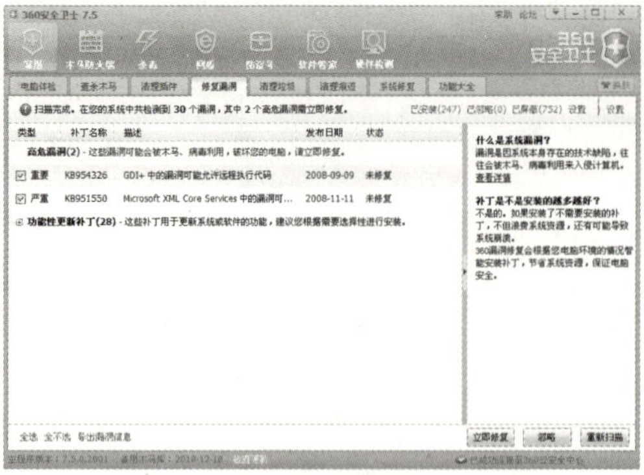

图 7-25　扫描漏洞

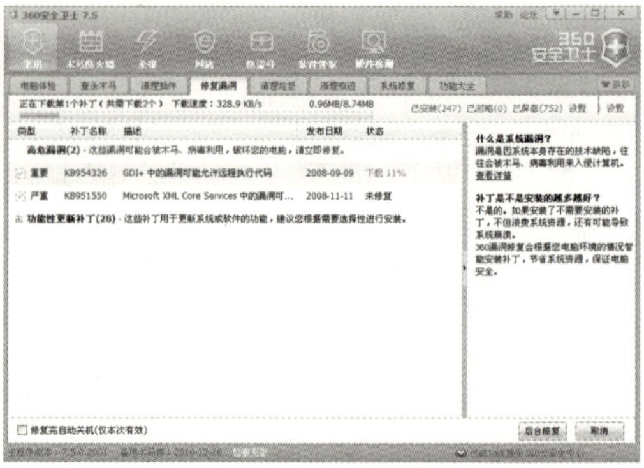

图 7-26　开始下载漏洞补丁

（3）下载完一个漏洞的补丁程序后，360 安全卫士将继续下载下一个漏洞的补丁程序，完成后将同时安装下载完的补丁程序，如图 7-27 所示。

（4）如果安装补丁程序成功，将在该选项的“状态”栏中显示“已修复”字样，如图 7-28 所示。

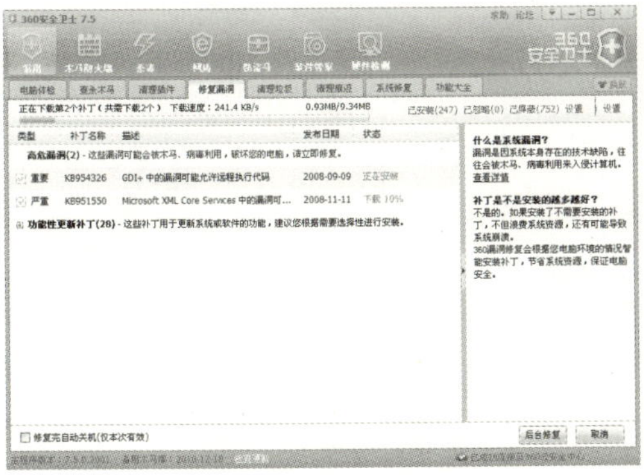

图 7-27　安装补丁程序

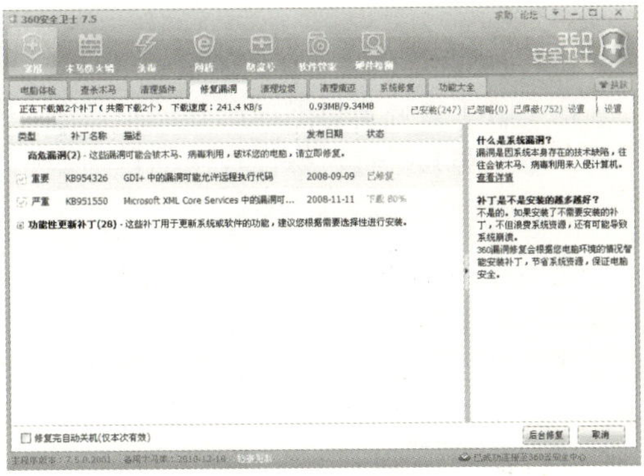

图 7-28　修复漏洞

（5）待全部漏洞修复完成后，360 安全卫士会建议重新启动计算机使修复生效，单击“立即重启”按钮，如图 7-29 所示。

（6）重新启动计算机后，最好重新对系统漏洞进行扫描，保证系统中的漏洞已经全部被修复，如图 7-30 所示。

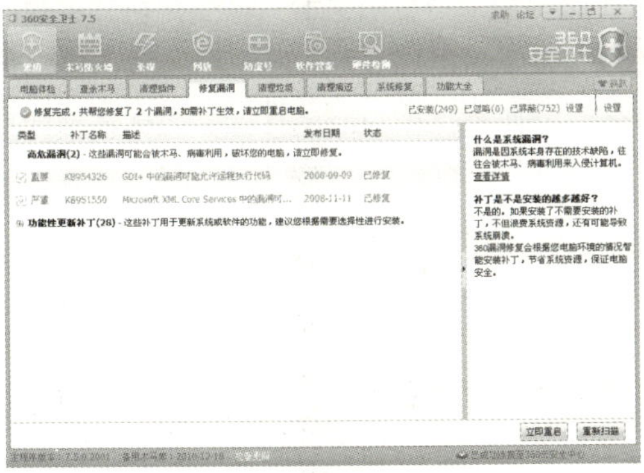

图 7-29　完成修复

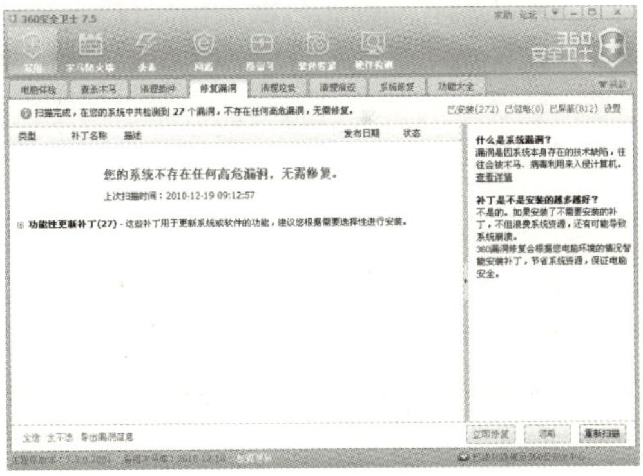

图 7-30　再次扫描

操作三　防止黑客攻击

黑客是英文单词“hacker”的中文翻译，是指恶意（通常是非法地）试图破解或破坏某个程序、系统和安全密码的人，对于计算机安全防范来说，黑客是主要的防御对象。

1. 黑客攻击流程

一般来说，普通黑客在对计算机进行攻击时的流程大致相同，其主要包括以下几个步骤。

（1）扫描漏洞

目前大多数计算机是安装的 Windows 操作系统。Windows 操作系统的稳定性和安全性随着其版本的提升也得到不断的提高，但难免会出现各种安全隐患，这些安全隐患就是漏洞。黑客通过专业的研究发现这些漏洞，并利用病毒和木马通过这些漏洞攻击和破坏计算机。

（2）试探漏洞

在了解了目标主机的漏洞和弱点之后，黑客就能使用缓冲区溢出和测试用户账号和密码等，达到对其进行试探性攻击的目的。

（3）获取和提升权限

如果试探出可以利用的漏洞，就意味着黑客获得了攻击该目标主机的初步权限，只要能登录目标主机，那么提升权限将变得易如反掌，借助木马等程序可以顺利地达到其目的。在某些情况下，黑客在取得权限与提升权限时会采用破坏目标计算机操作系统的方法来实现。

（4）木马入侵

木马是一种能窃取用户存储在计算机中的账户和密码等信息的应用程序。黑客通过木马程序可以轻易地入侵并控制用户计算机，并在用户不知情的状况下，通过用户的计算机进行各种破坏活动。在日常生活中，经常出现的 QQ 号码被盗的情况，一般就是黑客通过木马程序进行窃取的。

（5）建立后门并清理痕迹

为了达到长期控制目标主机的目的，黑客在取得管理员权限之后，会立刻在其中建立后门，这样就可以随时登录该主机。为了避免被目标主机的管理员发觉，在完成入侵之后需要清除其中的系统日志文件、应用程序日志文件和防火墙的日志文件等。清理完毕即可从目标主机中退出，至此，一次完整的黑客攻击便完成了。

2．使用防火墙

防火墙指的是一个由软件和硬件设备组合而成，在内部网和外部网之间及专用网与公共网之间的界面上构造的保护屏障，是一种获取安全性方法的形象说法。它是一种计算机硬件和软件的结合，使 Internet 与 Intranet 之间建立起一个安全网关（Security Gateway），从而保护内部网免受非法用户的入侵。

（1）防火墙的作用

防火墙具有很好的保护作用，黑客必须首先穿越防火墙的安全防线，才能接触目标计算机。防火墙的主要作用如下：

- 过滤后门程序：防火墙能够过滤“特洛伊木马”和其他后门程序。
- 提供安全状况报告：防火墙可向用户提供安全状况报告，以便及时对安全防范措施进行调整。
- 保护端口信息：保护并隐藏计算机在 Internet 上的端口信息，这样黑客便不能扫描到用户的端口信息，从而不能进入用户的计算机系统，也就无法攻击。
- 保护个人资料：防火墙可保护计算机中的个人资料不被泄露，当有其他不明程序在改动或复制数据资料时，防火墙会向用户发出警告，并阻止这些程序的运行。

（2）使用防火墙防御黑客攻击

天网防火墙是我国首个达到国际一流水平、首批获得国家信息安全认证中心、国家公安部和国家安全部认证的软硬件一体化网络安全产品，其性能指标及技术指标达到世界同类产品先进水平。下面以天网防火墙为例介绍使用防火墙防御黑客攻击的方法。

① 运行天网防火墙，单击操作界面中的“系统设置”图标，将展开系统设置界面，在“基本设置”选项卡中，选中“开机后自动启动防火墙”复选框，如图 7-31 所示。

② 切换到“管理权限设置”选项卡，单击“设置密码”按钮，在弹出的对话框中输入要设置的密码，然后依次单击“确定”按钮使设置生效，如图 7-32 所示。

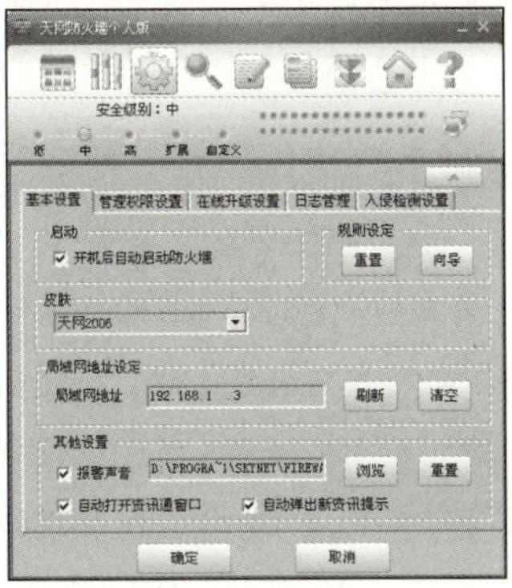

图 7-31　设置开机自动启动

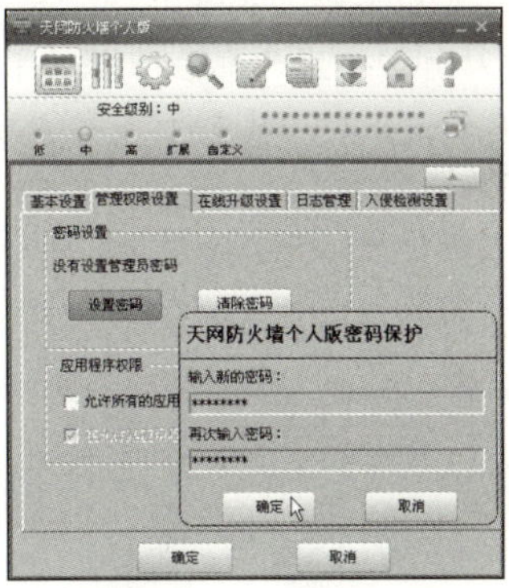

图 7-32　设置密码

③ 在主界面上方的“安全级别”选项区域设置安全等级，这里选择“中”选项。

④ 在天网防火墙的主界面中单击工具栏中的“应用程序规则”图标，防火墙将在下方展开应用程序访问网络权限设置界面，在需要进行设置的应用程序规则右侧单击对应的“选项”按钮，如图 7-33 所示。

⑤ 弹出“应用程序规则高级设置”对话框，在该对话框中可进行详细设置，设置完成后单击“确定”按钮即可，如图 7-34 所示。

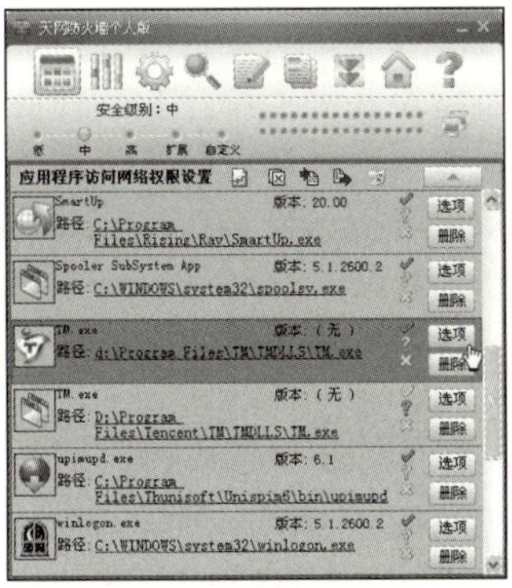

图 7-33　网络权限设置

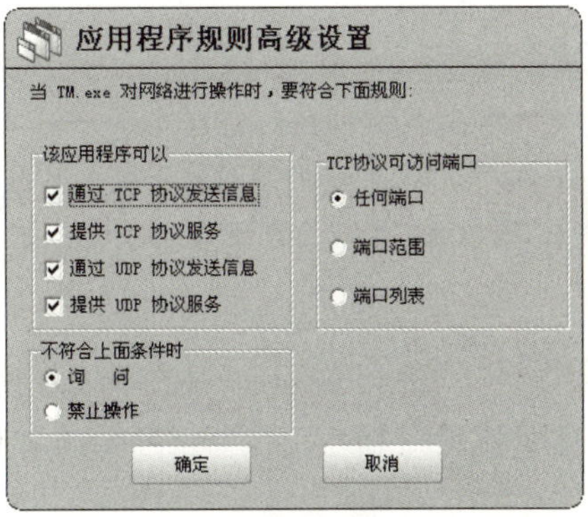

图 7-34　规则高级设置

提示　前面介绍的 360 安全卫士中的木马防火墙也具有防御黑客进攻的功能，但由于其主要针对的是防御木马攻击，因此功能没有天网防火墙全面。

实训一　对计算机硬件进行一次系统维护

◆ 实训目标

本实训要求使用前面介绍的方法，对计算机硬件进行一次系统的维护。通过本实训的操作，可以进一步认识硬件维护的相关操作。具体操作要求如下：

- 先拆卸计算机的各种硬件。
- 对各个硬件进行除尘操作。
- 重新组装计算机。

◆ 实训分析

本实训的操作思路如图 7-35 所示。在操作过程中需要注意的是，最好将各个硬件单独除尘，避免灰尘的二次污染。另外，拆卸和安装时要小心，避免物理损坏。

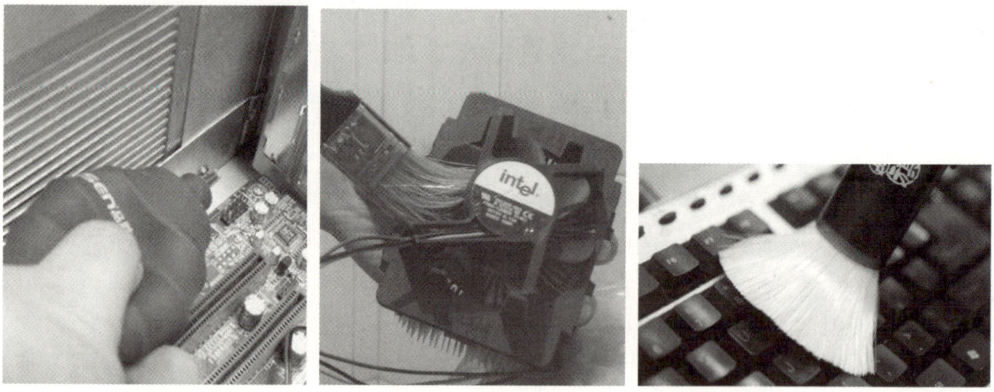

① 除尘　　② 除尘　　③ 除尘

图 7-35　对计算机硬件进行系统维护的操作思路

实训二　对系统进行一次木马和病毒的彻底查杀

◆ 实训目标

本实训要求使用360安全卫士和360杀毒软件对系统进行一次全面的木马和病毒查杀。通过本实训的操作，进一步学习查杀木马和病毒的相关操作。具体操作要求如下：

- 启动 360 杀毒软件，首先升级病毒库。
- 在“病毒查杀”选项卡中单击“全盘扫描”按钮，对整个硬盘进行病毒查杀。
- 启动 360 安全卫士软件，切换到“查杀木马”选项卡，在其中单击“全盘扫描”按钮，对整个硬盘进行木马查杀。

◆ 实训分析

本实训的操作思路如图 7-36 所示。在操作过程中需要注意的是，在进行查杀时，最好在升级完病毒库后，重新启动一次计算机，并在启动操作系统前按“F8”键，进入安全模式进行木马和病毒的查杀。

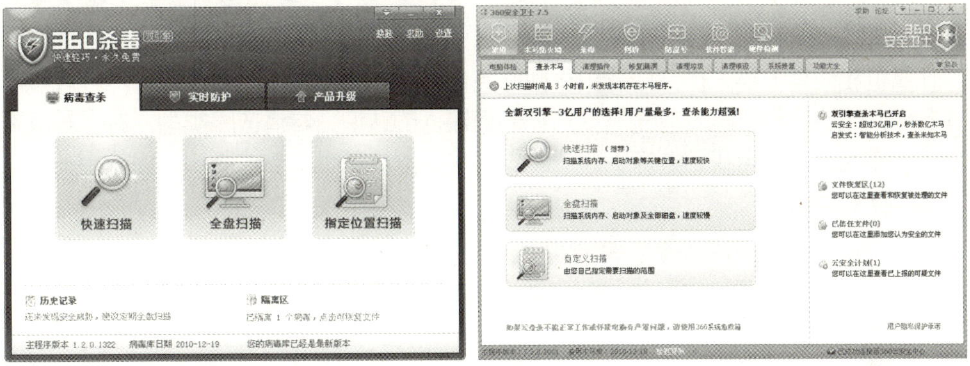

① 查杀病毒　　② 查杀木马

图 7-36　对系统进行木马和病毒查杀的操作思路

实践与提高

根据本模块所学内容，动手完成以下操作：

（1）对计算机机箱内的各种硬件进行一次除尘。

（2）使用 Windows XP 操作系统自带的磁盘碎片整理程序对计算机的所有逻辑分区进行整理。

（3）使用 360 安全卫士对计算机系统盘进行木马查杀。

（4）使用 360 杀毒对计算机系统盘进行病毒查杀。

（5）修复计算机中所有的系统漏洞。

（6）上网搜索相关资料，看看计算机的日常维护还有哪些需要注意的事项。

（7）上网搜索相关资料，下载一款杀毒软件，对计算机进行一次病毒的查杀。

（8）根据使用计算机的习惯，总结一套适合自己计算机维护和安全的防范经验。

模块八

计算机常见故障的诊断与排除

计算机和所有电器一样，可能由于部件老化或物理碰撞等原因造成故障。计算机故障各式各样，想要分别排除，首先需要对它们有深入的认识，弄清故障类型，并了解故障产生的各种原因，最后再找到解决的方法。本模块讲解计算机故障诊断与排除的相关知识。

学习目标

- 学习计算机故障排除的基础知识
- 学习常见故障的诊断与排除方法

任务一　计算机故障排除基础

◆ 任务目标

本任务的目标是熟悉计算机故障排除的一些基本知识，主要包括计算机故障的类型、产生原因、排除原则、注意事项和诊断的常用方法等。具体目标要求如下：

（1）了解计算机故障的分类。

（2）了解计算机故障的产生原因。

（3）了解计算机故障的排除原则和注意事项。

（4）掌握计算机故障的常用诊断方法。

操作一　计算机故障的分类

计算机故障的种类很多，有的故障无法进行严格的分类。通常情况下根据故障产生的原因可将其分为硬件故障和软件故障两种。

1．硬件故障

硬件故障是由于硬件的电子元件故障或设置错误而引起计算机不能正常运行的故障。主要有以下几种表现方式：

- 显示屏幕出现花屏：此类故障多是由显卡发生故障而造成的。
- 显示器显示故障：此类故障可能是由于显示器受潮或被磁化引起的。
- 计算机频繁死机：此类故障多是由某些硬件不兼容或散热不良而造成的。
- 计算机无故重启：此类故障多是由于电源工作不稳定或电压不稳而造成的。
- 通电启动时主板报警：此类故障可能是由不同的计算机部件所引起的，需要根据不同的报警声音进行综合分析。

2. 软件故障

软件故障是由操作系统和应用程序引起的故障，解决这类故障不用对硬件设备进行操作，主要有以下几种表现方式：

- BIOS 设置错误造成系统出错。
- 病毒破坏使系统运行不正常。
- 计算机的硬件驱动程序安装错误造成运行出错。
- 系统长期运行产生大量垃圾文件所造成的系统运行缓慢。
- 软件的安装、设置和使用不当造成某个程序运行不正常。
- 计算机自检后无法初始化系统，此类故障多是由系统启动时相关的文件被破坏所致。

提示　软件故障和硬件故障之间并没有明确的界限。软件故障可能由硬件工作异常引起，硬件故障也可能由软件使用不当引起。因此在排除故障时一定要全面分析，弄清其故障的本质。

操作二　常见故障的产生原因

计算机故障是指计算机在使用过程中，遇到的系统不能正常运行或运行不稳定，以及硬件损坏或出错等现象。计算机故障是由各种各样的因素引起的，主要包括计算机部件质量差、硬件之间的兼容性差、被病毒或恶意软件破坏、工作环境恶劣和在使用与维护时的错误操作等。要排除各种故障应该先了解这些故障产生的原因。

1. 对计算机操作不当或维护失败

对计算机操作不当或维护失败是产生故障的主要原因之一，主要表现在以下几个方面：

- 安装错误：计算机硬件在主板中都有固定的接口或插槽，安装错误可能会使硬件因为接口或插槽的额定电压不同而造成短路等故障。
- 板卡被划伤：计算机中的板卡一般都是分层印刷的电路板，如果将其划伤，可能将其中的电路或线路切断，导致短路故障，甚至烧毁板卡。
- 安装不当：安装如显卡、声卡等硬件时，需要将其用螺丝固定到适当位置，如果安装不当，就可能导致板卡变形，最后因为接触不良导致故障。
- 安装时受力不均：硬件在安装时，板卡或接口插入到主板插槽中受力不均，可能损坏插槽或板卡，导致接触不良，甚至板卡不能正常工作。
- 带电拔插：除了现在流行的 SATA 和 USB 接口的设备外，计算机的其他硬件都是不能带电拔插的，这样容易造成短路，且将硬件烧毁。即使按照安全用电的标准，也不应该带电拔插硬件，因为这样可能对人身造成伤害。
- 带静电触摸硬件：静电有可能造成计算机中各种芯片的损坏，在维护硬件前应当用手接触暖气管或水管等可以放电的物体，将身体的静电放掉后再接触计算机中的部件。另外，在安装计算机时应该将机壳用导线接地，也可起到很好的防静电作用。

- 错误地修改 BIOS 参数：错误地修改 BIOS 设置中的某些参数也有可能导致故障。如修改了 CPU 的报警温度，将温度范围缩小，那么在正常使用的情况下，系统可能自动报警，并可能自动重新启动计算机。
- 删除系统文件：在对操作系统进行维护时，有时需要删除一些多余的垃圾文件。但有些文件是不能删除的，如系统盘的“Windows”文件夹中的大多数文件，还有一些软件的安装文件等。如果删除了这些文件，将导致操作系统和软件不能启动等故障。

2. 环境因素

由于计算机中各部件的集成度很高，对环境的要求也比较高，如果所处的环境不符合硬件正常运行的标准，则很容易引发故障。其中最主要的环境因素如下：

- 灰尘：如果在计算机的工作环境中有大量的灰尘，就会影响计算机的散热，甚至引起短路等故障的发生。
- 温度：计算机正常工作的环境温度应在 10℃～45℃之间，温度过高或过低都会影响计算机的正常工作，并缩短计算机的使用寿命。
- 电源：计算机的正常工作电压范围应在 220V±10%之间，频率应在 50Hz±5%之间，并且不能有较大幅度的波动，同时应具有良好的接地。
- 湿度：计算机正常工作的环境湿度应在 30%～80%之间，湿度过高容易使元件受潮并引起短路，湿度过低容易产生静电，造成硬件损坏。
- 电磁波：计算机在工作时会产生大量的电磁波，同时又对电磁波的干扰较为敏感，较强的电磁波干扰可能会造成硬盘数据丢失、显示器抖动等故障。

3. 硬件质量

硬件质量低劣也是造成计算机故障的因素之一，其主要原因是生产厂家为了节约成本，以牟取更大的利润，使用一些质量较差的电子元件（有的甚至使用伪劣部件），这样很容易引发硬件故障。硬件质量低劣的表现主要有以下几种：

- 假货：有些不法商家为了牟取暴利，使用质量差的元件，仿制品牌产品，选购时应该注意产品的标码、防伪标记和制造工艺等。
- 电路设计有缺陷：硬件的电路设计应该遵循一定的工业标准，如果电路设计有缺陷，就很容易在使用过程中导致故障。因此，应该选购品牌硬件产品，它们在产品设计和质量上都有保证。
- 电子元件质量较低：计算机硬件的生产应该遵循一定的工业标准。有些硬件厂商为了追求更高的利润，使用一些质量较差的电子元件，或减少电子元件的数量。使用时，这些元件达不到设计要求，就可能影响产品的质量，甚至造成故障。如劣质显卡可能使用一般的电容，而正品显卡则使用性能优良的固态电容。

4. 兼容性

兼容性是指硬件与硬件、软件与软件及硬件与软件之间能够相互支持并充分发挥性能的特性。如果兼容性不好，虽然有时也能正常工作，但是其性能却没有很好地发挥出来，还会经常出现故障。

- 硬件之间的兼容性：硬件都是由很多不同部件构成的，硬件之间出现了兼容性问题，其结果是不可调和的。通常硬件兼容性问题在计算机组装完成后第一次开机就会出现，所以解决的方法就是更换硬件。
- 软件之间的兼容性：软件是由程序组成的，解决其兼容性问题较简单些，下载并安装软件的补丁程序即可。软件的兼容性问题主要是由于操作系统因自身的某些设置拒绝运行软件中的某些程序而引起的。

5. 病毒破坏

病毒是引起大多数软件故障的主要原因。计算机病毒是一种具有自我复制能力的程序或脚本语言，这些计算机程序或脚本语言利用计算机软件或硬件的缺陷控制或破坏计算机，它可使系统运行缓慢、不断重启或使用户无法正常操作计算机，甚至造成硬件破坏。

操作三　计算机故障排除原则和注意事项

在对计算机进行故障处理之前，应该充分地做好准备工作，包括了解故障排除的基本原则和注意事项等。

1. 基本原则

计算机故障排除时，应遵循正确的处理原则，切忌盲目动手，以免造成故障的扩大化。故障处理的基本原则主要包括以下几个方面：

- 安全性：安全第一，这是处理故障最基础的原则。因此，在拆卸计算机并排除故障时，应首先检查电源是否切断，并做好相应的安全保护措施，以保证计算机部件和用户自身的安全。
- 多观察：即充分了解计算机所用操作系统和应用软件的相关知识，以及产生故障部件的工作环境、工作要求和近期所发生的变化等情况。
- 仔细分析：在动手处理故障之前，应先根据故障的现象分析该故障的类型，以及应选用哪种方法进行处理，切忌盲目动手，造成故障的扩大。
- 先软后硬：计算机故障包括硬件故障和软件故障两种，而排除软件故障比硬件故障更容易，所以排除故障应遵循先软后硬的原则。首先应分析操作系统和软件是否产生故障，可以通过检测软件或工具软件排除软件故障的可能，然后再开始检查硬件的故障。
- 先假后真：有时候计算机并没有出现真正的故障，只是由于电源没开、数据线没有连接等原因造成。排除故障时应先确定该硬件是否确实存在故障，检查各硬件之间的连线是否可靠、安装是否正确，在排除假故障后才将其作为真故障处理。
- 先外后内：应首先检查外部设备是否正常（如打印机、键盘、鼠标等是否存在故障），然后查看电源的插放、信号线的连接是否正确，再排除其他故障，最后才拆卸机箱，检查内部的主机部件是否正常，尽可能不盲目拆卸部件。
- 归类演绎：即在处理故障时，应善于运用已掌握的知识或经验，将故障进行分类，然后寻找相应的方法进行处理。在处理故障之后还应认真记录故障现象和处理方法，以便日后查询并借此不断提高自身的故障处理水平。

2. 注意事项

排除计算机故障时，除了需要了解排除故障的一般方法外，还需要注意安全性和预防“假”故障等问题，否则可能导致故障扩大化。

（1）安全性

安全性主要是指排除故障时，用户自身的安全和计算机的安全。因为计算机所带的电压足以对人体造成伤害的，所以，要做到安全排除计算机故障，应该注意以下两个问题：

- 不能带电操作：在拆卸计算机进行检测和故障排除时，一定要先将主机电源拔除，然后做好相应的安全保护措施。除了 SATA 接口和 USB 接口的硬件外，其他硬件不要进行热拔插，以保证设备和自身的安全。
- 小心静电：为了保护自身和计算机部件的安全，在进行检查和故障排除之前最好戴上防静电手套。

（2）“假”故障

在故障排除的基本原则中有一条是先假后真，是指有时候计算机会出现一些由于操作不当造成的“假”故障，排除故障时应先排除这种故障。

- 操作和设置不当：对于计算机初学者来说，操作和设置不当引起的“假”故障表现得最为明显。对于一些计算机基本操作和设置的细节问题不太注意或完全不懂，出现“假”故障现象时认为计算机出了故障，需要进行排除。如不小心删除拨号连接不能上网就认为是网卡故障，设置了系统休眠就以为是计算机黑屏等。
- 电源开关未打开：有些计算机初学者，一旦显示器打不开就认为出现故障，殊不知是显示器的电源没有打开。计算机的许多部件都需要单独供电，如显示器、打印机、扫描仪等设备，它们工作的前提是先打开电源，如果开机后这些设备无反应，首先应检查是否打开电源。
- 数据线连接不良：计算机的各种外设与计算机之间，主机中各硬件与主板之间，都是通过数据线连接的，数据线接触不良或脱落都会导致某个设备工作不正常。如系统提示“未发现鼠标”或找不到键盘，那么首先应检查鼠标或键盘与计算机的接口是否有松动的情况。
- 对正常提示和报警信息不了解：现在计算机操作系统的智能化相对较高，一旦某个硬件在使用过程中遇到异常情况，就会给出一些提示和报警信息，如果不了解这些正常的提示或报警信息，就会以为设备出了故障。

操作四　计算机故障诊断常用方法

当产生计算机故障后，首先应该找出故障产生的原因，以便后面进行排除。常用的故障检测方法主要有直接观察法、拔插法、最小化系统法、替换法和万用表测量法等几种。

1. 直接观察法

直接观察法是通过用眼睛看、用耳朵听、用鼻子闻和用手摸等手段来判断产生故障的位置和原因。其具体操作步骤如下：

（1）看

这里的看主要是在故障出现后，观察计算机各部件是否在正常工作，看的目的是为了找到故障产生的原因。看，主要是观察以下几个方面：

- 观察各元件的电阻、电容引脚是否相碰或断裂、歪斜。
- 观察设备各板卡插头与插座的连接是否正常、是否歪斜。
- 板卡的电路板上是否有虚焊、元件短路、脱焊和断裂等现象。
- 查看是否有杂物掉进电路板的元件之间，元件上是否有氧化或腐蚀的地方。
- 主板或其他板卡的表面是否有烧焦痕迹，印刷电路板上的铜箔是否断裂，芯片表面是否开裂，电容是否爆开等。

（2）听

当计算机出现故障时，很可能会出现异常的声音。通过听电源和 CPU 的风扇、硬盘和显示器等设备工作时产生的声音也可以判断是否产生故障及产生的原因。另外，如果电路发生短路也会发出异常的声音。

（3）闻

有时计算机出现故障，并且有烧焦的气味，这种情况说明某个电子元件已被烧毁，应尽快根据发出气味的地方确定故障区域并排除故障。

（4）摸

用手触摸元件表面的温度来判断元件是否正常工作、板卡是否安装到位和是否出现接触不良等现象。

- 摸板卡，看是否有松动或接触不良的情况，若有应将其固定。
- 触摸一些芯片表面，温度很高甚至烫手，说明该芯片可能已经损坏。
- 在设备运行时触摸或靠近有关电子部件，如 CPU 或主板等的外壳（显示器、电源除外），根据温度粗略判断设备运行是否正常。

2．插拔法

插拔法是一种比较常用的判断故障的方法，其主要是通过插拔板卡后观察计算机的运行状态来判断故障产生的位置和原因。如果拔出其他板卡，使用 CPU、内存和显卡的最小化系统仍然不能正常工作，那么故障很有可能是由主板、CPU、内存或显卡引起的。通过插拔法还能解决一些由板卡与插槽接触不良所造成的故障。

3．最小化系统法

最小化系统就是计算机由最少的部件组成的能正常运行的工作环境。最小化系统法是指在计算机启动时只安装最基本的部件，包括 CPU、主板、显卡和内存，并连接上显示器和键盘，如果计算机能够正常启动表明核心部件没有问题，然后逐步安装其他设备（如网卡和声卡等），这样可快速找出故障产生的部件。使用最小化系统法如果不能启动，可根据发出的报警声来分析和排除故障。

4．替换法

替换法是一种通过使用相同或相近型号的板卡、电源、硬盘和显示器及外部设备等部件去替换原来的部件以分析和排除故障的方法。替换部件后如故障消失，可表示被替换的部件存在问题。替换的方法主要有以下两种：

- 将计算机硬件替换到另一台运行正常的计算机上试用，如果正常，说明计算机硬件没有问题；如果不正常，说明计算机硬件可能存在问题。
- 用另一个确认是正常的同型号的计算机硬件替换本计算机中可能出现故障的硬件，如果使用正常，说明该部件出现了故障；如果故障依旧，则故障不在该硬件上。

5. 万用表测量法

在故障排除中，对电压和电阻进行测量也可以判断相应的部件是否存在故障。对电压和电阻的测量就需要使用万用表，如果测量出某个元件的电压或电阻不正常，说明该元件可能存在故障。用万用表测量电压和电阻的最大优点是不需要将元件取下或仅需要部分取下即可判断元件是否正常，所以应用十分普遍。

任务二　系统常见故障的诊断与处理

◆ 任务目标

本任务的目标是了解一些常见故障诊断与处理的基本知识，主要包括死机、蓝屏、无法开机和自动重启等。具体目标要求如下：

（1）了解死机故障的诊断与处理方法。

（2）了解蓝屏故障的诊断与处理方法。

（3）了解自动重启故障的诊断与处理方法。

（4）了解无法开机故障的诊断与处理方法。

操作一　死机故障

死机是指由于无法启动操作系统，画面“定格”无反应，鼠标、键盘无法输入，软件运行非正常中断等情况。尽管造成死机的原因有多方面，但造成的原因一般由硬件与软件两方面引起。

1. 由硬件原因引起的死机

由硬件引起的死机主要有以下一些原因：

- 内存故障：主要是内存条松动、虚焊或内存芯片本身质量所致。
- 内存容量不够：内存容量越大越好，最好不小于硬盘容量的 0.5%～1%，过小的内存容量使计算机不能正常处理数据，导致死机。
- 硬盘故障：主要是硬盘老化或由于使用不当造成坏道、坏扇区，计算机运行时就很容易死机。
- 设备不匹配：如主板主频和 CPU 主频不匹配，可能就不能保证计算机运行的稳定性，因而导致频繁死机。

- 移动不当：在计算机移动过程中受到很大震动常常会使内部硬件松动，从而导致接触不良，引起计算机死机。
- 软硬件不兼容：三维设计软件和一些特殊软件可能在有的计算机中不能正常启动甚至安装，其中可能有软硬件兼容方面的问题，这种情况可能会导致死机。
- 灰尘过多：机箱内灰尘过多也会引起死机故障，如软驱磁头或光驱激光头沾染过多灰尘后，会导致读写错误，严重的会引起计算机死机。
- 劣质硬件：少数不法商家在组装计算机时，使用质量低劣的硬件，甚至出售假冒和返修过的硬件，这样的计算机在运行时很不稳定，发生死机在所难免。
- 硬件资源冲突：由于声卡或显卡的设置冲突，引起异常错误导致死机。此外，硬件的中断、DMA 或端口出现冲突，也会导致驱动程序产生异常，从而导致死机。
- 散热不良：显示器、电源和 CPU 在工作中发热量非常大，因此保持良好的通风状态非常重要。工作时间太长会导致电源或显示器散热不畅而造成计算机死机。另外，CPU 的散热不畅也容易导致计算机死机。
- CPU 超频：超频提高了 CPU 的工作频率，同时，也可能使其性能变得不稳定。其原因是 CPU 在内存中存取数据的速度快于内存与硬盘交换数据的速度，超频使这种矛盾更加突出，加剧了在内存或虚拟内存中找不到所需数据的情况，这样就会出现“异常错误”，最后导致死机。

2. 由软件原因引起的死机

由软件引起的死机主要有以下一些原因：

- 病毒感染：病毒可以使计算机工作效率急剧下降，造成频繁死机的现象。
- 使用盗版软件：很多盗版软件可能隐藏着病毒，一旦执行，会自动修改操作系统，使操作系统在运行中出现死机故障。
- 非法操作：用非法格式或参数非法打开或释放有关程序，也会导致计算机死机。
- 启动的程序太多：这种情况会使系统资源消耗殆尽，使个别程序需要的数据在内存或虚拟内存中找不到，也会出现异常错误。
- 软件升级不当：在升级软件过程中通常会对共享的一些组件也进行升级，但是其他程序可能不支持升级后的组件从而导致死机。
- 非正常关闭计算机：不要直接使用机箱中的电源按钮关机，否则会造成系统文件损坏或丢失，引起自动启动或者运行中死机。
- 滥用测试版软件：测试软件通常带有一些补丁程序或者在某方面不够稳定，使用后会出现数据丢失的程序错误、死机或者是系统无法启动。
- 非法卸载软件：删除软件时不要把软件安装所在的目录直接删掉，因为这样就不能删除注册表和 Windows 目录中的相关文件，系统也会不稳定而引起死机。
- BIOS 设置不当：该故障现象很普遍，如硬盘参数设置、模式设置、内存参数设置不当从而导致计算机无法启动。如将无 ECC 功能的内存设置为具有 ECC 功能，这样就会因内存错误而造成死机。
- 误删除系统文件：如果系统文件遭破坏或被误删除，即使在 BIOS 中各种硬件设置正确无误也会造成死机或无法启动。

- 应用软件的缺陷：这种情况是常见的，如在 Windows 7 操作系统中运行那些在 Windows XP 中运行良好的 32 位应用软件。Windows 7 是 64 位的，尽管它兼容 32 位软件，但是仍有许多地方无法与 32 位应用程序协调，所以导致死机。还有一些情况，如在 Windows XP 中正常使用的外设驱动程序，当操作系统升级到 64 位的 Windows 7 后，可能会出现问题，使系统死机或不能正常启动。
- 内存冲突：有时计算机会突然死机，重新启动后运行这些应用程序又十分正常，这是一种假死机现象。出现的原因多是内存资源冲突。通常应用软件是在内存中运行，而关闭应用软件后即可释放内存空间。但是有些应用软件由于设计的原因，即使在关闭后也无法彻底释放内存，当下一软件需要使用这一块内存地址时，就会出现冲突。

3. 预防死机故障的方法

对于系统死机的故障，可以通过以下一些方法进行处理：

- 在同一个硬盘中不要安装太多的操作系统。
- CPU 和显卡等硬件不要超频过高，要注意散热和温度。
- 在更换计算机硬件时，一定要插好，防止接触不良引起的系统死机。
- 最好配备稳压电源，以免电压不稳引起死机。
- 在运行大型应用软件时，不要在运行状态下退出之前运行的程序，否则会引起整个系统的死机。
- 在应用软件未正常退出时，不要关闭电源，否则会造成系统文件损坏或丢失，引起自动启动或者运行中死机。
- 设置硬件设备时，最好检查有无保留中断号（IRQ），不要让其他设备使用该中断号，否则会引起中断冲突，从而引起系统死机。
- BIOS 设置要恰当，虽然建议将 BIOS 设置为最优，但所谓最优并不是最好的，有时最优的设置反倒会引起启动或者运行死机。
- 对来历不明的 U 盘和光盘，不要轻易使用；对电子邮件中所附的软件，要用杀毒软件检查后再使用，以免传染病毒，使系统死机。
- 在安装应用软件当中，若出现对话框询问“是否覆盖文件”，最好选择不要覆盖。因为通常当前系统文件是最好的，不能根据时间的先后来决定覆盖文件。
- 在卸载软件时，不要删除共享文件，因为某些共享文件可能被系统或者其他程序使用，一旦删除这些文件，会使其他应用软件无法启动而死机。
- 在加载某些软件时，要注意先后次序。由于有些软件编程不规范，在运行时不能排在第一，而要放在最后运行，这样才不会引起系统管理的混乱。

操作二　蓝屏故障

计算机蓝屏又叫蓝屏死机（Blue Screen Of Death，缩写为 BSOD），指的是 Windows 操作系统无法从一个系统错误中恢复过来时所显示的屏幕图像，它是死机故障中的一种，也是比较特殊的一种。

1. 蓝屏故障的原理

蓝屏故障是 Windows 操作系统特有的故障，其产生的原理如下。

（1）蓝屏的定义

蓝屏通常是指显示器出现蓝色屏幕或者系统崩溃，但从专业的角度讲，蓝屏指当 Microsoft Windows 操作系统崩溃或停止执行（由于灾难性的错误或者内部条件阻止系统继续运行下去）时所显示的蓝色屏幕。

（2）蓝屏的原因

当由内核模式设备驱动程序或者子系统引发了一个非法异常，Windows 就会蓝屏崩溃，目的是提醒用户出现的异常，并阻止设备驱动程序或者子系统继续往下执行。Windows 之所以要选择蓝屏，是因为不知道该错误是否能被隔离出来从而不伤害系统的其他程序与数据，或者该组件将来是否能够恢复正常，而且该异常更有可能来源于更深层的问题，如内存的常规破坏，或者硬件设备不能正常工作，允许系统继续运行可能导致更多的异常，而且，存储在磁盘或其他外设中的数据可能也会遭受破坏。为了保证系统中的程序和数据的安全与完整，将用户的损失在第一时间减小至最低，Windows 将这种情况下的操作设置为蓝屏。

（3）蓝屏的产生

当系统检测到引发崩溃的致命错误时，Windows 将执行崩溃函数“KeBugCheckEx”，该函数接受一个停止代码（STOP Code，也称为错误检查码“Bug Check Code”），以及 4 个根据停止代码来解释的参数。在调用 KeBugCheckEx 之后，首先该系统所有处理器上的所有终端将被屏蔽，然后系统将显示器切换到低分辨率的 VGA 图形模式（这是所有 Windows 平台显卡均支持的通用模式）绘制一个蓝色背景，然后显示此停止代码，并且后面紧跟一些对用户诊断错误有帮助的关键信息。最后，KeBugCheckEx 调用所有已注册的设备驱动程序错误检查回调函数（通过调用 KeRegisterBugCheckCallback 函数来注册），从而让这些驱动程序停止运行它们所支配的设备（也有系统数据结构已经被破坏得太严重以至于蓝屏都显示不出来的可能性）。

2. 蓝屏故障的处理方法

蓝屏故障产生的原因往往集中在不兼容的硬件和驱动程序、有问题的软件和病毒等，这里提供了一些常规的解决方案，在遇到蓝屏故障时，应先对照这些方案进行排除，下列内容对安装 Windows Vista 或 Windows 7 的用户也有帮助：

- 重新启动计算机：蓝屏故障有时只是某个程序或驱动程序一时出错，重新启动计算机后会自动恢复。
- 运行“sfc /scannow”：运行“sfc /scannow”来检查系统文件是否被替换，然后用系统安装盘来恢复。
- 检查系统日志：运行“EventVwr.msc”启动事件查看器，注意检查其中的“系统日志”和“应用程序日志”中表明“错误”的选项。
- 安装最新的系统补丁和 Service Pack：有些蓝屏是 Windows 本身存在缺陷造成的，可通过安装最新的系统补丁和 Service Pack 来解决。
- 检查病毒：如“冲击波”和“振荡波”等病毒有时会导致 Windows 蓝屏死机，因此查杀病毒必不可少。另外，一些木马也会引发蓝屏，所以最好采用相关工具软件扫描检查。

- 新驱动和新服务：如果刚安装完某个硬件的新驱动，或安装了某个软件，而它又在系统服务中添加了相应项目（如杀毒软件、CPU 降温软件和防火墙软件等），在重启或使用中出现了蓝屏故障，请到安全模式来卸载或禁用驱动或服务。
- 新硬件：检查新硬件是否插牢，这是容易被人忽视的问题。如果确认没有问题，将其拔下，然后换个插槽试试，并安装最新的驱动程序，同时还应对照 Microsoft 官方网站的硬件兼容类别检查硬件是否与操作系统兼容。如果该硬件不在兼容表中，那么应到硬件厂商网站进行查询，或者拨打电话咨询。
- 检查 BIOS 和硬件兼容性：对于新组装的计算机经常出现蓝屏问题，应该检查并升级 BIOS 到最新版本，同时关闭其中的内存相关项，如缓存和映射。另外，还应该对照 Microsoft 的硬件兼容列表检查硬件。还有就是，如果主板 BIOS 无法支持大容量硬盘也会导致蓝屏，需要对其进行升级。
- 查询停机码：把蓝屏中的内容记录下来，到网上进入 Microsoft 帮助与支持网站输入停机码，找到有用的解决案例。另外，也可在百度或 Google 等搜索引擎中使用蓝屏的停机码搜索解决方案。
- 最后一次正确配置：一般情况下，蓝屏都是出现在硬件驱动或新加硬件并安装驱动后，这时 Windows 提供的“最后一次正确配置”功能就是解决蓝屏的快捷方式。重新启动操作系统，在出现启动菜单时按下“F8”键就会出现高级启动选项菜单，选择“最后一次正确配置”选项进入系统即可。

3. 预防蓝屏故障的方法

对于蓝屏故障，可以通过以下几种方法进行预防：

- 定期升级操作系统、软件和驱动。
- 定期对重要的注册表文件进行备份，避免系统出错后未能及时替换成备份文件而产生不可挽回的损失。
- 尽量避免非正常关机，减少重要文件的丢失，如.vxd、.dll 文件等。
- 对普通用户而言，系统能正常运行，可不必升级显卡、主板的 BIOS 和驱动程序，避免升级造成的危害。
- 定期检查优化系统文件，运行“系统文件检查器”进行文件丢失检查及版本校对。
- 减少无用软件的安装，尽量不用手工卸载或删除程序，以减少非法替换文件和文件指向错误的出现。
- 如果不是内存特别大和其管理程序非常优秀，应尽量避免大程序的同时运行。
- 定期使用杀毒软件进行全盘扫描，清除病毒。

操作三　自动重启故障

计算机的自动重启是指在没有进行任何启动计算机的操作下，计算机自动重新启动，这种情况通常也是一种故障，其诊断和处理方法如下。

1．由软件原因引起的自动重启

软件原因引起的自动重启比较少见，通常有以下几种：

（1）病毒控制

病毒控制引起的自动重启原因和解决办法如下：

- 故障现象和原因："冲击波"病毒发作时还会提示系统将在60秒后自动启动，这是因为木马程序从远程控制了计算机的一切活动，并设置计算机重新启动。
- 解决方法：清除病毒、木马或重装系统。

（2）系统文件损坏

系统文件损坏引起的自动重启原因和解决办法如下：

- 故障现象和原因：操作系统的系统文件被破坏，如Windows下的KERNEL32.dll，系统在启动时会因无法完成初始化而强迫重新启动。
- 解决方法：覆盖安装或重新安装操作系统。

（3）定时软件或计划任务软件起作用

定时软件或计划任务软件起作用引起的自动重启原因和解决办法如下。

- 故障现象和原理：如果在"计划任务栏"中设置了重新启动或加载某些工作程序时，当定时时刻到来时，计算机也会再次启动。
- 解决方法：对于这种情况，可以打开系统配置实用程序的"启动"项，检查执行文件或其他定时工作程序，将其屏蔽后再开机检查。

2．由硬件原因引起的自动重启

硬件原因是引起自动重启的主要因素，通常有以下几种：

（1）电源因素

组装计算机时选购价格便宜的电源，是引起系统自动重启的最大嫌疑之一。

- 输出功率不足：当运行大型的3D游戏等占用CPU资源较大的软件时，CPU需要大功率供电，电源功率不够而超载就会引起电源保护，停止输出，从而导致电源再次启动。由于保护/恢复的时间很短，因此表现为计算机自动重启。
- 直流输出不纯：数字电路要求纯直流供电，当电源的直流输出中谐波含量过大时，就会导致数字电路工作出错，具体表现就是经常性的死机或重启。
- 动态反应迟钝：CPU的工作负载是动态的，对电流的要求也是动态的，而且要求动态反应速度迅速。品质差的电源动态反应时间长，也会导致经常性的重启。
- 超额输出：更新设备（如高端显卡/大硬盘/视频卡）或增加设备（如刻录机/硬盘）后，功率超出原配电源的额定输出功率，就会导致经常性的死机或重启。
- 解决方法：现换高质量、大功率计算机电源。

（2）内存因素

内存出现问题导致系统重启的几率相对较大，主要有以下两种情况：

- 热稳定性不良：虽然开机可以正常工作，但是当内存温度升高到一定温度时，就不能正常工作，从而导致死机或重启。
- 芯片轻微损坏：开机可以通过自检（设置快速启动不全面检测内存），也可以进入正常的桌面进行正常操作，当运行一些I/O吞吐量大的软件（如媒体播放、游戏、平面/3D 绘图）时就会重启或死机。

- 解决办法：更换内存。

（3）CPU 因素

CPU 的温度过高或者缓存损坏也可能导致系统自动重启。

- 温度过高：这种情况常常会引起保护性自动重启。温度过高的原因一般是由于机箱或 CPU 散热不良。导致散热不良的原因则有散热器的材质导热率低、散热器与 CPU 接触面之间有异物、风扇转速低、风扇和散热器积尘太多等。另外，主板中的测温探头损坏或 CPU 内部的测温电路损坏、主板 BIOS 在某一特殊条件下测温不准、BIOS 中设置的 CPU 保护温度过低等也会导致保护性重启。
- CPU 内部的一、二级缓存损坏：这是一种常见的 CPU 故障，损坏程度轻时，仍可以进入正常的桌面进行正常操作，当运行一些 I/O 吞吐量大的软件（如媒体播放、游戏、平面/3D 绘图）时就会重启或死机。
- 解决办法：在 BIOS 中屏蔽二级缓存（L2）或一级缓存（L1），或更换 CPU。

（4）外接卡因素

外接卡是指显卡、网卡和独立声卡等 PCI 卡，其故障也会导致自动重启。

- 做工不标准或品质不良：引发 AGP/PCI 总线的 RESET 信号误动作导致系统重启。
- 接触不良：这种原因也能引起系统重启。
- 解决办法：重新拔插板卡，或更换产品。

（5）外接设备因素

外接设备同样也会导致自动重启，包括以下两种情况：

- 外设有故障或不兼容：如打印机的并口损坏、某一脚对地短路、USB 设备损坏对地短路、针脚定义、信号电平不兼容等。
- 热插拔外部设备时，抖动过大，引起信号或电源瞬间短路。
- 解决办法：更换设备，或找专业维修。

（6）光驱因素

通常光驱损坏大部分表现是不能读盘或刻盘，但也可能引起自动重启，主要有以下两种情况：

- 内部电路或芯片损坏导致主机在工作过程中突然重启。
- 光驱本身的设计不良，也会在读取光盘时引起重启。
- 解决办法：更换设备，或找专业维修。

（7）RESET 开关因素

机箱前面板 RESET 开关其实是热启动开关，按下该开关系统会自动重启。

- 机箱前面板 RESET 键实际是一个常开开关，主板上的 RESET 信号是+5V 电平信号，连接到 RESET 开关。当开关闭合的瞬间，+5V 电平对地导通，信号电平降为 0V，触发系统复位重启，RESET 开关回到常开位置，此时 RESET 信号恢复到+5V 电平。如果 RESET 键损坏，开关始终处于闭合位置，RESET 信号一直是 0V，系统就无法加电自检。当 RESET 开关弹性减弱，按钮按下去不易弹起时，就会出现开关稍有振动就易于闭合，从而导致系统复位重启。
- 机箱内的 RESET 开关引线短路，导致主机自动重启。

- 解决办法：更换 RESET 开关。

（8）主板因素

主板导致自动重启的事例很少见，一般是与 RESET 相关的电路有故障；插座、插槽有虚焊，接触不良；个别芯片、电容等元件损害。解决办法只有找专业维修。

3. 由其他原因引起的自动重启

还有一些非计算机自身原因也会引起自动重启，通常有以下几种情况：

（1）市电电压不稳

电压不稳主要有以下两种情况：

- 计算机的开关电源工作电压范围一般为 170V~240V，当市电电压低于 170V 时，计算机就会自动重启或关机。
- 解决方法：加稳压器（不是 UPS）或 130~260V 的宽幅开关电源。
- 计算机和空调、冰箱等大功耗电器共用一个插线板，在这些电器启动时，供给计算机的电压就会受到很大的影响，往往表现为系统重启。
- 解决办法：把供电线路分开。

（2）强磁干扰

电磁干扰也是造成计算机重启的重要原因之一。

- 这些干扰既有来自机箱内部 CPU 风扇、机箱风扇、显卡风扇、显卡、主板和硬盘的干扰，也有来自外部的动力线、变频空调甚至汽车等大型设备的干扰。如果主机的抗干扰性能差或屏蔽不良，就会出现主机意外重启或频繁死机的现象。
- 解决办法：远离干扰源，或者更换防磁机箱。

（3）插排或电源插座的质量差，接触不良

电源插座也是保证计算机正常工作的重要部件之一，应该注意其质量。

- 电源插座在使用一段时间后，簧片的弹性慢慢丧失，导致插头和簧片之间接触不良，电阻不断变化，电流也随之起伏，系统会很不稳定，一旦电流达不到系统运行的最低要求时，计算机就会重启。
- 解决办法：购买质量过关的好插座。

操作四 无法开机故障

在使用计算机时，故障会导致开机后无法进入 Windows，这也是最常见的系统故障之一，下面就介绍一些故障诊断和排除的方法。

1. 故障 1

- 故障现象：开机后屏幕没有任何显示，没有听到主板喇叭的“滴”声。
- 故障分析：主板 BIOS 芯片内部 BIOS 数据被 CIH 病毒或静电等问题损坏，无法读取，系统启动无法完成自检，所以无法启动。
- 解决办法：联系主板厂商更换新的芯片。

2. 故障2

- 故障现象：按Power键后，光驱灯闪烁，主板电源提示灯亮，电源正常，但是屏幕无显示，没有“滴”声。
- 故障分析：CUP损坏后会出现此现象，BIOS在自检过程中首先对CPU检查，CPU损坏无法通过自检，计算机无法启动。
- 解决办法：检查CPU是否安装正确，使用替换法检查CPU是否损坏。如果CPU损坏，更换CPU。

3. 故障3

- 故障现象：按下Power键后，自检无法通过，显示器没有显示，显示器指示灯呈橘红或闪烁状态。
- 故障分析：自检过程中，显卡没有通过自检，无法完成基本硬件检测，无法启动。
- 解决办法：检查显卡金手指是否被氧化或接口中是否有大量灰尘导致短路，用橡皮轻擦金手指，并清理主板显卡插槽中的灰尘。同时使用替换法排除显卡损坏的问题，如果显卡损坏，更换显卡即可。

4. 故障4

- 故障现象：开机后没有完成自检，没有听到一声“滴”声，同时发出连续的“滴-滴-滴……”声。
- 故障分析：根据BIOS厂商提供的BIOS报警提示音的说明，该现象一般是内存出现故障，内存损坏的几率较小，大部分问题都是由于内存金手指氧化或插槽接触不良造成的。
- 解决办法：首先检查金手指、内存插槽、芯片和PCB是否有烧毁的痕迹，如果有，建议更换内存；如果没有，使用橡皮轻擦金手指，然后重新插入内存槽。

5. 故障5

- 故障现象：开机通电后，电源正常，但是键盘上Num Look等指示灯没有闪烁，无法完成自检。
- 故障分析：主板的键盘控制器或I/O芯片损坏，无法完成自检。
- 解决方法：通过厂家更换I/O芯片，并检查键盘接口电路。

6. 故障6

- 故障现象：在接通电源或按下Power键后，电源灯快速闪烁，屏幕无显示。
- 故障分析：有时某些质量不佳的机箱的Power和Reset容易卡在里面或者内部短路，造成按键始终被连通，重复开机或重新启动的状态，或无法开机的假象。
- 解决办法：更换损坏的按键，或使用某些润滑剂润滑按键，减少摩擦。

实训一　检测计算机是否存在故障

◆ 实训目标

本实训要求按照下面介绍的方法，对计算机进行检测，查看是否存在故障。通过本实训的操作可以进一步认识检测计算机故障的相关操作。具体操作要求如下：

- 严格按照图 8-1 中的步骤进行。
- 在找到故障的根源后，就需要收集该硬件的相关资料。
- 根据具体的故障现象，找出故障所在部位，结合收集到的相关维修方法，提出一个合理的解决方案，并按照方案进行维修。

◆ 实训分析

本实训的操作思路如图 8-1 所示。在操作过程中需要注意的是，各种操作一定要到位，避免产生次生故障。

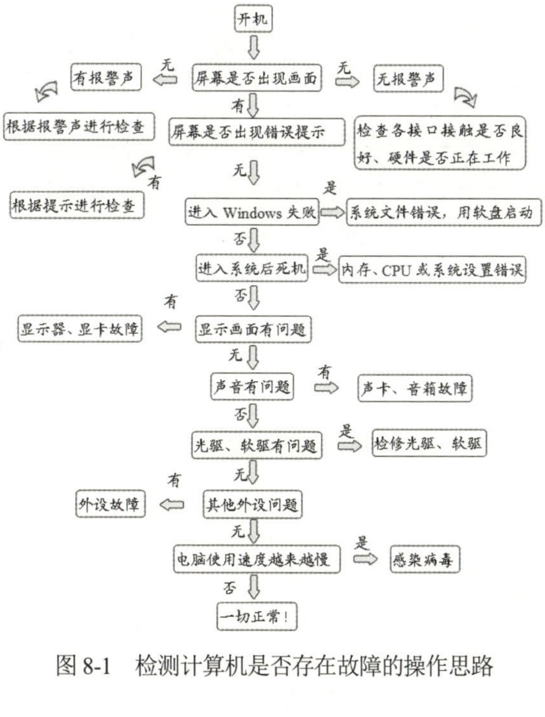

图 8-1　检测计算机是否存在故障的操作思路

实训二　使用最小系统法检测计算机故障

◆ 实训目标

本实训要求使用最小化系统法检测计算机是否存在故障。通过本实训的操作进一步学习排除计算机故障的相关操作。具体操作要求如下：

- 打开机箱将硬盘、光驱等部件取下来，然后通电启动，如果计算机不能正常运行，说明主板存在故障。
- 然后通过主板、显卡、CPU 和内存启动计算机，如果能启动，则将目标集中在硬盘和操作系统上。
- 将计算机拆卸为主板、喇叭及开关电源组成的系统，如果打开电源后系统有报警声，说明主板、喇叭及开关电源基本正常，然后逐步加入其他部件扩大最小系统。
- 在扩大最小系统的过程中，若发现加入某部件后的计算机运行由正常变为不正常，说明刚刚加入的部件有故障，找到故障根源后，更换该部件即可。

◆ 实训分析

本实训的操作思路如图 8-2 所示。

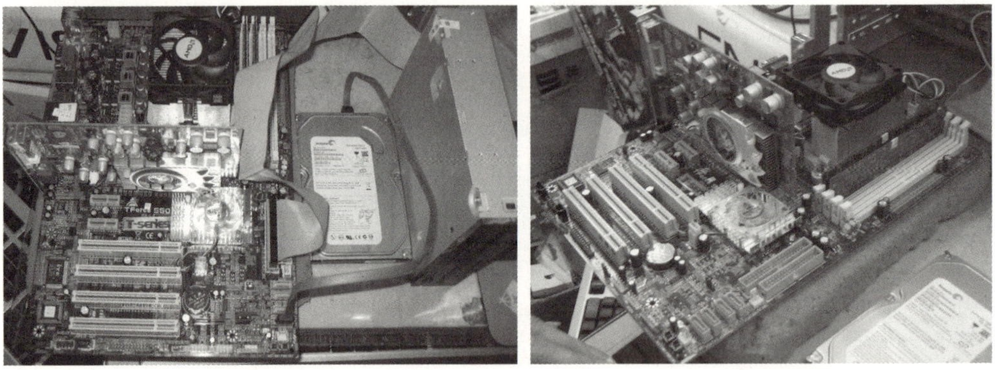

① 拆卸最小系统　　② 逐步安装硬件

图 8-2　检测计算机故障的操作思路

实践与提高

根据本模块所学内容，动手完成以下操作：

（1）将计算机启动到安全模式，对硬盘进行病毒查杀和木马查杀。

（2）使用拔插法检测计算机是否存在故障。

（3）通过本模块讲解的方法，在计算机中进行相应的操作，预防死机故障。

（4）到网上搜索一些故障案例，根据具体的故障表现，结合本模块所学的知识，判断故障的原因，并提出处理方案，然后对比网上的处理方案。

（5）在网上搜索一些常见的硬件故障，试处理故障。

（6）总结本书知识，完成计算机组装与维护的相关操作，并试着独立完成一台计算机的组装和维护操作。

（7）结合使用计算机的相关经验，找到你感兴趣的其他计算机知识（如重装与安装、办公软件应用、故障排除和各种应用软件等），从而学习一些其他知识。

反侵权盗版声明

举报电话：（010）88254396；（010）88258888

传　　真：（010）88254397

E-mail：　dbqq@phei.com.cn

通信地址：北京市万寿路 173 信箱

　　　　　电子工业出版社总编办公室

邮　　编：100036